全国技工院校"十二五"系列规划教材
中国机械工业教育协会推荐教材

装配钳工工艺与实训

（任务驱动模式）

主　编　孙晓华　曹洪利
副主编　李　刚　姬振宁
参　编　韩　睢　李明辉　蒋　炜
　　　　李国梁　高雪宁
主　审　武开军

U0241078

机械工业出版社

本教材坚持以提高学生综合职业能力为本，引进行动导向教学理念，优化教学组织形式，通过实施一个完整的项目在课堂教学中把理论与实践教学有机地结合起来，充分发掘学生的创造潜能，提高学生解决实际问题的能力。全书共分七个教学项目，内容包括：台虎钳的拆装、保养及常用量具的使用，划线，钳工基本操作训练，减速箱装配，CA6140 型车床的装配，M1432B 型外圆磨床部件的装配和 X6132 型铣床主要部件的装配。

本教材可作为技工院校机械类专业教材，也可供相关操作人员和技术人员参考。

图书在版编目（CIP）数据

装配钳工工艺与实训：任务驱动模式/孙晓华，曹洪利主编. —北京：机械工业出版社，2013.4（2023.2 重印）
全国技工院校"十二五"系列规划教材
ISBN 978-7-111-42334-8

Ⅰ.①装… Ⅱ.①孙… ②曹… Ⅲ.①安装钳工—技工学校—教材
Ⅳ.①TG946

中国国家版本馆 CIP 数据核字（2013）第 088813 号

机械工业出版社（北京市百万庄大街22号　邮政编码100037）
策划编辑：马　晋　责任编辑：马　晋　赵磊磊
版式设计：霍永明　责任校对：张玉琴
封面设计：张　静　责任印制：郜　敏

北京富资园科技发展有限公司印刷
2023 年 2 月第 1 版第 7 次印刷
184mm×260mm · 15.5 印张 · 384 千字
标准书号：ISBN 978-7-111-42334-8
定价：29.80 元

全国技工院校"十二五"系列规划教材
编审委员会

序

　　"十二五"期间，加速转变生产方式，调整产业结构，将是我国国民经济和社会发展的重中之重。而要完成这种转变和调整，就必须有一大批高素质的技能型人才作为后盾。根据《国家中长期人才发展规划纲要（2010—2020年）》的要求，至2020年，我国高技能人才占技能劳动者的比例将由2008年的24.4%上升到28%（目前一些经济发达国家的这个比例已达到40%）。可以预见，作为高技能人才培养重要组成部分的高级技工教育，在未来的10年必将会迎来一个高速发展的黄金期。近几年来，各职业院校都在积极开展高级工培养的试点工作，并取得了较好的效果。但由于起步较晚，课程体系、教学模式都还有待完善与提高，教材建设也相对滞后，至今还没有一套适合高级技工教育快速发展需要的成体系、高质量的教材。即使一些专业（工种）有高级工教材也不是很完善，或是内容陈旧、实用性不强，或是形式单一、无法突出高技能人才培养的特色，更没有形成合理的体系。因此，开发一套体系完整、特色鲜明、适合理论实践一体化教学、反映企业最新技术与工艺的高级工教材，就成为高级技工教育亟待解决的课题。

　　鉴于高级技工教材短缺的现状，机械工业出版社与中国机械工业教育协会从2010年10月开始，组织相关人员，采用走访、问卷调查、座谈等方式，对全国有代表性的机电行业企业、部分省市的职业院校进行了历时6个月的深入调研。对目前企业对高级工的知识、技能要求，各学校高级工教育教学现状、教学和课程改革情况以及对教材的需求等有了比较清晰的认识。在此基础上，他们紧紧依托行业优势，以为企业输送满足其岗位需求的合格人才为最终目标，组织了行业和技能教育方面的专家精心规划了教材书目，对编写内容、编写模式等进行了深入探讨，形成了本系列教材的基本编写框架。为保证教材的编写质量、编写队伍的专业性和权威性，2011年5月，他们面向全国技工院校公开征稿，共收到来自全国22个省（直辖市）的110多所学校的600多份申报材料。在组织专家对作者及教材编写大纲进行了严格评审后，决定首批启动编写机械加工制造类专业、电工电子类专业、汽车检测与维修专业、计算机技术相关专业教材以及部分公共基础课教材等，共计80余种。

　　本系列教材的编写指导思想明确，坚持以达到国家职业技能鉴定标准和就业能力为目标，以各专业的工作内容为主线，以工作任务为引领，由浅入深，循序渐进，精简理论，突出核心技能与实操能力，使理论与实践融为一体，充分体现"教、学、做合一"的教学思想，致力于构建符合当前教学改革方向的，以培养应用型、技术型、创新型人才为目标的教材体系。

　　本系列教材重点突出了如下三个特色：一是"新"字当头，即体系新、模式新、内容新。体系新是把教材以学科体系为主转变为以专业技术体系为主；模式新是把教材传统章节模式转变为以工作过程的项目为主；内容新是教材充分反映了新材料、新工艺、新技术、新方法。二是注重科学性。教材从体系、模式到内容符合教学规律，符合国内外制造技术水平实际情况。在具体任务和实例的选取上，突出先进性、实用性和典型性，便于组织教学，以提高学生的学习效率。三是体现普适性。由于当前高级工生源既有中职毕业生，又有高中生，各自学制也不同，还要考虑到在职人群，教材内容安排上尽量照顾到了不同的求学者，适用面比较广泛。

此外，本系列教材还配备了电子教学课件，以及相应的习题集，实验、实习教程，现场操作视频等，初步实现教材的立体化。

我相信，本系列教材的出版，对深化职业技术教育改革，提高高级工培养的质量，都会起到积极的作用。在此，我谨向各位作者和所在单位及为这套教材出力的学者表示衷心的感谢。

原机械工业部教育司副司长
中国机械工业教育协会高级顾问

郭广发

前　言

《国家中长期人才发展规划纲要（2010—2020 年)》和《国家中长期教育改革和发展规划纲要（2010—2020 年)》中指出高技能人才的培养对我国经济建设起到至关重要的作用，也指出职业教育应以服务为宗旨，以就业为导向，实行工学结合、校企合作、顶岗实习的人才培养模式。本教材坚持以提高学生综合职业能力为本，引进行动导向教学理念，优化教学组织形式，通过实施一个完整的项目在课堂教学中把理论与实践教学有机地结合起来，充分发掘学生的创造潜能，提高学生解决实际问题的能力。全书共分七个教学项目，通过任务引领学生学习各种机床的装配技能。内容由浅入深，循序渐进，在完成任务的过程中达到知识与技能的融会贯通。

我们根据技工院校学生的认知规律及企业的岗位需求来开展编写工作，力求使本教材特色鲜明，主要体现在如下几点：

1. 本教材具有实用性，切实体现"工学结合"的特色。理论知识以够用为原则，突出以实际操作技能为核心的知识体系。

2. 本教材准确把握现有技工院校学生的知识水平和接受能力，力求结构完整、科学、合理，内容通俗易懂，图文并茂，由浅入深，使学生易于接受。

3. 本教材配有电子课件，便于教师授课。

本教材可作为技工院校机械类专业教材，参考学时如下：

内容	项目 1	项目 2	项目 3	项目 4	项目 5	项目 6	项目 7	总计
参考学时	18	30	126	62	76	18	28	358

本教材由河北省邢台技师学院孙晓华、辽宁冶金技师学院曹洪利任主编；邢台技师学院李刚、辽宁冶金技师学院姬振宁任副主编；青岛技师学院李明辉，辽宁冶金技师学院韩睢、李国梁，徐州工程机械高级技工学校蒋炜等老师参与了编写工作。具体分工如下：孙晓华、李刚编写项目 1 和项目 3 的任务 1、2、3、4；蒋炜编写项目 2 及项目 3 的任务 5、6；李明辉编写项目 4；曹洪利、姬振宁、韩睢、李国梁编写项目 5、项目 6、项目 7；邢台技师学院高雪宁进行了本书全部图样的绘制工作，程书芬对部分图样进行了修改，在此深表感谢。全

书由孙晓华负责统稿和定稿，由开封技师学院武开军教授主审。另外本教材在编写过程中得到了有关教育部门、学校、企业的大力支持，在此一并表示衷心的感谢！

尽管我们在编写过程中做出了许多努力，但由于编写水平有限，教材中仍存在一些疏漏和不妥之处，恳请读者多提宝贵意见。

编　者

目　录

序
前言
项目1　台虎钳的拆装、保养及常用量具的使用 ·· 1
　任务1　台虎钳的拆装和保养 ·· 1
　任务2　简单零件和配合件的测量 ·· 6
　　子任务1　简单零件的测量 ·· 7
　　子任务2　配合件的测量 ·· 18

项目2　划线 ·· 25
　任务1　平面划线 ·· 25
　任务2　立体划线 ·· 35

项目3　钳工基本操作训练 ·· 45
　任务1　制作錾口锤头 ·· 45
　任务2　凹凸件锉配 ·· 63
　任务3　单角燕尾锉配 ·· 72
　任务4　R合套锉配 ·· 81
　任务5　刮削平板 ·· 87
　任务6　制作宽座直角尺 ·· 94

项目4　减速箱装配 ·· 101
　任务1　固定连接的装配 ·· 101
　　子任务1　齿轮部件装配校核计算 ·· 101
　　子任务2　螺纹联接的装配 ·· 107
　　子任务3　平键的装配 ·· 113
　　子任务4　拆装销联接件 ·· 118
　任务2　传动机构的装配 ·· 122
　　子任务1　带传动的装配 ·· 122

子任务 2　齿轮传动机构的装配 ………………………………………………………… 128

子任务 3　螺旋传动机构的装配 ………………………………………………………… 134

任务 3　蜗杆传动机构、联轴器的装配 …………………………………………………… 138

子任务 1　蜗杆传动机构的装配 ………………………………………………………… 138

子任务 2　联轴器的装配 ………………………………………………………………… 142

任务 4　减速器总装配 ……………………………………………………………………… 146

子任务 1　轴承与轴组的装配 …………………………………………………………… 146

子任务 2　减速器的装配 ………………………………………………………………… 154

项目 5　CA6140 型车床的装配 ………………………………………………………… 162

任务 1　金属切削机床简介 ………………………………………………………………… 162

任务 2　CA6140 型卧式车床主轴箱和尾座的装配 ……………………………………… 172

任务 3　进给箱、溜板箱的装配 …………………………………………………………… 186

任务 4　卧式车床的总装配 ………………………………………………………………… 194

项目 6　M1432B 型外圆磨床部件的装配 ……………………………………………… 210

任务 1　M1432B 型外圆磨床砂轮架的装配 ……………………………………………… 211

任务 2　M1432B 型外圆磨床内圆磨具的装配 …………………………………………… 216

项目 7　X6132 型铣床主要部件的装配 ………………………………………………… 221

任务 1　X6132 型铣床主轴部件的装配与调整 …………………………………………… 223

任务 2　X6132 型铣床进给变速箱及变速操纵机构的装配 ……………………………… 231

参考文献 …………………………………………………………………………………… 238

项目1　台虎钳的拆装、保养及常用量具的使用

钳加工主要应用在以机械加工方法加工不方便或难以进行加工的场合，其特点是以手工操作为主、灵活性强、工作范围广、技术要求高。钳工是机械制造业中不可缺少的工种。本项目主要介绍钳工常用工、量具的使用方法，钳工场地设备，安全生产常识，台虎钳的拆装与保养，简单工件的测量等。通过本项目的学习，掌握钳工常用工、量具的使用方法，以及测量工件的基本方法。

任务1　台虎钳的拆装和保养

学习目标

1. 熟悉企业生产环境和生产流程，了解企业安全生产要求、规章制度和技术发展趋势，并能正确认知钳工职业。
2. 了解钳工实训场地设备、安全生产常识。
3. 规范使用工具，并能正确摆放工具。

建议学时　6学时

任务描述

教师带领学生参观钳工装配车间，体验车间生产氛围，了解装配钳工的工作内容及工作特点，认识钳工最常用的工具——台虎钳，并指导学生通过小组协作完成对台虎钳的拆装和保养。

任务分析

钳加工具有技术性强、灵活性大、手工操作多、工作范围大等特点，其加工质量的好坏直接取决于钳工技术水平的高低。台虎钳是钳工常用设备之一，钳工大部分的操作都是在台虎钳上完成的，我们应首先应了解其结构，并熟悉它的基本操作和日常保养，这是我们学做钳工的入门技能。

相关知识

一、钳工分类（见表1-1）

表1-1 钳工分类

序号	名称	工作内容
1	装配钳工	主要从事工件加工，机器设备的装配、调整工作
2	机修钳工	主要从事机器设备的安装、调试和维修工作
3	工具钳工	主要从事工具、夹具、量具、辅具、模具、刀具的制造和修理工作

二、钳工常用设备（见表1-2）

表1-2 钳工常用设备

序号	名称	图示	说明
1	钳工工作台		简称钳台或钳桌，其主要作用是安装台虎钳和存放钳工常用工、夹、量具
2	台虎钳		台虎钳是用来夹持工件的通用夹具，其规格用钳口宽度来表示，常用规格有 100mm、125mm、和 150mm 等 台虎钳有固定式和回转式两种，两者的不同点是回转式台虎钳比固定式台虎钳多了一个底座，工作时钳身可在底座上回转，因此使用方便、应用范围广，可满足不同方位的加工需要
3	砂轮机		砂轮机是用来刃磨各种刀具、工具的常用设备，由电动机、砂轮机座、托架和防护罩等组成
4	钻床		钻床是用来对工件进行孔加工的设备，有台式钻床、立式钻床和摇臂钻床等

三、钳工常用工具（见表 1-3）

表 1-3 钳工常用工具

序号	名称	部分图示	说　　　明
1	锤子		锤子分为硬锤头和软锤头两类，前者一般为钢制，后者材料一般为铜、塑料、铅、木材等。锤头软硬的选择，要根据工件材料及加工类型决定。例如錾削时应为硬锤头，装配轴承时应为软锤头
2	螺钉旋具		螺钉旋具主要用于旋紧或松脱螺纹联接件
3	扳手		扳手主要用于旋紧或松脱螺栓、螺母等零件或其他工具，分为内六角扳手、呆扳手和活扳手等，可根据工作性质选用合适的扳手
4	夹扭钳		夹扭钳主要用来夹持工件

四、安全文明生产常识

1）在实训场地要合理布置主要设备。

①钳工工作台应安放在光线适宜、工作方便的地方，钳工工作台之间的距离应适当。面对面放置的钳工工作台还应在中间装设安全网。

②砂轮机、钻床应安装在场地的边缘，尤其是砂轮机一定要安装在安全、可靠的地方。

2）毛坯和工件要分开放置，并摆放整齐，工件尽量放在搁架上，避免磕碰。

3）工、夹、量具应分类依次排列整齐，常用的放在工作位置附近，但不要置于钳台的边缘处。精密量具要轻拿轻放，工、夹、量具在工具箱内应放在固定位置，并整齐摆放。

4）合理摆放工、夹、量具。工作时，钳工工具一般都放置在台虎钳的右侧，量具则放置在台虎钳的正前方，如图 1-1 所示。工具、量具用后应及时保养并放回原处存放。

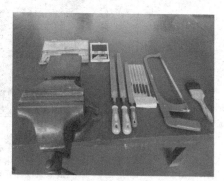

图 1-1 合理摆放工、夹、量具

①工、量具不得混放。

②摆放时，工具的柄部均不得超出钳台台面，以免被碰落砸伤人员或损坏工具。

5）工作场地应保持整洁。每个工作日下班后应按要求对设备进行清理、润滑，并把工作场地打扫干净。

6）工作时必须穿戴防护用品，否则不准上岗。不得擅自使用不熟悉的设备和工具。

7）多人作业，必须有专人指挥调度，密切配合。使用起重设备时，应遵守起重工安全操作规程。在吊起的工件下面，禁止进行任何操作。

任务实施

一、组织学生参观企业车间

1）做好防护措施，穿好工作服，戴好工作帽。

2）参观企业的装配钳工车间，感知企业，感受钳工车间氛围，理解安全操作知识，了解钳工的工作性质、工作环境和工作特点。

二、在学校的钳工实训车间认识台虎钳

1）感受学校钳工实训场地并参观学生钳工实训成品。

2）认识台虎钳，理解钳工常用设备——台虎钳在钳加工中的作用。

三、台虎钳的拆装和保养

1）教师下达任务，并对学生进行分组。

2）各小组接受任务并进行分析，制订计划和进行分工。领取工、夹、量具，填写工具清单（见表1-4）。

表1-4　工具清单

序号	名　称	规　格	数　量
1			
2			
3			
4			

3）操作步骤见表1-5。

表1-5　台虎钳拆装和保养的操作步骤

步　骤	图　示	操作内容及注意事项
拆卸台虎钳	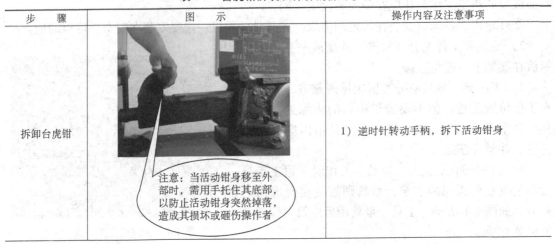 注意：当活动钳身移至外部时，需用手托住其底部，以防止活动钳身突然掉落，造成其损坏或砸伤操作者	1）逆时针转动手柄，拆下活动钳身

（续）

步　　骤	图　　示	操作内容及注意事项
拆卸台虎钳		2）拆去螺母上的紧固螺栓，卸下螺母
		3）逆时针转动两个手柄，拆下固定钳身
清洁保养台虎钳		1）将台虎钳各部件上的金属碎屑和油污清除 2）检查各部件。检查挡圈和弹簧是否固定良好；检查丝杠和螺母的磨损情况；检查螺母的紧固螺栓是否变形或有裂纹；检查铸铁件是否有裂纹。若有以上情况，应立即更换或调整 3）保养各部件。在螺孔内涂适量的润滑脂；钢件上涂防锈剂
组装台虎钳	固定钳身上左、右两孔，应分别使其对准转盘座上的螺孔	1）将固定钳身置于转盘座上，插入两个手柄，顺时针旋转，紧固固定钳身 2）旋紧紧固螺栓，安装螺母 3）将活动钳身推入固定钳身中，顺时针转动手柄，完成活动钳身的安装

4）学生完成任务后还应完成表1-6的填写。

表1-6　台虎钳各零件的名称及作用

序　号	名　称	件　数	作用
1			
2			
3			
4			

👍 评价反馈

操作完毕，按照表1-7进行评分。

表1-7　台虎钳保养评分标准

班级：＿＿＿＿　　姓名：＿＿＿＿　　学号：＿＿＿＿　　成绩：＿＿＿＿

序号	要　　求	配分	评分标准	自评得分	教师评分
1	两表填写正确	30	每错一处扣3分		
2	工具的正确使用	10	每发现一个错误扣2分		
3	台虎钳的正确保养	20	一处不合理扣5分		
4	工具、量具的正确摆放	20	一处不合理扣5分		
5	遵守实习纪律	10	被批评一次扣5分		
6	安全文明生产	10	违者每次扣2分		

abc 考证要点

1. 钳工工作主要应用于什么场合？目前钳工分为哪三类？
2. 钳工常用工具及设备有哪些？
3. 钳工工作时如何合理摆放工、夹、量具？
4. 台虎钳的拆装顺序是什么？

任务 2　简单零件和配合件的测量

 学习目标

1. 熟悉钳工常用量具的结构特点和使用方法。
2. 按照图样要求正确选用量具并进行测量。
3. 依据测量结果判断零件是否合格，并能够分析产生误差的原因。
4. 能对量具进行正确保养。

子任务1　简单零件的测量

建议学时　12学时

任务描述

完成图1-2所示异形件各个尺寸的测量，并判断工件是否合格。

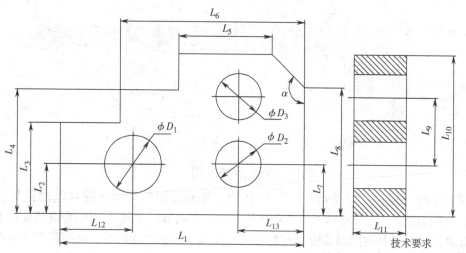

技术要求

1.尺寸L_2、L_{12}、L_{13}、L_9为js10级精度。
2.孔径为H9级精度。
3.其余尺寸为h9级精度。

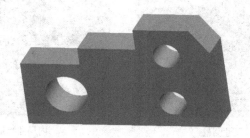

图1-2　异形件

任务分析

测量的目的不仅在于零件加工完成后判定零件是否合格，还在于要根据测量结果，分析产生不合格零件的原因，以及应该采取的工艺措施，以便提高加工精度，减少不合格产品，提高合格率，从而降低生产成本，提高生产率。

由图1-2所示的异形件可知，该零件有内径、孔距和角度等要求，要完成该零件的测量，必须能够较好地掌握钳工常用量具中的游标卡尺、千分尺、游标万能角度尺、直角尺的结构特点和使用方法，掌握量具的保养方法，最终能够通过检测结果判断零件是否合格，分析产生误差的原因。

🔍 **相关知识**

一、游标卡尺

（1）**结构**　游标卡尺是一种中等精度的量具，主要用来测量工件的外径、孔径、长度、宽度、深度、孔距等尺寸。常用的游标卡尺结构如图1-3所示。

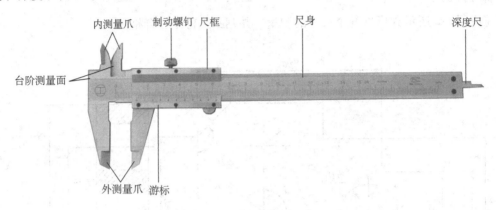

内测量爪　制动螺钉　尺框　　　　　　尺身　　　　　　　　深度尺

台阶测量面

外测量爪　游标

图1-3　游标卡尺结构图

测量时旋松制动螺钉，可使游标沿尺身移动，并通过游标尺和主标尺上的标尺标记（俗称刻线）进行读数，有的游标卡尺带有微动装置，在调节尺寸时，可先将微调装置上的制动螺钉旋紧，再通过其内的微调螺母与螺杆配合推动游标前进或后退，从而获得所需的尺寸。具体测量方法如图1-4所示。

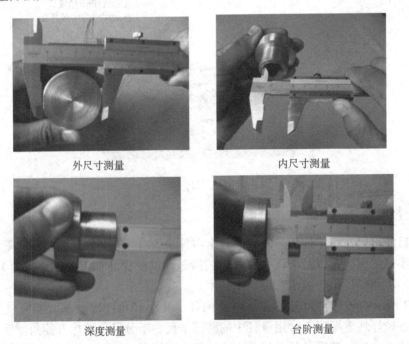

外尺寸测量　　　　　　　　　　　　　内尺寸测量

深度测量　　　　　　　　　　　　　台阶测量

图1-4　游标卡尺的测量方法

（2）**读数原理及方法**　游标卡尺的读数机构是由主标尺刻线和游标尺刻线两部分组成

的。主标尺与游标尺的刻线分度间隔不同，通常主标尺刻线分度间隔为1mm，游标尺刻线则根据其测量精度不同，分为以下几种形式：

1）游标尺分度间隔为0.9mm，分度值为0.1mm。如图1-5所示，其主标尺刻线间隔为1mm，游标尺刻线间隔为0.9mm，两者刻度间隔差为1mm－0.9mm＝0.1mm。当活动量爪与固定量爪贴合在一起时，游标尺上的"0"刻线正好对准主标尺上的零刻线（图1-5a）。此时，若游标尺第1条刻线对准主标尺第1条刻线，则表示向左偏移0.1mm，第2条刻线相对准，表示偏移0.2mm……依次类推。到游标尺第10条刻线恰好对准主标尺第10条刻线时，则表示向左偏移1mm。由此可知，当游标尺上第1条刻线与主标尺上第1条刻线对齐时（此时游标尺上其余刻线均不会与主标尺刻线对齐），此时游标尺则向右移动0.1mm。当游标尺第5条刻线与主标尺第5条刻线对齐时（图1-5b），则使游标尺向右移动0.5mm。根据上述原理，采用上述刻度的游标卡尺进行测量时，就可准确读出精度为0.1mm的数值。测量时读数方法是：先从游标尺零线所指示主标尺刻线位置，读出被测实际尺寸的整数值部分，再沿游标尺刻度与主标尺刻度对齐的位置，读出游标尺刻线位置读数，即为小数点后一位数值。如果1-5c所示，按游标尺零位刻线指示位置，由主标尺上读出10mm，再找出游标尺上第4条刻线与主标尺上的刻线对齐，所以该被测尺寸为10.4mm。

2）游标尺分度间隔为0.95mm，分度值为0.05mm，如图1-6所示。其主标尺刻线为1mm，而游标尺刻线是在主标尺19格刻线范围内均分为20等份，故该游标尺刻线间距为19mm/20＝0.95mm，即主标尺刻线1格与游标尺刻线1格之间长度差为1mm－0.95mm＝0.05mm。游标尺刻线所示数值，表示与主标尺刻线对齐位置所指小数点后的长度值（此时每格表示0.05mm）。如图1-6所示的尺寸，先由主标尺刻线数得32mm，然后依次查找游标尺与主标尺刻线的对正位置，图1-6中游标尺刻线55与主标尺刻线对齐，故该被测长度应为32.55mm。

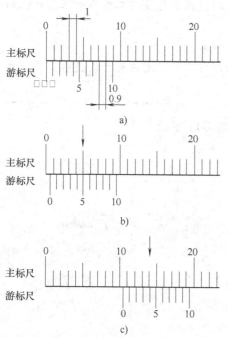

图1-5　游标尺分度间隔为0.9mm的读数原理

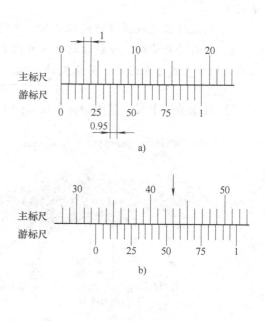

图1-6　游标尺分度间隔为0.95mm的读数原理

3）游标尺分度间隔为 0.98mm，分度值为 0.02mm，如图 1-7 所示。它的主标尺刻线间隔为 1mm，而游标尺刻线是在主标尺 49 格刻线间均分为 50 等份（见图 1-7a），故其刻线间隔为 49mm/50 = 0.98mm，即主标尺与游标尺刻线每格间相差 1mm – 0.98mm = 0.02mm。它的读数与上述基本相同，只是每一游标尺刻线表示 0.02mm。例如图 1-7b 所示被测尺寸，由主标尺刻线读得 32mm，再沿游标尺刻线找出与主标尺刻线对齐位置"2"的右侧一格，即表示该被测尺寸为 32.22mm。

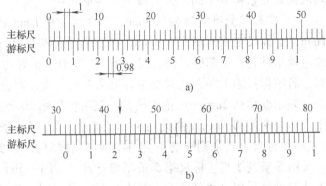

图 1-7　游标尺分度间隔为 0.98mm 的读数原理

小提示

1）测量工件应在静态下进行，不要用游标卡尺测量运动中或过热的工件。

2）测量前先将量爪和被测物体表面擦干净，检查游标卡尺，如游标移动是否灵活，制动螺钉是否起作用等。

3）校对零位的准确性。将两量爪紧密贴合后应无明显的光隙，主标尺与游标尺上的"零"标尺标记对齐。

4）测量时，测量力要均匀适当，避免冲击，不要任意拆卸卡尺各零件。

5）移动游框时力量要适度，测量力不宜过大。

6）注意防止温度对测量精度的影响，特别是测量器具与被测工件不等温时产生的测量误差。

7）读数时目光应正视标尺标记面，以免造成视差。

8）测量外尺寸时，读数后切记不可猛力抽出游标卡尺。测内尺寸读数后，要使量爪沿着孔的中心线方向退出，防止歪斜。

（3）其他游标卡尺　其他游标卡尺如图 1-8 ~ 图 1-11 所示。

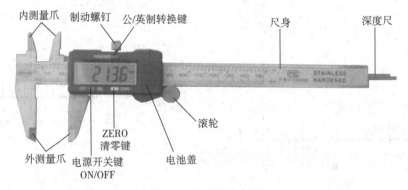

图 1-8　电子数显卡尺

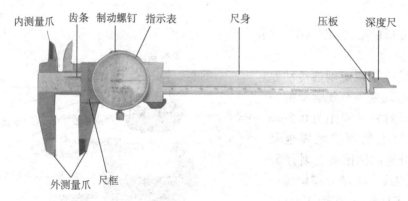

图1-9　带表卡尺

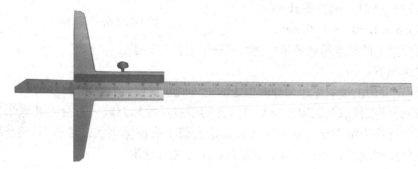

图1-10　游标深度卡尺

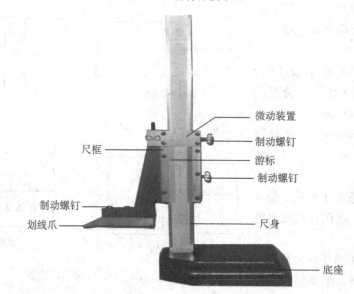

图1-11　游标高度卡尺

二、千分尺

千分尺是一种精密量具，其测量精度比游标卡尺高，应用广泛。千分尺的规格按测量范围分为：0～25mm、25～50mm、、50～75mm、75～100mm等，使用时按被测量工件的尺寸选用。千分尺的制造精度分为0级、1级两种，0级精度最高，1级稍差。

1. 结构

外径千分尺的结构如图 1-12 所示。

2. 读数原理及方法

千分尺是应用螺旋副的传动原理，将回转运动变为直线运动的一种量具。测微螺杆的螺距为 0.5mm 时，固定套筒上的刻线间隔也是 0.5mm，微分筒的圆锥面上刻有 50 等分的圆周刻线。将微分筒旋转一圈时，测微螺杆轴向位移 0.5mm；当微分筒转过一格时，测微螺杆轴向位移 0.5mm × 1/50 = 0.01mm，这样可由微分筒上的刻度精确地读出测微螺杆轴向位移的小数部分。

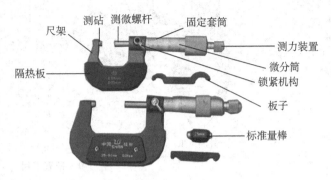

图 1-12　外径千分尺

读数方法如下：

1）从固定套筒上读取靠近微分筒边缘的刻线尺寸整数和半毫米数。

2）从微分筒上读取与固定套筒基线对齐的刻线尺寸标志数（百分之几毫米），不足一格的数可用估计法确定千分之几毫米（若固定套筒上有游标刻线，可从固定套筒上读取游标刻线与微分筒刻线对齐的尺寸标志数来确定千分之几毫米）。

3）将整数部分和小数部分相加，即为被测工件的尺寸（注：大于 25mm 的千分尺应再加上校对量杆尺寸）。

4）千分尺的最小读数为 0.01mm。如图 1-13 所示千分尺的读数分别为 5.88mm、8.35mm、14.68mm 和 12.765mm（可以估读到 0.001～0.002mm）。

3. 测量方法

（1）选用合适的千分尺　根据被测尺寸的大小，选用合适规格的千分尺。

（2）清洁　擦净千分尺两测量面和工件的测量面，不要划伤千分尺的测量面。

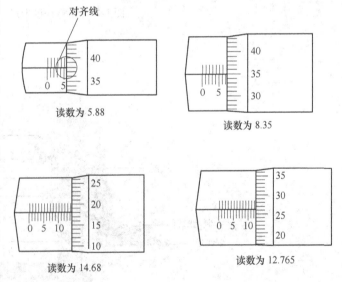

读数为 5.88

读数为 8.35

读数为 14.68

读数为 12.765

图 1-13　千分尺的读数

（3）对零　用量棒置零时，用软布或者软纸擦净测砧的测量面和测微螺杆的测量面，用测力装置使两测量面接触，如图 1-14a 所示。若微分筒上的零线与固定套筒上的零线不在一条直线上，用如下方法置零（见图 1-14b）：

1）测微头误差不超过 0.02mm（微分筒刻线两格之内），用锁紧机构锁紧测微螺杆，用扳子扳动固定套筒，直至零线对齐。

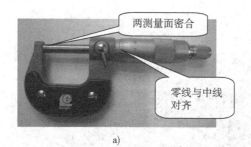
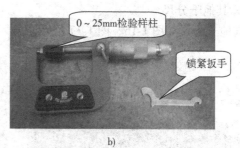

图 1-14　对零

2）测微头误差超过 0.02mm（微分筒刻线两格以上），用锁紧机构锁紧测微螺杆，用扳子松动测力装置，取下微分筒，重新对齐固定套筒和微分筒上的零线，装上测力装置。

3）如有必要，用前一种方法置零。在使用千分尺时，如果微分筒零线的中线没有对准，可记下差数，以便在测量结果中除去，也可在测量前加以调整。

（4）测量　调整千分尺两测量面的距离大于被测尺寸。左手握千分尺的隔热装置处，右手旋转微分筒，千分尺两测量面将要接触工件时，转动棘轮，同时千分尺做上下轻微摆动至发出"咔咔"响声为止，目光正视读出数值，如图 1-15 所示。

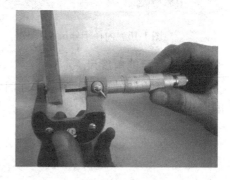

图 1-15　测量

（5）读数

 小提示

1）测量时，应使测力装置避免冲击，以防影响它的精度。不要任意拆卸千分尺，保持千分尺的干净整洁。

2）不能随便放在脏污的地方或与其他工具、刀具堆放在一起，也不要把千分尺装在衣袋里。使用时和使用后要用汽油把千分尺测量面洗净，用干净的布擦干。不用时应在千分尺测量面上涂上防锈油。注意：擦手用的棉纱和煤油不能用来擦洗千分尺。

3）千分尺不用时，应将两测量面相互分开，保持一定的间隙，防止受热变形或发生腐蚀现象。

4）不要把千分尺放在磁场附近（例如磨床的磁性工作台）。

5）转动测力装置时不能用力过猛，也不能直接转动刻度套筒进行测量。

6）测量工件应在静态下进行。

7）测量时测量轴线要与被测尺寸方向一致，测量外径时应与工件保持垂直，不得歪斜。

8）测量读数时要特别注意半毫米刻度的读取。

9）千分尺要有定期的送检和维护保养制度。

4. 其他千分尺

其他千分尺如图 1-16、图 1-17 所示。

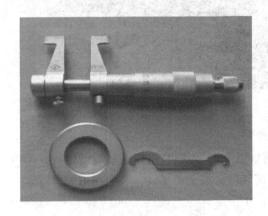

图 1-16　内径千分尺

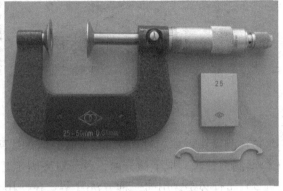

图 1-17　公法线千分尺

三、游标万能角度尺

游标万能角度尺是用于测量工件内、外角度的量具。游标万能角度尺结构及各部分名称如图 1-18 所示。

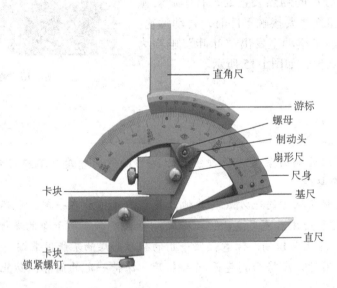

图 1-18　游标万能角度尺

1）测量范围和精度。游标万能角度尺是利用游标原理进行读数的，其测量范围为 $0° \sim 320°$，分度值为 $2'$ 或 $5'$，尺身刻线为每格 $1°$，游标刻线是主尺上 $29°$ 的弧长等分为 30 格，每格所对的角度为 $29°/30$，因此游标 1 格与尺身 1 格相差 $1° - \dfrac{29°}{30} = \dfrac{1°}{30} = \dfrac{60'}{30} = 2'$，即游标万能角度尺的分度值为 $2'$。读数方法与游标卡尺相似，先从尺身上读出游标零线前的整度数，再从游标上读出角度"分"的数值，两者相加就是被测零件的角度数值。它主要由基尺、尺身、直尺、直角尺各工作面进行组合，可测量 $0° \sim 320°$ 之间 4 个角度段内的任意角度值，如图 1-19 所示。

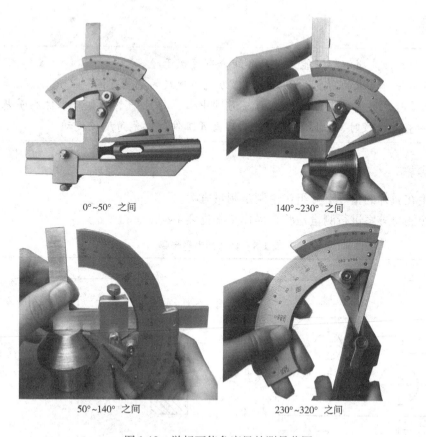

0°~50° 之间　　　　　　　　　　　140°~230° 之间

50°~140° 之间　　　　　　　　　　230°~320° 之间

图 1-19　游标万能角度尺的测量范围

2）测量步骤及读数方法如下：

①清洁。测量前将基尺、直角尺、直尺、各工作面和被测量面擦净。

②对零。把基尺与直尺合拢，看游标零线与尺身零线是否对齐，否则应送有关部门修检。

③测量。根据被测角度的大小，调整游标万能角度尺的结构，如图 1-20 所示。

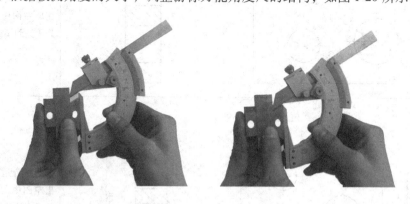

图 1-20　测量

④读数。先读整数，从游标上的零线对准尺身刻度读出整数部分（度）；再读小数，观察游标上哪一条刻线与尺身刻线对准，从这一条刻线读出小数部分的数值（格数 × 分度值），最后求和即为读数。

小提示

1）使用前应先将游标万能角度尺各组合部件擦干净。

2）按工件所要求的角度，调整好游标万能角度尺的测量范围。

3）测量时，游标万能角度尺尺面应通过中心，并且一个面要与工件测量基准面吻合，透光检查。读数时，应固定螺钉，然后离开工件，以免角度值变动。

任务实施

1）学生在教师的指导下分组讨论制定测量方案。

2）按照测量方案进行测量检验，操作步骤见表1-8。

表1-8　异形件测量步骤

图　示	说　明
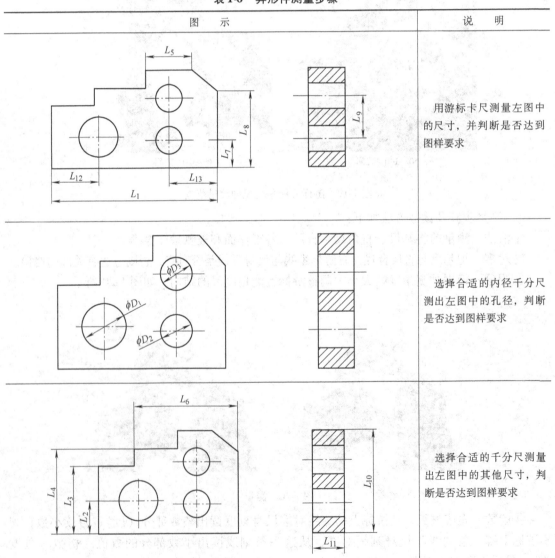	用游标卡尺测量左图中的尺寸，并判断是否达到图样要求
	选择合适的内径千分尺测出左图中的孔径，判断是否达到图样要求
	选择合适的千分尺测量出左图中的其他尺寸，判断是否达到图样要求

（续）

图　示	说　明
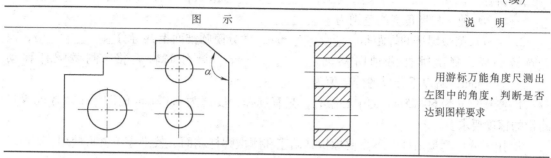	用游标万能角度尺测出左图中的角度，判断是否达到图样要求

注：测量完毕后对所有量具进行维护和保养，并记录所测尺寸。

评价反馈

操作完毕，按照表1-9进行评分。

表 1-9　异形件测量评分标准表

班级：＿＿＿＿＿　　姓名：＿＿＿＿＿　　学号：＿＿＿＿＿　　成绩：＿＿＿＿＿

序号	尺寸	尺寸公差	第一次实测值	第二次实测值	配分	得分	备注
1	L_1				5		
2	L_2				5		
3	L_3				5		
4	L_4				5		
5	L_5				5		
6	L_6				5		
7	L_7				5		
8	L_8				5		
9	L_9				5		
10	L_{10}				5		
11	L_{11}				5		
12	L_{12}				5		
13	L_{13}				5		
14	ϕD_1				5		
15	ϕD_2				5		
16	ϕD_3				5		
17		与人沟通、协作的能力			20		
18		安全文明生产			酌情倒扣分		

考证要点

1. 游标卡尺可用来测量长度、＿＿＿＿＿、＿＿＿＿＿、＿＿＿＿＿和中心距等。

2. 游标万能角度尺是用来测量工件_____的量具，其测量精度有_____和_____两种，测量角度的范围为_____。

3. 千分尺测微螺杆的螺距是_____mm，微分筒圆锥面上共等分_____格，微分筒转一周，测微螺杆沿轴向移动_____mm，微分筒转一格，测微螺杆移动_____mm，所以千分尺的分度值为_____mm。

4. 测量尺寸为 60.25mm 的中心距时，只有选择分度值为 0.02mm 的游标卡尺才能满足测量的精度要求。（　　）

5. 用千分尺测量工件，不需要擦拭其砧座和测微螺杆端面、校准零位就可使用。（　　）

6. 分度值为 0.02mm 游标卡尺，当两下量爪合拢时，游标上的第 50 格与尺身上的_____mm 对齐。

A. 50　　　　　　B. 49　　　　　　C. 39

子任务 2　配合件的测量

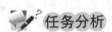**任务描述**

完成如图 1-21 所示凹凸配合件的测量，并检测零件是否合格。

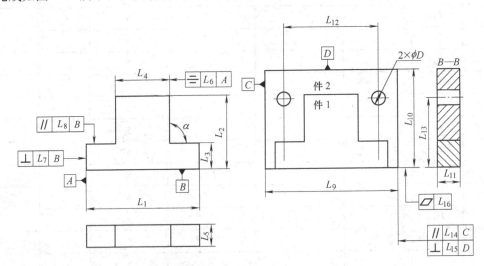

技术要求

1. 尺寸 L_1、L_2、L_3、L_4、L_5、L_9、L_{10} 和 L_{11} 为 h10 级精度，检测其是否合格。
2. 尺寸 L_{12}、L_{13} 为 JS10 级精度，检测其是否合格。
3. 其余误差值按工件实际误差量取。

图 1-21　凹凸配合件

任务分析

在测量配合件时，除了要测量单个配合零件的尺寸、角度以及各项形位误差以外，还需要测量配合后需要保证的配合尺寸、配合间隙及配合件的形位误差等。

如图 1-17 所示的配合零件图，如要对图中各项尺寸及形位误差进行测量，需要较好地掌握刀口形直尺，刀口形角尺、百分表及塞尺等量具的结构特点、正确使用方法及各量具的维护、保养方法。通过测量，能依据检测结果正确判断零件误差的大小，并针对误差现象分析误差产生的原因，并能提出改进措施。

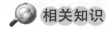 **相关知识**

一、刀口形直尺

1）刀口形直尺以透光法来检验，如图1-22所示。刀口形直尺沿加工面的纵向、横向和对角线方向多处进行检验。如果检查处在直尺与平面间透过来的光线微弱而均匀，表示此处比较平直；如果检查处透过来的光线强弱不一，则表示此处高低不平，光线强的地方比较低，而光线弱的地方比较高。

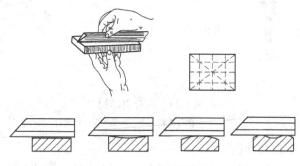

图1-22　检验平面度

> ☆**注意**：刀口形直尺在加工面上改变检查位置时，不能在工件上拖动，应离开表面后再轻轻放到另一检查位置。否则，直尺的边容易磨损而降低其精度。

2）用刀口形直尺以透光法可以检查工件的垂直度（图1-23）。在用刀口形直尺检查时，尺座与基准平面必须始终保持紧贴，而不应受被测平面的影响而松动，否则检查结果会产生错误。

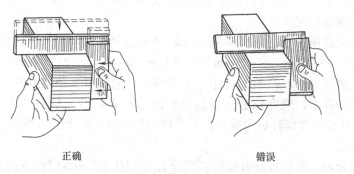

正确　　　　　　　　　　　　错误

图1-23　检验垂直度

二、百分表

百分表是一种指示式量仪，主要用来测量工件的尺寸、形状和位置误差，也可用于检验机床的几何精度或调整工件的装夹位置偏差。

1. 结构

百分表结构如图1-24所示。

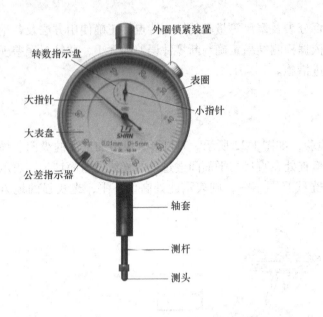
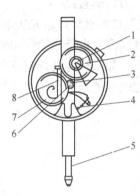

图 1-24　百分表结构

1—小齿轮　2、7—大齿轮　3—中间齿轮　4—弹簧　5—测量杆　6—指针　8—游丝

2. 百分表的刻线原理与读数

从图 1-24 可以看出，当有齿条的测量杆 5 上下移动时，带动与齿条相啮合的小齿轮 1 转动，同时与小齿轮固定在同一轴上的大齿轮 2 也跟着转动，大齿轮 2 可带动中间齿轮 3 与中间齿轮固定在同一轴上的指针 6，通过齿轮传动系统将测量杆的微小位移经放大转变为指针的偏转，由指针在刻度盘上指示出测量的数值。为了消除齿轮传动系统中的齿侧间隙而引起的测量误差，百分表内装有游丝 8，游丝产生的扭转力矩作用在大齿轮 7 上，大齿轮 7 也与中间齿轮 3 啮合，保证齿轮在正反转时都在同一齿侧面啮合，弹簧 4 是用来控制百分表测量力的。百分表的分度值为 0.01mm，表盘圆周刻有 100 条等分刻线。百分表的测量杆移动 1mm，指针正好回转一圈。指针转过 1 格，等于测量杆移动 0.01mm。

3. 百分表的测量范围和精度

百分表的标尺范围小量程有 0～3mm、0～5mm、0～10mm 三种规格，大量程有 0～15mm、0～20mm、0～25mm、0～30mm、0～50mm、0～80mm、0～100mm 七种规格。

当被测工件精度要求较高时，可用千分表测量，它的分度值为 0.001mm 和 0.002mm。随着技术的发展与进步，现在已有了双指示数显指示表（分度值为 0.01mm、0.001mm），模拟指针指示，任意角度旋转显示屏，具有多种测量功能，便于操作和测量。

4. 其他百分表

（1）内径百分表　内径百分表可作来测量孔径和孔的形状误差，对于测量深孔极为方便。内径百分表的外形与结构如图 1-25 所示。

测量时，测量杆与传动杆始终接触，通过传动杆推动指示表的测量杆，使指示表指针偏转。当活动测头移动 1mm 时，传动杆也移动 1mm，推动指示表指针回转一圈。所以，测量零件的内径时，活动测头的移动量可以在指示表上读出来，达到测量的目的。

（2）杠杆百分表　杠杆百分表常用于车床上校正工件的安装位置或用在普通百分表无法使用的场合中，其结构如图 1-26 所示。

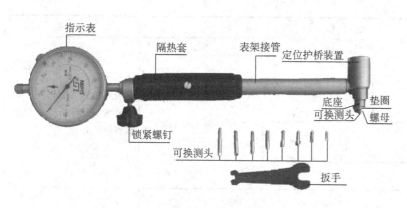

图 1-25 内径百分表

图 1-26 杠杆百分表

小提示

1）使用时，夹紧指示表的力不能过猛，以免影响量杆移动的灵活性。

2）使用时，应先对好"0"位，如果大指针对"0"有偏差，可转动外圈进行调整，否则要对测量读数加以修正。

3）轻拿轻放，不得猛烈振动，严禁超量程使用，以免齿轮等运动部件损坏。

三、塞尺

塞尺是用来检验贴合面之间间隙大小的片状定值量具。它有两个平行的测量平面，每套塞尺由若干片组成，如图1-27 所示。测量时，用塞尺直接塞入间隙，当一片或数片能塞进两贴合面之间时，则一片或数片的厚度即为间隙值。

塞尺容易弯曲和折断，测量时不能用力太大，也不能测量温度较高的工件，用完后擦试干净，放入夹板中。

图 1-27 塞尺

任务实施

1）学生在教师的指导下分组讨论制定测量方案。

2）按照测量方案进行测量检验，操作步骤见表1-10。

表 1-10 测量检验的操作步骤

图 示	说 明
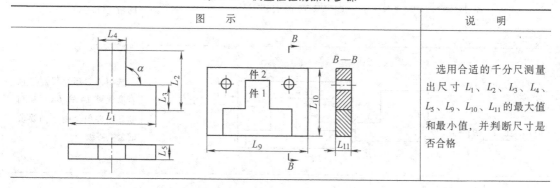	选用合适的千分尺测量出尺寸 L_1、L_2、L_3、L_4、L_5、L_9、L_{10}、L_{11} 的最大值和最小值，并判断尺寸是否合格

（续）

图　示	说　明
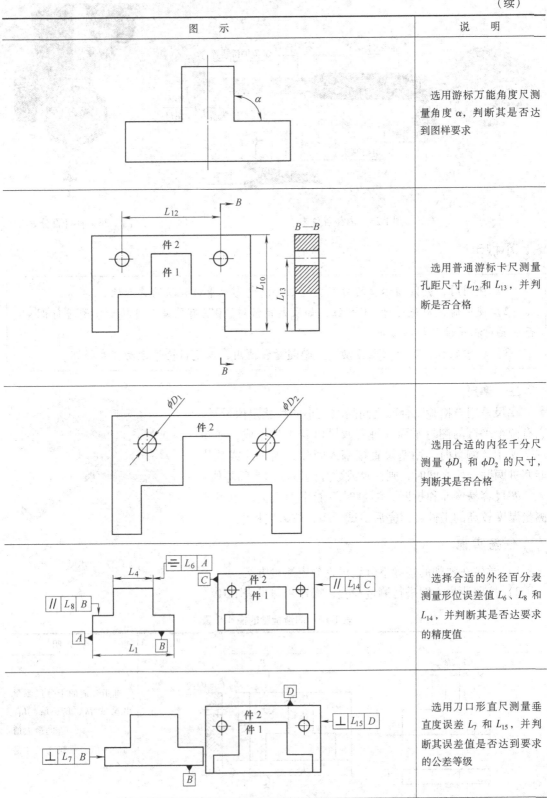	选用游标万能角度尺测量角度 α，判断其是否达到图样要求
	选用普通游标卡尺测量孔距尺寸 L_{12} 和 L_{13}，并判断是否合格
	选用合适的内径千分尺测量 ϕD_1 和 ϕD_2 的尺寸，判断其是否合格
	选择合适的外径百分表测量形位误差值 L_6、L_8 和 L_{14}，并判断其是否达要求的精度值
	选用刀口形直尺测量垂直度误差 L_7 和 L_{15}，并判断其误差值是否达到要求的公差等级

（续）

图 示	说 明
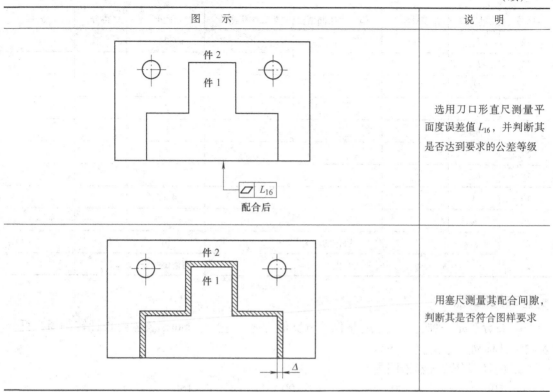	选用刀口形直尺测量平面度误差值 L_{16}，并判断其是否达到要求的公差等级
	用塞尺测量其配合间隙，判断其是否符合图样要求

注：测量完毕对所有量具进行维护和保养，并把所测尺寸进行记录。

👍 **评价反馈**

操作记录完毕，在教师的监督指导下小组之间进行互评，配合件的评测表见表1-11。

表1-11 配合件的评测表

班级：_____ 姓名：_____ 学号：_____ 成绩：_____

序号	尺寸	公差及精度	第一次实测值	第二次实测值	配分	得分	备注
1	L_1				3		
2	L_2				3		
3	L_3				3		
4	L_4				3		
5	L_5				3		
6	L_6				8		
7	L_7				2		
8	L_8				8		
9	L_9				3		
10	L_{10}				3		
11	L_{11}				3		

（续）

序号	尺寸	公差及精度	第一次实测值	第二次实测值	配分	得分	备注
12	L_{12}				2		
13	L_{13}				2		
14	ϕD_1				2		
15	ϕD_2				2		
16	L_{14}				8		
17	L_{15}				5		
18	L_{16}				5		
19	Δ				4×5		
20	α				2		
21	与人沟通、协作的能力				10		
22	安全文明生产				酌情倒扣分		

考证要点

1. 百分表是一种_____量仪，分度值为_____ mm，表盘内长针转一周，百分表测量杆移动_____ mm。

2. 内径百分表表盘沿圆周有（　　）。

A. 50   B. 80   C. 100   D. 150

3. 测量误差是指测量时所用的（　　）不完善所引起的误差。

A. 办法   B. 程序   C. 手段   D. 方法

4. 在同一条件下，多次测量同一量值，误差的数值和符号按某一确定的规律变化的误差称为（　　）误差。

A. 人为   B. 随机   C. 变值   D. 方法

5. 计量器具误差主要是计量器具的结构设计，制造装配、使用本身所有误差的总和。
（　　）

6. 随机误差决定了测量的精密度，随机误差越小，精密度越高。　　　　　　（　　）

项目2 划 线

2

任务1 平面划线

 学习目标

1. 明确划线的作用，能正确使用平面划线的工具。
2. 掌握一般的划线方法，并能正确地在线条上打样、冲眼。
3. 掌握划线技能，达到精度要求。

建议学时 12学时

任务描述

在熟练掌握多边形划线的基础上完成图2-1所示复杂平板的划线，并达到技术要求。

任务分析

划线是机械加工中的重要工序之一，广泛用于单件或小批量生产。划线是指在毛坯或工件上，用划线工具划出待加工表面的轮廓线或作为基准的点和线，这些点和线表明了工件部分的形状、尺寸或特性，并确定了加工的尺寸界限。划线是钳工的一种基本操作，是零件在成形加工前的一道重要工序。

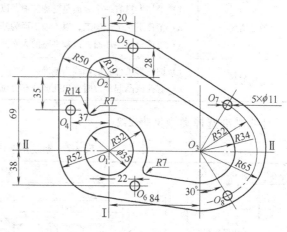

图2-1 复杂平板

相关知识

一、划线的作用

1. 指导加工

通过划线可以确定零件加工面的位置，明确地表示出表面的加工余量，确定孔的位置或划出加工位置的找正线作为加工的依据。

2. 通过划线及时发现毛坯的各种质量问题

当毛坯误差较小时，可通过找正后的划线代替借料予以补救，从而可提高坯件的合格率，对不能补救的毛坯不再转入下一道工序，以避免不必要的加工浪费。

3. 在型材上按划线借料，可合理使用材料

划线是一种复杂、细致而重要的工作，划线的准确与否，将直接关系到产品的质量和生产率的高低。大部分的零件在加工过程中都要经过一次或多次划线。在划线前首先要看清楚图样，了解零件的作用，分析零件的加工工序和加工方法，从而确定要加工的余量和在工件表面上需划出哪些线。划线时除要求划出的线条清晰均匀外，最重要的是保证尺寸准确。划线精度一般为 0.25 ~ 0.5mm。因此，在加工过程中，必须通过测量来保证尺寸的准确度。

二、划线基准和划线基准的选择

1. 划线基准

基准是指图样上（或工件上）用来确定其他点、线、面位置的依据。

设计时，在图样上所选定的用来确定其他点、线、面位置的基准称为设计基准。

划线时，在工件上所选定的用来确定其他点、线、面位置的基准称为划线基准。

2. 划线基准的选择

划线应从划线基准开始。选择划线基准的基本原则是应尽可能使划线基准和设计基准重合。这样能够直接量取划线尺寸，简化尺寸换算过程。

划线基准的选择原则见表 2-1。

表 2-1　划线基准的选择原则

选 择 根 据	说　　　明
图样尺寸	划线基准与设计基准一致
加工情况	1）毛坯上只有一个表面是已加工面，以该面为基准 2）工件不是全部加工，以不加工面为基准 3）工件全是毛坯面，以较平整的大平面为基准
毛坯形状	1）圆柱形工件，以轴线为基准 2）有孔或凸起部位时，以孔或凸起部位为基准

划线基准选择类型见表 2-2。

表 2-2　划线基准选择类型

序号	基本形式	简　图	说　　　明
1	以两个相互垂直的平面（或直线）为基准	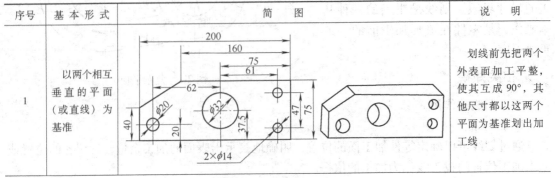	划线前先把两个外表面加工平整，使其互成90°，其他尺寸都以这两个平面为基准划出加工线

（续）

序号	基本形式	简 图	说 明
2	以两条相互垂直的中心线为基准	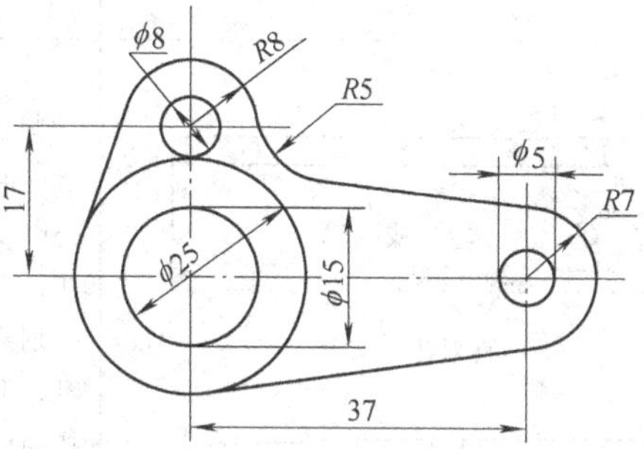	划线前先找出工件相对的两个位置，划出两条中心线，然后再根据中心线划出其他加工线
3	以一个平面和一条中心线为基准	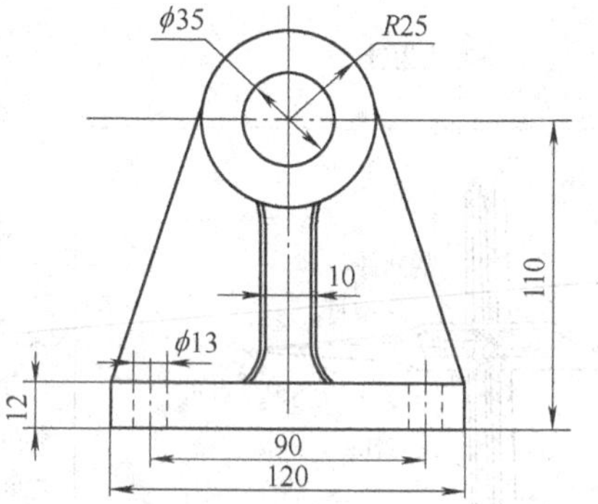	划线前，先将底平面加工平，然后划出中心线，再划其他线
4	以点为基准	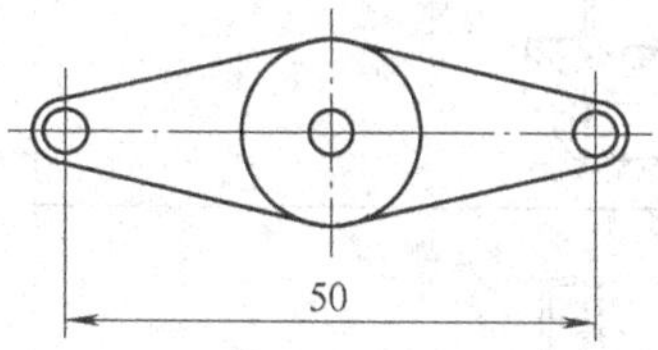	划线前找出工件的中心点，然后以中心点为基准，划出其他加工线

3. 划线工具的使用

在划线过程中，为了保证尺寸的准确度和达到较高的工作效率，必须熟悉各种划线工具及应用方法。常用划线工具的用途及注意事项见表2-3。

表2-3 常用划线工具的用途及注意事项

序号	工具名称	图 示	用途及注意事项
1	划线平台		划线平台用铸铁制成。平台表面经过精磨、精刨或刮研等精加工，用来安放工件和划线工具，并在平台上进行划线工作 使用时需注意：平台必须保持清洁，工件和工具在平台上要轻拿轻放，防止重物与平台撞击，平台使用后应擦拭干净，长期不用应涂上机油以防生锈；平台定位后，要调水平

（续）

序号	工具名称	图　示	用途及注意事项
2	划针	直划针 弯头划针	用 $\phi3 \sim \phi4$mm 高速钢或弹簧钢丝制成。划针长度一般为 200～300mm，尖角为 15°～20°，并淬硬到 60HRC 左右。用于在工件上划线 　划线时尖端要紧靠导向工具的边缘移动，上部向外倾斜 15°～20°，向划线方向倾斜成 45°～75°；划线要做到一次划好，不要重复，使线条清晰、准确；划针要保持尖锐
3	划线盘	紧固件 划针 立柱 盘座	用来直接在工件上划线或找正工件位置。一般情况下，划针的直头端用来划线，弯头端用来找正工件位置 　使用时，划针基本处于水平状态，伸出部分应尽量短些；划针与工件的划线表面之间要倾斜 30°～45°；不用时，将划针竖直，针尖朝下，或在针尖上套一段塑料管，以防针尖伤人
4	游标高度卡尺		集划针、划线盘、卡尺于一体，其精度为 0.02mm，用于精密划线和测量高度 　使用前，将游标以平台为基准校零。使用时，要注意保护划线量爪，不能碰撞，并严禁在粗糙表面上划线；划线过程中使量爪接触工件，移动底座划线
5	划规		用碳素工具钢制成，尖端淬硬，也可焊接上高速钢或硬质合金。主要用来划圆弧、量取尺寸、等分角度或线段等 　使用时，应以稍大的压力固定作为圆心的脚，以防滑动；划规的脚尖要保持尖锐，使划出的线条清晰

（续）

序号	工具名称	图　　示	用途及注意事项
6	直角尺		直角尺是划垂直线和平行线的导向工具，也可用来找正工件平面在划线平台上的垂直度
7	带表万能角度尺		是测量任意角的工具，可用来划任意角度线，特别方便
8	样冲		用工具钢制成，尖端成45°～60°，并淬硬处理。划线后为了防止线条被抹掉，用样冲在划好的线上打上样冲眼作为加强界线的标志，在划圆或钻孔中心点上打样冲眼以确定中心 打样冲眼时，先将样冲外倾使其尖端对正线条，然后再将样冲立直进行冲眼
9	V形垫铁		主要用于支撑圆形工件，以便找正中心线，在圆形工件端面上划线等 通常是两块一起使用，两块的长、宽、高及V形槽的各部分几何精度要求一致；使用时应注意保持V形垫铁工作表面的清洁，避免因损伤工作表面而引起误差
10	方箱	固定件　立柱　摇臂　紧固螺钉　箱体	用铸铁制成，是一个空心的六面体，相邻平面相互垂直，用来夹持工件，并能方便地翻转。由于其六面垂直，可使夹持在方箱上的工件一次安装就能完成立体划线 注意清洁，严禁碰撞。夹持工件时紧定螺钉的松紧要适当

（续）

序号	工具名称	图　示	用途及注意事项
11	角铁		用铸铁制成，两面加工成精度较高且相互垂直的平面，常与压板或 C 形夹头配合使用，用来夹持工件 它有两个互相垂直的平面，也能一次安装完成立体划线
12	千斤顶		通常三个一组，用来支撑笨重毛坯或形状不规则的工件，进行校验、找正、划线 用千斤顶支撑工件时，要求三个千斤顶的支撑点离工件重心尽量远，工件较重的部位放两个千斤顶，较轻的部位放一个千斤顶，支撑点要选在不易滑移的地方，或预先在支撑点处冲眼，做支撑窝，必要时也可用钢丝绳吊住某一部位或在工件下面加垫铁支撑，以防滑倒伤人
13	斜楔垫铁	∠1:50~1:30	用来支撑和垫工件，一般两件对合使用或配合垫板使用，适用于大型毛坯划线，安全可靠 斜楔垫铁找正比千斤顶方便，但只能做少量调节

任务实施

一、多边形划线

1）教师下达任务，并对学生进行分组。

2）各小组成员接受任务，进行分析，制订计划和分工。领取工、夹、量具（见表2-4）。

表 2-4　工、夹、量具清单

序号	名　称	规　格	数　量
1	钢直尺	150mm	1
2	划针		1
3	划规	200mm	1
4	样冲		1
5	锤子		1
6	薄板（材料为 Q235）	100mm×100mm×2mm	1

3）操作步骤。

①检查薄板料，并在板料上涂蓝油。

②分别画出四种多边形，见表2-5。

③根据图样要求，检查所画线条的正确性。

④检查无误后打上样冲眼。

表2-5 多边形画法

多边形名称	图 示	操作内容及注意事项
正三角形	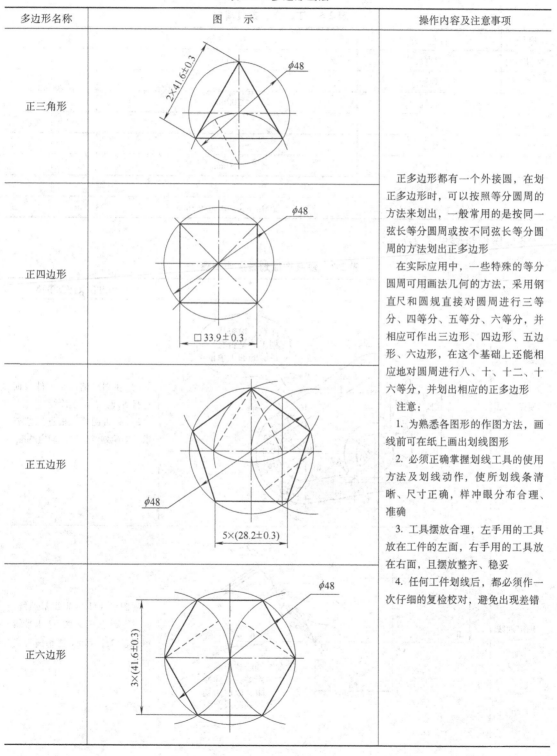	正多边形都有一个外接圆，在划正多边形时，可以按照等分圆周的方法来划出，一般常用的是按同一弦长等分圆周或按不同弦长等分圆周的方法划出正多边形
正四边形		在实际应用中，一些特殊的等分圆周可用画法几何的方法，采用钢直尺和圆规直接对圆周进行三等分、四等分、五等分、六等分，并相应可作出三边形、四边形、五边形、六边形，在这个基础上还能相应地对圆周进行八、十、十二、十六等分，并划出相应的正多边形
正五边形		注意： 1. 为熟悉各图形的作图方法，画线前可在纸上画出划线图形 2. 必须正确掌握划线工具的使用方法及划线动作，使所划线条清晰、尺寸正确，样冲眼分布合理、准确 3. 工具摆放合理，左手用的工具放在工件的左面，右手用的工具放在右面，且摆放整齐、稳妥
正六边形		4. 任何工件划线后，都必须作一次仔细的复检校对，避免出现差错

二、复杂样板划线

1）教师下达任务，并对学生进行分组。

2）各小组成员接受任务，进行分析，制订计划和分工。领取工、夹、量具（见表2-6）。

表2-6 工、夹、量具清单

序号	名　称	规　格	数　量
1	钢直尺	150mm	1
2	划针		1
3	划规	200mm	1
4	样冲		1
5	锤子		1
6	游标卡尺	150mm	1
7	长划规		1
8	薄板（材料为Q235）	200mm×190mm×2mm	1

3）操作步骤见表2-7。

表2-7 复杂样板划线操作步骤

步　骤	图　示	操作内容及注意事项
复杂样板图样	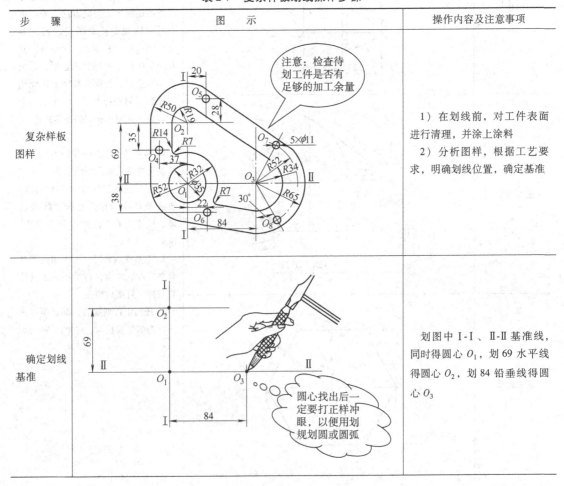	1）在划线前，对工件表面进行清理，并涂上涂料 2）分析图样，根据工艺要求，明确划线位置，确定基准
确定划线基准		划图中 I-I、II-II 基准线，同时得圆心 O_1，划69水平线得圆心 O_2，划84铅垂线得圆心 O_3

（续）

步　骤	图　示	操作内容及注意事项
划出已知圆弧线		以 O_1 为圆心，以 $R32$ 和 $R52$ 为半径划弧；以 O_2 为圆心，$R19$ 和 $R50$ 为半径划弧；以 O_3 为圆心，$R34$、$R52$ 和 $R65$ 为半径划弧
划出内、外公切线		三条内弧公切线和三条外弧公切线相距 31
确定小圆圆心 O_4、O_5、O_6		以与 O_1、O_2 圆的中心线的垂直距离划出水平线 38、35 和 28 划出水平线，再以水平距离 37、20 和 22 划出竖直线，得小圆圆心 O_4、O_5、O_6
划出 $R7$ 圆弧		以 O_1 为圆心，以 $32+7$ 为半径分别划出上、下两条圆弧线；再作 $R32$ 弧两侧 $R19$ 和 $R34$ 弧的平行线，距离均为 7，得两交点，即 $R7$ 弧圆心。以所得交点为圆心，$R7$ 为半径，划出两圆弧与 $R32$ 弧和两公切线相切

（续）

步　骤	图　示	操作内容及注意事项
确定 O_7、O_8 点		通过圆心 O_3 点分别沿 25° 和 30° 划线得圆心 O_7、O_8。划出孔 $\phi35$ 和孔 $5 \times \phi11$ 的圆周线
检查并打样冲眼		检查所划的线无误后，于划线交点处及按一定间隔，在所划线上打样冲眼，显示各部分尺寸及轮廓，工件划线结束

评价反馈

操作完毕，按照表 2-8、表 2-9 进行评分。

表 2-8　多边形划线评分标准

班级：＿＿＿＿＿　　姓名：＿＿＿＿＿　　学号：＿＿＿＿＿　　成绩：＿＿＿＿＿

序号	技术要求	配分	评分标准	自检记录	交检记录	得分
1	涂色薄而均匀	4	总体评定			
2	图形分布合理	9	每个图形扣 3 分			
3	线条清晰	12	每处扣 2 分			
4	线条无重线	12	每处扣 2 分			
5	尺寸公差为 ±0.3mm	30	超差一处扣 3 分			
6	样冲眼分布合理、正确	18	每处扣 2 分			
7	工具选用及操作姿势正确	15	不正确每次扣 5 分			
8	安全文明生产	扣分	违者每次扣 2 分，严重者扣 5~10 分			

表 2-9 复杂样板划线评分标准

班级:_____ 姓名:_____ 学号:_____ 成绩:_____

序号	技术要求	配分	评分标准	自检记录	交检记录	得分
1	图形及其排列位置正确	15	总体评定			
2	线条清晰无重线	15	每处不正确扣3分			
3	尺寸及线条位置正确	15	每处不正确扣3分			
4	各圆弧连接圆滑	15	每处不圆滑扣3分			
5	冲点位置正确	15	每处不正确扣3分			
6	检验样冲眼位置分布合理	15	每处不合理扣3分			
7	工具使用及操作姿势正确	10	不正确每次扣2分			
8	安全文明生产	扣分	违者每次扣2分,严重者扣5~10分			

考证要点

1. 划线的基本要求是划出的线条_____均匀,最重要的是_____。

2. 工件的加工精度不能完全由_____确定,而应该在加工过程中通过_____来保证尺寸的准确度。

3. 划线基准一般有以下三种类型:_____、_____、_____。

4. 圆周等分法,有按_____弦长和_____弦长等分圆周,前者等分数越多,其_____误差越大。

5. 利用分度头可在工件上划出水平线、_____线、_____线和圆的_____线或不等分线。

6. 划线精度一般要求达到 0.25~0.5mm。 ( )

7. 划线广泛应用于成批大量生产。 ( )

8. 尽可能使划线基准和设计基准重合,是选择划线基准的基本原则。 ( )

9. 用分度头划出均匀分布在某圆周上的 15 个孔,试求每划完一个孔的位置后,分度头的手柄应转过的转数(分度盘上的孔数为:…、28、30、34、…)。

任务 2 立 体 划 线

学习目标

1. 正确使用立体划线工具。
2. 掌握工件的清理、检查方法,正确选择涂料。
3. 掌握找正和借料的方法。
4. 划线操作方法正确,线条、尺寸准确,样冲眼布置合理。

建议学时　18 学时

任务描述

　　指导学生熟悉钳工常用立体划线工具及其使用方法，正确放置工件、确定找正基准及合理借料，按技术要求完成图 2-2、图 2-3 所示工件的立体划线工作。

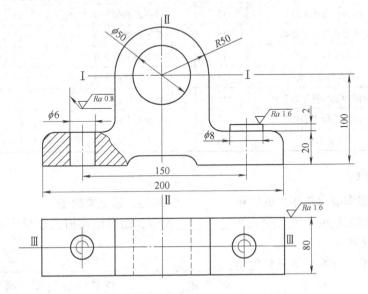

图 2-2　轴承座划线

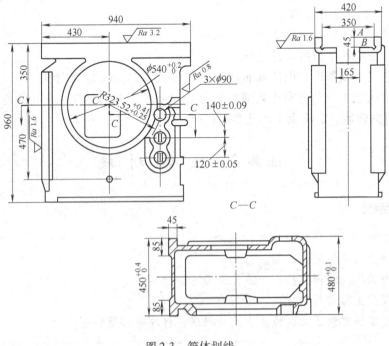

图 2-3　箱体划线

任务分析

通过练习，能利用 V 形铁、千斤顶和直角铁等在划线平台上正确安放、找正工件，并能合理确定工件的找正基准和尺寸基准，并进行立体划线。在划线中，能对有缺陷的毛坯进行合理的借料，做到划线操作方法正确，划线线条清晰，尺寸准确及冲点分布合理。

相关知识

一、立体划线概述

在工件上几个互成不同角度（通常是互相垂直）的表面上划线，才能明确表示加工界线的划线方法称为立体划线。

划线时，零件的每一个方向都需要选择一个基准，所以立体划线需要在长、宽、高 3 个方向选择划线基准。

立体划线在很多情况下是对铸、锻件毛坯进行划线。各种铸、锻件毛坯在前期加工中，由于种种原因，形成形状歪斜、偏心、各部分壁厚不均匀等缺陷。当形状误差不大时，可以通过划线找正和借料的方法来补救。

二、立体划线工具（见表 2-10）

表 2-10　立体划线工具

序号	工具名称	图　示	用　途
1	方箱		主要用于装夹工件，并能翻转位置而划出垂直线，一般附有装夹装置，并在方箱上配有 V 形槽
2	V 形架		通常是两个一起使用，用来安放圆柱形工件，划出中心线，找正中心等

（续）

序号	工具名称	图　　　示	用　　途
3	直角铁		使用直角铁时，可将工件装夹在它的垂直面上进行划线。装夹时可用 C 形夹头或压板
4	千斤顶		分为锥顶千斤顶和带 V 形槽的千斤顶 锥顶千斤顶通常是三个一组，用于支撑不规则的工件，其支撑高度可做一定的调整 带 V 形槽的千斤顶用于支撑工件的圆柱面
5	斜楔垫铁		分为斜楔垫铁和 V 形垫铁，主要用于支撑毛坯工件，使用方便，但只能做少量的高度调节

三、立体划线时工件放置基面的确定

工件安放基准的确定十分重要，经选择的放置基面必须要保证工件安放平稳、可靠，并使工件的主要线条与划线平台平行。如选择不当，则划线质量差，效率低，而且不安全。

通常选择放置基面的原则是：当第一划线位置确定后，应选择平直的表面作为工件的放置基面，以保证划线时工件安放平稳，安全可靠。

四、立体划线时找正基准的确定

1）选择工件上与加工部位有关而且比较直观的面（如凸台、对称中心和非加工的自由表面等）作为找正基准，使非加工面与加工面之间的厚度均匀，并使其形状误差反映在次要部位或不显著部位。

2）选择有装配关系的非加工部位作为找正基准，以保证工件经划线和加工后能顺利进行装配。

3）在多数情况下，还必须有一个与划线平台垂直或倾斜的找正基准，以保证该位置上的非加工面与加工面之间的厚度均匀。

五、立体划线时尺寸基准的确定

划线前，必须先确定各个划线表面的先后划线顺序及各位置的尺寸基准线。

尺寸基准的选择原则如下：

1）应与图样所用基准（设计基准）一致，以便能直接量取划线尺寸，避免因尺寸间的换算而增加划线误差。

2）以精度高且加工余量少的型面作为尺寸基准，以保证主要型面的顺利加工和便于安排其他型面的加工位置。

3）当毛坯在尺寸、形状和位置上存在误差和缺陷时，可将所选尺寸基准位置进行必要的调整——划线借料，使各加工面都有必要的加工余量，并使其误差和缺陷能在加工后排除。

六、安全文明生产常识

1）工件应在支撑处打好样冲眼，使工件稳固在支撑上，防止倾倒；对较大的工件，应加附加支撑，使其安放稳定、可靠。

2）对较大工件的划线必须使用吊车吊运时，绳索应安全、可靠，吊装的方法应正确。

3）大型工件放在划线平台上使用千斤顶时，应在工件下面垫上木块，以保证安全。

4）调整千斤顶的高低时，不可用手直接调节，以防止工件掉下来砸伤手。

任务实施

一、箱体工件划线

1）教师下达任务，并对学生进行分组。

2）各小组成员接受任务，并进行分析，制定计划和分工。领取工、夹、量具（见表2-11）。

表2-11　工、夹、量具清单

序号	名　称	规　格	数　量
1	划线盘		1
2	游标高度卡尺	300mm	1
3	划针		1
4	划规	200mm	1
5	千斤顶		3
6	划线平板		1
7	样冲		1
8	锤子		1
9	直角尺		1
10	垫块		1
11	斜铁		2
12	毛坯零件		1

3）操作步骤见表2-12。

装配钳工工艺与实训（任务驱动模式）

表 2-12　箱体工件划线步骤

步　骤	图　示	操作内容及注意事项
分析箱体工件图样	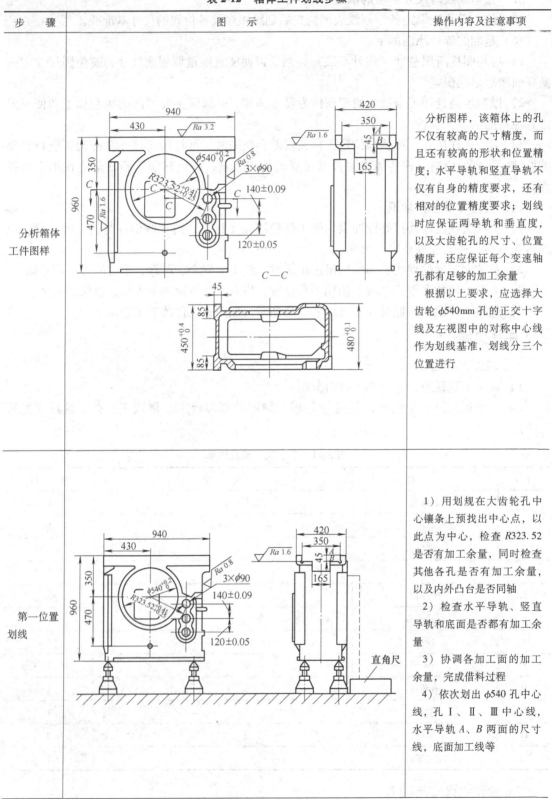	分析图样，该箱体上的孔不仅有较高的尺寸精度，而且还有较高的形状和位置精度；水平导轨和竖直导轨不仅有自身的精度要求，还有相对的位置精度要求；划线时应保证两导轨和垂直度，以及大齿轮孔的尺寸、位置精度，还应保证每个变速轴孔都有足够的加工余量 　根据以上要求，应选择大齿轮 $\phi540$mm 孔的正交十字线及左视图中的对称中心线作为划线基准，划线分三个位置进行
第一位置划线		1）用划规在大齿轮孔中心镶条上预找出中心点，以此点为中心，检查 $R323.52$ 是否有加工余量，同时检查其他各孔是否有加工余量，以及内外凸台是否同轴 　2）检查水平导轨、竖直导轨和底面是否都有加工余量 　3）协调各加工面的加工余量，完成借料过程 　4）依次划出 $\phi540$ 孔中心线，孔Ⅰ、Ⅱ、Ⅲ中心线，水平导轨 A、B 两面的尺寸线，底面加工线等

（续）

步　骤	图　示	操作内容及注意事项
第二位置 划线	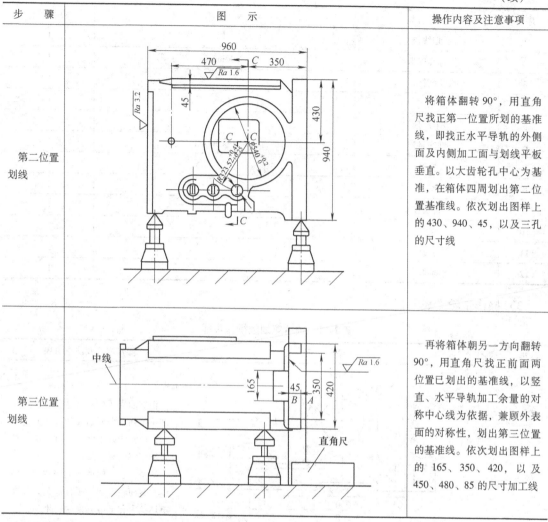	将箱体翻转 90°，用直角尺找正第一位置所划的基准线，即找正水平导轨的外侧面及内侧加工面与划线平板垂直。以大齿轮孔中心为基准，在箱体四周划出第二位置基准线。依次划出图样上的 430、940、45，以及三孔的尺寸线
第三位置 划线		再将箱体朝另一方向翻转 90°，用直角尺找正前面两位置已划出的基准线，以竖直、水平导轨加工余量的对称中心线为依据，兼顾外表面的对称性，划出第三位置的基准线。依次划出图样上的 165、350、420，以及 450、480、85 的尺寸加工线

小提示

1）将箱体置于平台上的第一划线位置，应该是待加工的面和孔最多的位置，这样有利于减少翻转次数，保证划线质量。

2）箱体划线一般都要划出十字校正线，以供下次划线和车削、铣削、刨削等加工时校正位置用。

3）在某些箱体工件上划垂直线时，为了避免和减少翻转次数，可在平台上放一块角铁，把划线底座靠在角铁上，可划出垂直线。

二、轴承座划线

1）教师下达任务，并对学生进行分组。

2）各小组成员接受任务，并进行分析，制定计划和分工。领取工、夹、量具（见表2-13）。

表2-13　工、夹、量具清单

序号	名　称	规　格	数　量
1	划线盘		1
2	游标高度卡尺	300mm	1
3	划针		1
4	划规	200mm	1
5	千斤顶		3
6	划线平板	400mm×300mm	1
7	样冲		1
8	锤子		1
9	直角尺		1
10	垫块		1
11	斜铁		2
12	毛坯零件		1

3）操作步骤见表2-14。

表2-14　轴承座划线操作步骤

步　骤	图　示	操作内容及注意事项
轴承座图样	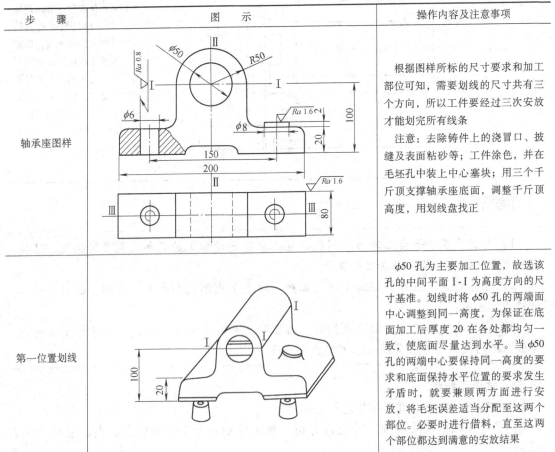	根据图样所标的尺寸要求和加工部位可知，需要划线的尺寸共有三个方向，所以工件要经过三次安放才能划完所有线条 注意：去除铸件上的浇冒口、披缝及表面粘砂等；工件涂色，并在毛坯孔中装上中心塞块；用三个千斤顶支撑轴承座底面，调整千斤顶高度，用划线盘找正
第一位置划线		φ50孔为主要加工位置，故选该孔的中间平面Ⅰ-Ⅰ为高度方向的尺寸基准。划线时将φ50孔的两端面中心调整到同一高度，为保证在底面加工后厚度20在各处都均匀一致，使底面尽量达到水平。当φ50孔的两端中心要保持同一高度的要求和底面保持水平位置的要求发生矛盾时，就要兼顾两方面进行安放，将毛坯误差适当分配至这两个部位。必要时进行借料，直至这两个部位都达到满意的安放结果

（续）

步　骤	图　示	操作内容及注意事项
第二位置划线	 75	选 $\phi50$ 孔中间平面 Ⅱ-Ⅱ 为长度方向的划线基准。通过千斤顶和划线盘的找正，使 $\phi50$ 孔两端的中心处于同一高度，同时直角尺按已划出的底面加工线找正到垂直位置，划基准线 Ⅱ-Ⅱ 和 $2\times\phi8$ 孔的中心线
第三位置划线		因为两个螺钉孔均匀分布在宽度方向，故选该两孔的中心平面为宽度方向的划线基准。通过千斤顶的调整和直角尺的找正，分别使底面加工线和 Ⅱ-Ⅱ 基准线处于垂直位置（底面加工线与左直角尺重合，Ⅱ-Ⅱ 加工线与右直角尺重合）。以两个 $\phi8$ 孔的中心为依据，试划两大端面的加工线，如两端面加工余量太大或其中一面加工余量不足，可适当调整 $2\times\phi8$ 中心孔的位置，需要时可借料，方可划出 Ⅲ-Ⅲ 线

🔷 **小提示**

1）必须全面考虑工件在平台上的摆放位置，正确确定尺寸基准线的位置，这是保证划线准确的重要环节。

2）工件安放在支承上必须稳固，防止倾倒。

3）划线时，游标高度卡尺或划针盘要紧贴平台移动，划线压力要一致，使画出的线条准确。

4）线条尽量一次划出，尽可能细而清楚，要避免划重线。

👍 **评价反馈**

操作完毕，按照表 2-15、表 2-16 进行评分。

表 2-15　轴承座立体划线评分标准

班级：_____　姓名：_____　学号：_____　成绩：_____

序号	技术要求	配分	评分标准	自检记录	交检记录	得分
1	正确使用划线工具	10	每次失误扣2分			
2	三个垂直位置找正误差 <0.4mm	24	超差一处扣8分			
3	三个位置尺寸基准位置误差 <0.6mm	24	超差一处扣8分			

（续）

序号	技术要求	配分	评分标准	自检记录	交检记录	得分
4	划线尺寸误差<0.3mm	18	超差一处扣3分			
5	线条清晰	14	每处缺陷扣3分			
6	样冲点位置正确	10	每处缺陷扣2分			
7	安全文明生产	扣分	违者每次扣2分，严重者扣5~10分			

表2-16　箱体工件立体划线评分标准

班级：_____　姓名：_____　学号：_____　成绩：_____

序号	技术要求	配分	评分标准	自检记录	交检记录	得分
1	涂色薄而均匀	4	每处缺陷扣2分			
2	线条清晰	15	每处缺陷扣3分			
3	线条无重复	15	每处缺陷扣3分			
4	三个位置找正误差<0.4mm	15	超差一处扣3分			
5	三个位置尺寸基准误差<0.6mm	15	超差一处扣3分			
6	尺寸公差为±0.3mm	20	超差一处扣3分			
7	冲眼分布合理、正确	10	每处缺陷扣2分			
8	正确使用工具及操作姿势正确	6	每次失误扣2分			
9	安全文明生产	扣分	违者每次扣2分，严重者扣5~10分			

abc 考证要点

1. 在立体划线中还应注意使_____、_____、_____三个方向的线条互相垂直。

2. 做好借料划线，首先要知道待划毛坯_____，确定需要借料的_____。

3. 找正就是利用_____，通过调节支撑工具，使工件上有关的_____处于合适的位置。

4. 找正和借料两项工作是分开进行的。　　　　　　　　　　　　　　　　　（　　）

5. 当毛坯上存在非加工表面时，应按不加工表面找正后再划线。　　　　　（　　）

6. 用千斤顶支撑工件时，应尽可能选择较小的支撑面积。　　　　　　　　（　　）

7. 立体划线前的准备工作有哪些？

8. 如何做好借料划线工作？

项目3　钳工基本操作训练 **3**

钳工大多是在钳工台上以手工工具为主对工件进行加工，装配钳工的工作任务有：完成装配前的准备工作，如毛坯表面的清理、在工件上划线等；部分精密零件的加工，如制作辅助工具及刮配、研磨机床上的有关表面；在装配前进行钻孔、铰孔、攻（套）螺纹及装配时对零件进行修理；机床设备的组装、调整、试运行和维修等。因此，装配钳工首先要掌握划线、錾削、锉削、锯削、钻孔、扩孔、锪孔、铰孔、攻螺纹、套螺纹、矫正与弯形、刮削与研磨、技术测量和简单的热处理等操作技能，进而掌握零部件的加工制作方法和修理、调试等操作技能。

任务 1　制作錾口锤头

 学习目标

1. 能够掌握各基本技能的操作要领，使动作规范化、标准化。
2. 能够熟练使用工、卡、量具及对其进行保养维护。
3. 能够根据工件的加工余量合理选用工具。
4. 能够使用钻床并合理选用转速和切削用量。

建议学时　20 学时

任务描述

錾口锤头实物如图 3-1 所示，按照图 3-2 所示工件图样的要求完成制作。

图 3-1　錾口锤头实物图

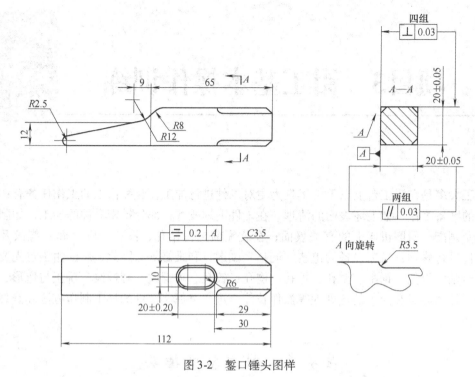

图 3-2　錾口锤头图样

 任务分析

　　錾口锤头的制作包括划线、锯削、锉削、钻孔等钳工基本加工方法和操作技能，以及钳工常用工、量具的使用与保养方法和工件检测方法。

相关知识

一、锉削工艺知识

1. 锉削概述

　　用锉刀对工件表面进行切削加工，使工件达到所要求的尺寸、形状和表面粗糙度要求，这种工作称为锉削。锉削的精度最高可达 0.01mm，表面粗糙度值最高可达 $Ra0.8\mu m$。

　　锉削可以加工工件的外表面、内孔、沟槽和各种形状复杂的表面。在现代工业生产的条件下，仍有一些加工需要手工锉削来完成，如模具装配过程中对个别零件的修整，以及小批量生产条件下某些复杂形状零件的加工等。所以，锉削仍是钳工一项重要的基本操作。

2. 锉刀的构造

　　锉刀由优质碳素工具钢 T12、T13 或 T12A、T13A 制成，经热处理后切削部分的硬度可以高达 62～72HRC。锉刀由锉身和锉柄两部分组成，其各部分的名称如图 3-3 所示。

　　（1）锉刀的齿纹　锉刀的齿纹有单齿纹和双齿纹两种。

　　1）单齿纹。锉刀上只有一个方向的齿纹称为单齿纹。单齿纹锉刀由于全齿宽都同时参加切削，需要较大的切削力，因此适用于锉削软材料。

　　2）双齿纹。锉刀上有两个方向排列的齿纹称为双齿纹。锉齿沿锉刀中心线方向形成倾斜、有规律的排列，这样的排列使锉出的锉痕交错而不重叠，工件的锉削表面比较光滑。由于双齿纹锉刀锉削时切屑是碎断的，故锉削硬材料时比较省力。

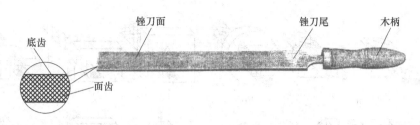

图3-3 锉刀各部分的名称

（2）锉刀的粗细　锉刀的粗细规格是按锉刀齿纹的齿距大小来表示的。其粗细等级分为以下几种：

1号：用于粗锉刀，齿距为2.3~0.83mm。

2号：用于中粗锉刀，齿距为0.77~0.42mm。

3号：用于细锉刀，齿距为0.33~0.25mm。

4号：用于双细锉刀，齿距为0.26~0.2mm。

5号：用于油光锉，齿距为0.2~0.16mm。

锉刀粗细的选择，决定于工件加工余量的大小、加工精度和表面粗糙度的高低、工件材料的性质。粗锉刀适用于锉加工余量大、加工精度和表面粗糙度要求较低的工件，而细锉刀适用于锉削加工余量小、加工精度和表面粗糙度要求较高的工件。

锉削软材料时如果没有专用的软材料锉刀，则只能选用粗锉刀。用细锉刀锉软材料时则由于容屑空间小，很容易被切屑堵塞而失去切削能力。

3. 锉刀的种类及选用

锉刀可分为钳工锉、异形锉和整形锉三类。

（1）钳工锉　按其断面形状的不同又分五种：平锉（扁锉）、方锉、三角锉、半圆锉和圆锉，如图3-4所示。

图3-4 钳工锉的断面形状

图3-5 异形锉的断面形状

（2）异形锉　用来加工零件上的特殊表面，有直的和弯的两种。常用的直异形锉按其断面形状进行分类，如图3-5所示。

（3）整形锉　用于修整工件上的细小部位，通常以多把断面形状不同的锉刀组成一组（图3-6），如每5把、6把、8把、10把或12把为一组。

锉刀断面形状的选择，决定于工件加工表面的形状。其具体选择如图3-7所示。

4. 锉刀的规格及选用

锉刀的规格分为尺寸规格和锉纹的粗细规格。

图3-6 整形锉

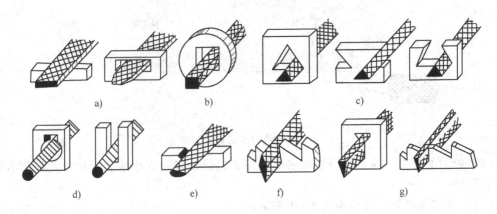

图 3-7　锉刀的选用

a）平锉　b）方锉　c）三角锉　d）圆锉　e）半圆锉　f）菱形锉　g）刀口锉

1）锉刀的尺寸规格。圆锉以其断面直径、方锉以其边长为尺寸规格；其他锉刀以锉刀的锉身长度表示，常用的有100mm、150mm、200mm、250mm、300mm等几种。锉刀长度规格的选择，取决于工件加工面的大小和加工余量的大小。加工面尺寸较大和加工余量较大时，宜选用较长的锉刀；反之，则选用较短的锉刀。

2）锉纹的粗细规格。锉齿粗细的选择取决于工件加工余量的大小、加工精度和表面粗糙度值的大小、工件材料的软硬等。粗齿锉刀适用于锉削加工余量大、加工精度要求较低和表面粗糙度值要求较高的工件，而细齿锉刀适用于锉削加工余量小、加工精度要求较高和表面粗糙度值要求较低的工件。其精细等级及选用见表3-1。

表 3-1　锉刀齿纹粗细规格的选用

锉刀粗细	适　用　场　合		
	锉削余量/mm	尺寸精度/mm	表面粗糙度值 Ra/μm
1 号（粗齿锉刀）	0.5 ~ 1	0.2 ~ 0.5	100 ~ 25
2 号（中齿锉刀）	0.2 ~ 0.5	0.05 ~ 0.2	25 ~ 6.3
3 号（细齿锉刀）	0.1 ~ 0.3	0.02 ~ 0.05	12.5 ~ 3.2
4 号（双细齿锉刀）	0.1 ~ 0.2	0.01 ~ 0.02	6.3 ~ 1.6
5 号（油光锉）	0.1 以下	0.01	1.6 ~ 0.8

5. 锉刀柄的装拆

为了能够握住锉刀和锉削用力方便，锉刀必须装上木柄。锉刀柄安装孔的深度约等于锉舌（即锉刀尾部的细圆锥体与木柄连接的部分）的长度，孔的大小要保证锉舌能自由插入1/2 的长度。

锉刀木柄的安装如图3-8a 所示，拆卸如图3-8b、c 所示。

6. 工件锉削前的夹持

工件夹持的正确与否直接影响锉削的质量。因此，工件夹持要符合下列要求：

1）工件最好夹在台虎钳的中间。工件夹持要牢固，但不能使工件变形。

2）工件伸出钳口不要太高，以免锉削时工件产生振动。

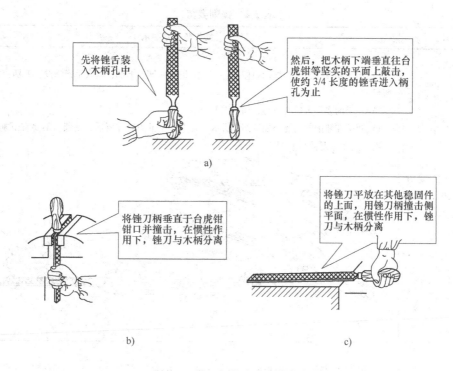

先将锉舌装入木柄孔中

然后，把木柄下端垂直往台虎钳等坚实的平面上敲击，使约 3/4 长度的锉舌进入柄孔为止

a)

将锉刀柄垂直于台虎钳钳口并撞击，在惯性作用下，锉刀与木柄分离

将锉刀平放在其他稳固件的上面，用锉刀柄撞击侧平面，在惯性作用下，锉刀与木柄分离

b)　　　　　　　　　　　c)

图 3-8　锉刀柄的安装与拆卸

a）安装木柄　b）、c）拆卸木柄

3）表面形状不规则的工件，夹持时要加衬垫。例如，夹圆形工件时要衬以 V 形铁或弧形木块；夹较长的薄板工件时，用两块较厚的铁板夹紧后，再一起夹入钳口。工件露出钳口的部分要尽量少，以免锉削时抖动。

夹持已加工面和精密工件时，在台虎钳钳口应衬以铜钳口或其他较软材料，以免夹坏表面。

7. 平面锉削方法

（1）锉削姿势　锉削姿势包括锉刀的握法、锉削的身体姿态。锉刀的握法掌握得正确与否，对锉削质量、锉削力量的发挥和疲劳程度都有一定的影响。由于锉刀的大小和形状不同，所以锉刀的握法也应不同。锉削的身体姿态包括锉削的站立姿态及锉削过程中的身体姿态两个方面，均影响到锉削操作是否顺利完成及锉削质量。锉削姿势具体见表 3-2。

（2）锉削力的运用和锉削速度　推进锉刀时两手加在锉刀上的压力，应保证锉刀平稳而不上下摆动，这样才能锉出平整的平面。推进锉刀时，推力大小主要由右手控制，而压力的大小由两手一起控制。为了保持锉刀平稳地前进，应保证：锉刀在工件上任意位置时，锉刀前后两端所受的力矩应相等。为了使握锉刀的两手所加的压力随着锉刀锉削位置的变化而改变，要求随着锉刀的推进，左手所加的压力逐渐由大减小；而右手所加的压力应逐渐由小增大。这是锉削平面时最关键的技术要领。锉削速度一般为每分钟 30~60 次。如果速度太快，容易疲劳和加快锉齿的磨损。

（3）平面的锉削方法（表 3-3）在锉削平面时，不管是顺向锉还是交叉锉，为了使整个加工面能均匀地锉削到，一般在每次抽回锉刀时，要向旁边略微移动。

表 3-2　锉削姿势

项目	种　类	操作要点及图示
锉刀握法	长度在250mm以上的锉刀	1）用右手握锉刀柄，柄端顶住掌心，大拇指放在柄的上部，其余手指满握锉刀柄，如下图 a 所示 2）左手的姿势可以有三种，如下图 b 所示 3）两手在锉削时的姿势如下图 c 所示。其中，左手的肘部要适当抬起，不要有下垂的姿态，否则不能发挥力量 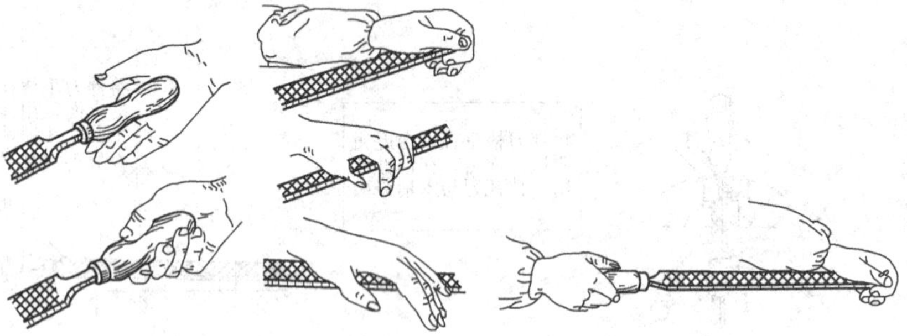 a)　　　　b)　　　　c)
	长度约为200mm的锉刀	右手的握法与较大锉刀的握法一样。左手只需用大拇指和食指、中指轻轻扶持即可，不必像握较大锉刀那样施加很大的力量 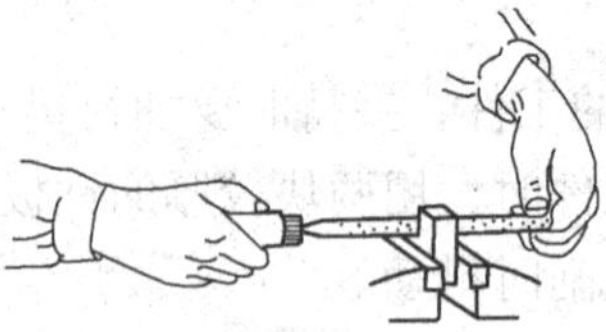
	长度约为150mm的锉刀	由于需要施加的力量较小，故两手握法与较大、中型的锉刀都不同。选择的提法不易感到疲劳，锉刀也容易掌握平稳 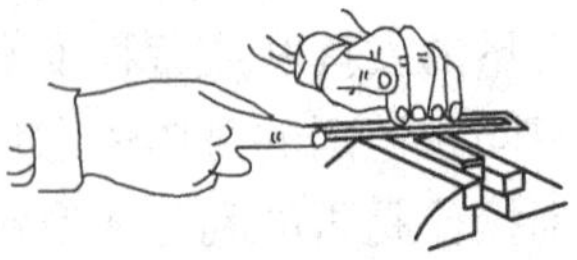
	长度在150mm以下的锉刀	只要用一只手握住即可。用两只手握反而不方便，甚至可能压断锉刀 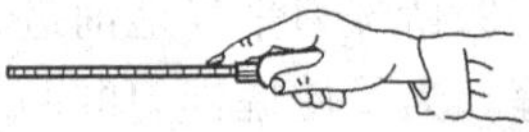
锉削的身体姿态	站立的角度与基本姿态	锉削时人的站立位置应是：身体与台虎钳中心线大致成45°，且略向前倾。左脚跨前半步，与台虎钳中心线大致呈30°，膝盖处稍有弯曲。右脚与左脚相距大约一脚的距离，与台虎钳中心线大致成75°。站立要自然并便于用力，以能适应不同的锉削要求为准。锉削时身体的重心要落在左脚上，右膝伸直，左膝随锉削时的往复运动而屈伸

（续）

项目	种 类	操作要点及图示
锉削的身体姿态	锉削过程中的身体姿态	1）锉刀向前锉削的动作过程之初，身体向前倾斜约10°，重心放在左脚上，右肘尽量向后收缩，如下图a所示 2）锉削前1/3行程时，身体前倾到约15°，左膝稍有弯曲，如下图b所示 3）锉削中间的1/3行程时，右肘向前推进锉刀，身体逐渐倾斜到约18°，如下图c所示 4）锉削最后1/3行程时，右肘继续向前推进锉刀，身体自然地退回到约15°，如下图d所示 5）锉削行程结束后，手和身体都恢复到原来姿势，同时锉刀略提起退回原位 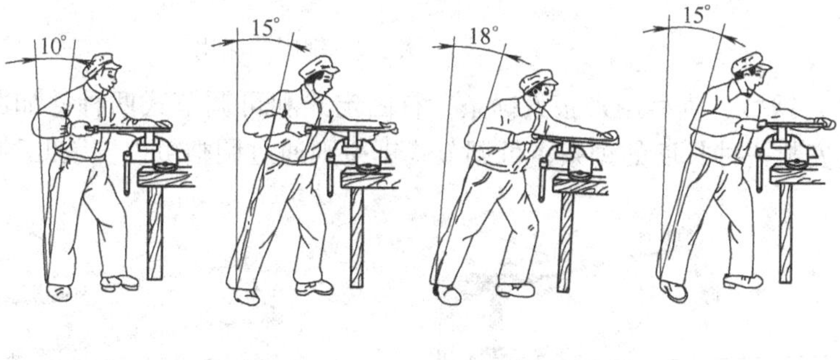 a) b) c) d)

表3-3 平面的锉削方法

种类	应 用	操 作 图 示
顺向锉	顺向锉是最普通的锉削方法。锉刀运动方向与工件夹持方向始终一致。一般不大的平面和最后锉光采用这种方法。顺向锉可得到正直的锉痕，比较整齐、美观	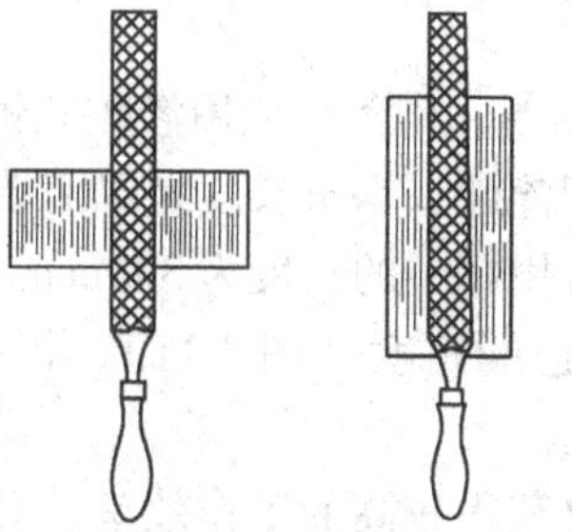
交叉锉	锉刀运动方向与工件夹持方向约成30°~40°，且锉纹交叉。交叉锉时，锉刀与工件的接触面增大，锉刀容易掌握平稳。同时，从锉痕上可以判断出锉削面的高低情况，因此容易把平面锉平。交叉锉法一般适用于粗锉。交叉锉削进行到平面加工余量较小时，要改用顺向锉法，使锉痕变为正直	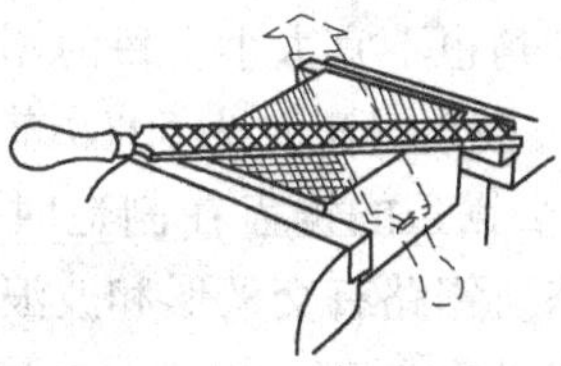

二、锯削知识

用手锯把材料（或工件）锯出窄槽或进行分割的工作称为锯削。其工作范围包括：分割各种材料或半成品（图3-9a）；锯掉工件上的多余部分（图3-9b）；在工件上锯槽（图3-9c）。

1. 锯削工具

手锯是由锯弓和锯条两部分组成的。

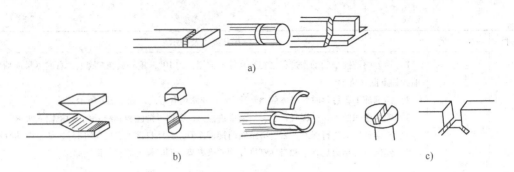

图 3-9　锯削的应用

（1）锯弓　锯弓用来张紧锯条，有固定式和可调节式两种，如图 3-10 所示。固定式锯弓只能安装一种长度的锯条；可调节式锯弓则通过调整可以安装几种长度的锯条。

图 3-10　锯弓的构造

a）固定式　b）可调节式

（2）锯条　锯条一般用渗碳软钢冷轧而成，也有用碳素工具钢、合金钢或陶瓷制成的，并经热处理淬硬。锯条长度是以两端安装孔的中心距来表示的。钳工常用锯条的长度为 300mm。

1）锯齿的角度（图 3-11）。锯条的切削部分是由许多锯齿组成的。

锯削要获得较高的工作效率，必须使锯条切削部分具有足够的容屑槽，因此锯齿的后角较大。为了保证锯齿具有一定的强度，楔角也不宜太小。目前锯条的锯齿角度是：后角（α_0）为 40°，楔角（β_0）为 50°，前角（γ_0）为 0°。

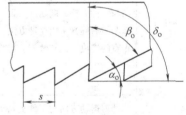

图 3-11　锯齿的形状

δ_0—前角的余角　s—齿距

2）锯路。锯条的锯齿在制造时按一定的规律左右错开。这些锯齿排列而成一定的形状，称为锯路。锯路有交叉形和波浪形等（图 3-12）。由于锯条的锯路保证了工件上的锯缝宽度大于锯条背的厚度，因而锯削锯条不会被卡住，同时又减少了锯条与锯缝的摩擦阻力。这样，也避免了锯条因为摩擦而过热，降低了锯条的磨损。

图 3-12　锯齿的排列

a）波浪形　b）交叉形

3）锯齿粗细。锯齿的粗细是以锯条每 25mm 长度内的齿数来表示的，一般分粗、中、细三种，常用的有 14、18、24 和 32 等。粗齿锯条的容屑槽较大，适用于锯软材料和锯较大的表面。细齿锯条适用于锯削硬材料。因硬材料不易锯入，每次锯削铁屑较少，不会堵塞容屑槽，而锯齿增多后，可使每齿的锯削量减少，材料容易被切除，故推锯过程比较省力，锯齿也不易磨损。在锯削管子或薄板时必须用细齿锯条，否则锯齿易被钩住以致崩断。薄壁材料的锯削截面上至少应有两齿以上同时参加锯削，才能避免锯齿被钩住和崩断的现象。

2. 锯削

（1）工件的夹持

1）工件伸出钳口不应过长，防止锯削时产生振动。锯削线应和钳口边缘平行，并夹在台虎钳的左面，以便操作。

2）工件要夹紧，避免锯削时工件移动或使锯条折断。

3）防止工件变形和夹坏已加工面。

（2）锯削基本方法

1）锯条的安装。手锯是在向前推进时进行切削，所以锯条安装时要保证锯齿的方向正确（图3-13a）。如果装反了（图3-13b），则锯齿前角为负值，切削很困难，不能正常地锯削。锯条的松紧也要控制适当。太紧时锯条受力太大，在锯削中稍有阻碍而产生弯折时，就很易崩断；太松则锯削时锯条容易扭曲，也很可能折断，而且锯出的锯缝容易发生歪斜。安装锯条时，应尽量使它与锯弓保持在同一中心平面内，对保持锯缝的正直比较有利。

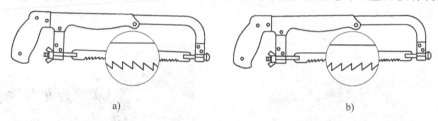

a)   b)

图 3-13 锯条的安装方向

a）正确安装   b）错误安装

2）起锯。起锯是锯削工作的开始。起锯质量的好坏，直接影响锯削的质量。起锯有远起锯（图3-14a）和近起锯（图3-14b）两种。一般情况下采用远起锯较好。因为此时锯齿是

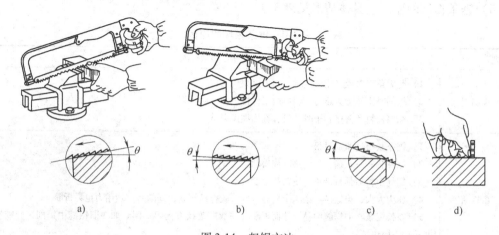

a)   b)   c)   d)

图 3-14 起锯方法

a）远起锯 b）近起锯 c）起锯角太大 d）用拇指挡住锯条的起锯

逐步切入材料，锯齿不易被卡住，起锯比较方便。如果采用近起锯，掌握不好时，锯齿由于突然切入较深的材料，锯齿容易被工件棱边卡住甚至崩齿。

无论用远起锯或近起锯，起锯的角度要小（不超过15°）。如果起锯角太大（图3-14c），则起锯不易平稳，尤其是近起锯时锯齿更易被工件棱边卡住。但是，起锯角也不宜太小。如果接近平锯时，由于锯齿与工件同时接触的齿数较多，不易切入材料，经过多次起锯后就容易发生偏离，使工件表面锯出许多锯痕，影响表面质量。为了起锯平稳和准确，可用手指挡住锯条，使锯条保持在正确的位置上起锯（图3-14d）。起锯时施加的压力要小，往复行程要短，这样就容易准确地起锯。

3）锯削姿势。锯削时的站立姿势与锉削时相似（图3-15）。两手握锯弓的姿势如图3-16所示。锯削时推力和压力均主要由右手控制，左手所加压力不要太大，主要起扶正锯弓的作用。推锯时锯弓的运动方式可有两种：一种是直线运动，适用于锯缝底面要求平直的槽子和薄壁工件的锯削；另一种是锯弓一般可上下摆动，这样可使操作自然，两手不易疲劳。手锯在回程中，不应施加压力，以免锯齿磨损。锯削速度一般为每分钟20~40次。锯削软材料时，锯削速度可以快些；锯削硬材料时，锯削速度应该慢些。当速度过快时，锯条发热严重，容易磨损。必要时可加水或乳化液冷却，以减轻锯条的磨损。推锯时，应使锯条的全部长度都利用到。若只集中于局部长度使用，锯条的使用寿命将相应缩短。一般往复长度应不小于锯条全长的2/3。

图3-15　站立姿势

图3-16　手锯的握法

4）锯条损坏的原因。具体情形见表3-4。

表3-4　锯条损坏的原因

现　象	损　坏　原　因
锯齿崩裂	1）起锯角太大或采用近起锯时用力过大 2）锯削时突然加大压力，锯齿被工件棱边钩住而崩裂 3）锯薄板料和薄壁管子时，没有选用细齿锯条
锯条折断	1）锯条装得过紧或过松 2）工件装夹不正确，产生抖动或松动 3）锯缝歪斜后强行借正，使锯条扭断 4）压力太大，当锯条在锯缝中稍有卡紧时就容易折断；锯削时突然用力也易折断 5）新换锯条在旧锯缝中被卡住而折断（一般应改换方向再锯削。如在旧锯缝中锯削，应减慢速度并小心操作） 6）工件锯断时没有掌握好，致使手锯碰撞台虎钳等物，锯条被折断

（续）

现　　象	损　坏　原　因
锯齿过早磨损	1）锯削速度太快，使锯条发热过度而加剧锯齿磨损 2）锯削较硬材料时没有加切削液 3）锯削过硬的材料

（3）各种形状工件的基本锯削方法

1）各种形状工件的装夹方法如图 3-17 所示。

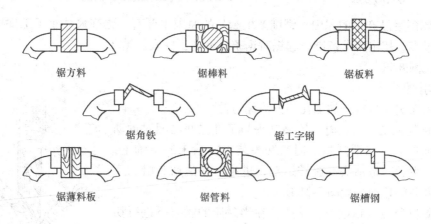

锯方料　　　　锯棒料　　　　锯板料

锯角铁　　　　锯工字钢

锯薄料板　　　锯管料　　　　锯槽钢

图 3-17　各种形状工件的装夹方法

2）棒料的锯削。如果要求锯削的断面比较平整，应从开始连续锯到结束。如果对锯出的断面要求不高，锯削时可改变方向，每次改变都应使棒料转过一定角度。这样。由于锯削面变小而容易锯入，可提高工作效率。

3）管子的锯削。锯削管子的时候，首先要做好管子的正确夹持。对于薄壁管子和精加工过的管件，应夹在有 V 形槽的木垫之间，以防夹扁和夹坏表面。因为锯齿容易被管壁钩住而崩断，尤其是薄壁管子。所以，锯削时一般不要在一个方向上从开始连续锯到结束。正确的方法是在一个方向只锯到管子的内壁处，然后把管子转过一个角度，仍旧锯到管子的内壁处，如此逐渐改变方向，直至锯断为止（图 3-18）。薄壁管子在转变方向时，应使已锯的部分向锯条推进方向转动。否则，锯齿仍有可能被管壁钩住。

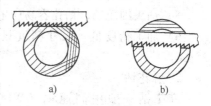

a)　　　　　　b)

图 3-18　锯管子的方法
a）正确　b）不正确

4）薄板料的锯削。锯削薄板料时，尽可能从宽平面上锯下去，这样锯齿不易被钩住。当要在板料的窄面锯下去时，应该把它夹在两块木块之间，连木块一起锯下。这样才可避免锯齿钩住，同时也增加了板料的刚度，锯削时薄板料不会弹动，如图 3-19 所示。

5）深缝的锯削。当锯缝的深度到达锯弓的高度时（图 3-20a），为了防止锯弓与工件相碰，应把锯条转过 90°安装后再锯（图 3-20b）。由于钳口的高度有限，工件应逐渐改变装夹位置，使锯削部位处于钳口附近，而不是在离钳口过高或过低的部位锯削。否则，工件因弹动而将影响锯削质量，也容易损坏锯条。

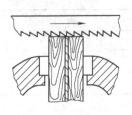

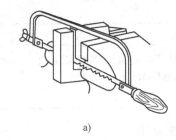

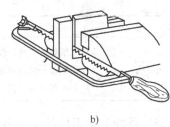

图 3-19　锯薄板的方法　　　　　　　　图 3-20　深缝的锯削

（4）锯削废品产生的原因　锯削产生废品的原因主要有：锯削尺寸小于工件要求尺寸；锯缝歪斜过多，超出要求范围；起锯时锯条打滑把工件表面锯坏。

三、钻削知识

1. 钻削概述

用钻头在实体材料上加工孔的方法称为钻孔。

（1）钻削运动　钻孔时，依靠钻头与工件之间的相对运动来完成切削加工。在钻削加工时，钻头装夹在钻床的主轴上，工件固定。主运动是钻头的旋转运动，进给运动是钻头沿钻床主轴轴线方向的移动，如图 3-21 所示。

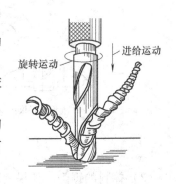

（2）钻削特点　钻削时，钻头是在半封闭的状态下进行切削的，转速高，切削量大，排屑又很困难。所以，钻削加工有如下几个特点：

1）摩擦严重，需要较大的钻削力。

2）产生的热量多，而且传热、散热困难，切削温度较高。

图 3-21　钻削运动分析图

3）钻头的高速旋转和较高的切削温度，造成钻头磨损严重。

4）由于钻削时的挤压和摩擦，容易造成孔壁冷作硬化，给下道工序增加困难。

5）钻头细而长，钻孔容易产生振动。

6）加工精度低。尺寸精度只能达到 IT11 ~ IT10，表面粗糙度值只能达到 $Ra100$ ~ $25\mu m$。

2. 麻花钻

麻花钻一般由高速钢（W18Cr4V 或 W25Cr4V2）制成，淬火后达 62 ~ 68HRC。麻花钻由柄部、颈部和工作部分组成，如图 3-22 所示。

3. 钻头的刃磨

钻头用钝后或者根据不同的钻削要求而要改变钻头切削部分形状时，需要对钻头进行刃磨。钻头刃磨的正确与否，对钻削质量、生产效率以及钻头的耐用度影响显著。

（1）手工刃磨钻头的基本方法　手工

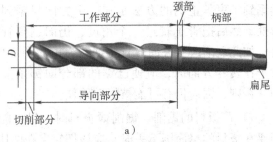

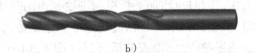

图 3-22　麻花钻的构成
a）锥柄式　b）柱柄式

刃磨钻头是在砂轮机上进行的。砂轮的粒度一般为 F46～F80 号，最好采用中软级硬度的砂轮。

砂轮旋转时的跳动要尽量小，否则影响钻头的刃磨质量。当砂轮跳动较大时，应进行修整。

1）磨主切削刃。磨主切削刃时，要将主切削刃置于水平状态，大致高出砂轮中心平面 15～30mm，并且应该在高于砂轮中心平面的位置上进行刃磨（图3-23a），钻头轴线与砂轮圆柱面素线在水平面内的夹角，等于钻头顶角 2φ 的一半（图3-23b）。

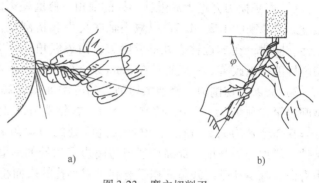

刃磨时，右手握住钻头的头部作为定位支点，并掌握好钻头绕轴线的转动和加在砂轮上的压力；左手握住钻头的柄部做上下摆动。钻头绕轴线转动的目的是保证整个后刀面都被刃磨；上下摆动的目的是为了磨出一定的后角。

a)　　　　　　　b)

图 3-23　磨主切削刃

一个主切削刃磨好后，翻转 180°，刃磨另一个主切削刃。此时，应保证钻头只绕其轴线转动，而空间位置不变。这样才能使磨出的顶角 2φ 与轴线保持对称。

主切削刃刃磨后应作以下几方面的检查：

① 检查顶角 2φ 的大小是否准确，两切削刃是否一样长，是否有高低。

② 检查钻头主切削刃上外缘处的后角 α 是否为要求的数值。

③ 检查钻头近钻心处的后角是否为要求的数值。这可以通过检查横刃斜角 ψ 是否准确来确定。

由于后刀面是个曲面，应该在检查切削刃的后角时，检查后刀面的切削刃处，而应避免粗略地检查后刀面离切削刃较远的部位，造成较大误差。

应在刃磨主切削刃的过程中，将主切削刃的顶角、后角和横刃斜角同时磨出。

2）修磨横刃。如图3-24所示为修磨横刃时钻头与砂轮的相对位置。修磨时，要先使刃背接触砂轮，然后转动钻头磨至切削刃的前刀面，将横刃磨短，并同时控制所需的内刃前角 γ_τ 和内刃斜角 τ 等的数值（图3-25）。修磨横刃的砂轮圆角半径要小，砂轮直径也应略小。否则不易修磨钻头，有时甚至可能磨掉钻头上不应磨的地方。

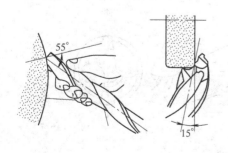

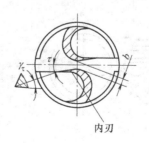

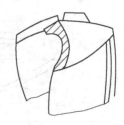

图 3-24　修磨横刃的方法

图 3-25　修磨横刃

刃磨钻头时，要防止切削部分过热而退火，应经常将钻头浸入水中冷却。在刃磨刃口时，磨削量要小，停留时间也不宜过久。

（2）标准麻花钻头的修磨　由于标准麻花钻头存在诸多缺点，通常要对其切削部分进行修磨，以改善切削性能。一般是按钻孔的具体要求，在以下几个方面有选择地对钻头进行修磨。

1）磨短横刃并增大靠近钻心处的前角。修磨横刃的部位如图 3-25 所示。修磨后横刃的长度 b 为原来的 $1/3 \sim 1/5$，以减小轴向抗力和挤刮现象，提高钻头的定心作用和切削的稳定性。同时，在靠近钻心处形成内刃，内刃斜角 $\tau = 20° \sim 30°$，内刃处前角 $\gamma_\tau = 0° \sim 15°$，切削性能得以改善。一般直径在 5mm 以上的钻头均必须修磨横刃。

2）修磨主切削刃。修磨主切削刃的方法如图 3-26 所示，主要是磨出第二顶角 $2\varphi_o$（$2\varphi_o = 70° \sim 75°$），在钻头外缘处磨出过渡刃（$f_o = 0.2d$，$d$ 为钻头直径），以增大外缘处的刀尖角 ε，改善散热条件，增加刀齿强度，提高切削刃与棱边交角处的耐磨性，延长钻头寿命，减少孔壁的残留面积，有利于减小孔的表面粗糙度值。

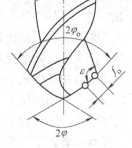

图 3-26　修磨主切削刃

3）修磨棱边。如图 3-27 所示，在靠近主切削刃的一段棱边上，磨出副后角 $\alpha_{o1} = 6° \sim 8°$，并保留棱边宽度为原来的 $1/3 \sim 1/2$，以减少对孔壁的摩擦，提高钻头寿命。

4）修磨前刀面。修磨外缘处前刀面，如图 3-28 所示。这样可以减小此处的前角，提高刀齿的强度。特别是在钻削黄铜时，可以避免"扎刀"现象。

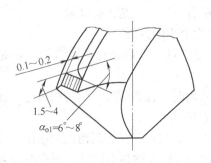

图 3-27　修磨棱边

图 3-28　修磨前刀面

5）修磨分屑槽。在两个前刀面或后刀面上磨出几条相互错开的分屑槽，使切屑变窄，以利于排屑，如图 3-29 所示。

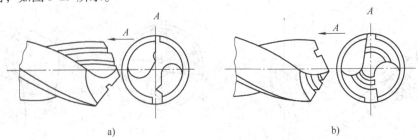

图 3-29　修磨分屑槽

a）前刀面开槽　b）后刀面开槽

4. 划线钻孔的方法

（1）钻孔时的工件划线　首先，按钻孔的位置尺寸要求，划出孔位的十字中心线，并打上中心样冲眼（样冲眼要小，位置要准），按孔的大小划出孔的圆周线。对直径较大的孔，还应划出几个大小不等的检查圆（图3-30a），以便钻孔时检查和找正钻孔位置。当孔的位置尺寸要求较高时，为了纠正敲击中心样冲眼时所产生的偏差，可以直接划出以孔中心线为对称中心的几个大小不等的方格（图3-30b），作为钻孔时的检查线。然后，将中心样冲眼敲大，以便准确落钻定心。

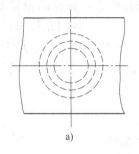
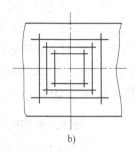

图3-30　孔位检查线形式

a）检查圆　b）检查方格

（2）工件的装夹　工件钻孔时，要根据工件的不同形状以及钻削力的大小（或钻孔的直径大小）等情况，采用不同的装夹方法（定位和夹紧），以保证钻孔的质量和安全。

平整的工件可用平口钳装夹。钻直径大于8mm的孔时，必须将平口钳用螺栓、压板固定。用台虎钳夹持工件钻通孔时，工件底部应垫上垫铁，同时空出落钻部位，以免钻坏台虎钳。

圆柱形的工件径向钻孔时可用V形架对工件进行装夹。装夹时应使钻头轴线与V形架的两个斜面的对称平面重合，保证钻出孔的中心线通过工件轴线。圆柱工件端面钻孔，可利用自定心卡盘进行装夹。

对于孔直径在10mm以上且体积较大的工件，可用压板夹持的方法进行钻孔。

（3）钻头的装拆

1）柱柄钻头装拆。柱柄钻头用钻夹头夹持。将钻头柄塞入钻夹头，用钻夹头钥匙旋转外套，使环形螺母带动三只卡爪移动，做夹紧或放松动作。

2）锥柄钻头装拆。锥柄钻头用柄部的莫氏锥体直接与钻床主轴连接。连接时必须将钻头锥柄及主轴锥孔擦干净，且使矩形舌部的长向与主轴上的腰形孔中心线方向一致，利用加速冲力一次装接（图3-31a）。当钻头锥柄小于主轴锥孔时，可加过渡套（图3-31b）来连接。

拆卸套筒内的钻头和在钻床主轴上的钻头，可以用楔铁敲入套筒或钻床主轴上的腰形孔内，楔铁带圆弧的一边要放在上面，利用楔铁斜面的张紧分力，使钻头与套筒或主轴分离（图3-31c）。

（4）起钻　钻孔时，先使钻头对准钻孔中心钻出一个浅坑，观察钻孔位置是否正确，并要不断校正，使起钻浅坑与划线圆同轴。

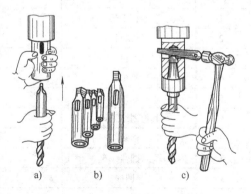

a）　　b）　　c）

图3-31　锥柄钻头的装拆及过渡锥套

校正方法为：如果偏位较少，可在起钻的同时用力将工件向偏位的反方向推移，达到逐步校正；如果偏位较多，可在校正方向打上几个中心冲眼或用油槽錾錾出几条槽，以减少此处的钻削阻力，达到校正的目的。但无论采用何种方法，都必须在锥坑外圆小于钻头直径之前完成。这是保证达到钻孔位置精度的重要环节。如果起钻锥坑的外圆已经达到孔径，而孔位仍偏移，校正就比较困难了。

（5）手动进给操作　当起钻达到钻孔的位置要求后，即可压紧工件完成钻孔。钻小直径孔或深孔时，进给力要小，并要经常退钻排屑，以免切屑阻塞而扭断钻头。一般在钻深达直径的3倍时，要退钻排屑。孔将钻穿时，进给力应该减小，以防止进给量突然过大，而增大切削抗力，造成钻头折断，或使工件随着钻头转动发生事故。

⚠ 任务实施

一、制作工件前的准备

1. 錾口锤头毛坯（见图3-32）

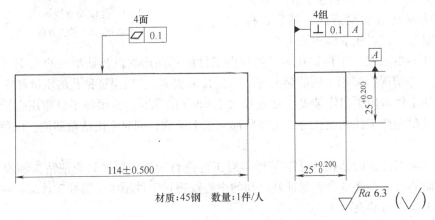

材质：45钢　数量：1件/人

图3-32　錾口锤头毛坯图

2. 工、量、刃、辅具（见表3-5）

表3-5　制作錾口锤头的工、量、刃、辅具清单

序号	名　称	规　格	数　量
1	游标卡尺	0～150（0.02）mm	1
2	直角尺	100mm×63mm，1级	1
3	钢直尺	0～150mm	1
4	平板	1级	1
5	靠铁	自定	1
6	其他划线工具		若干
7	钻头	φ5mm、φ9.7mm	各1
8	圆锉	φ6mm（3号纹）、φ8mm（2号纹）	各1
9	半圆锉	150mm（3号纹）	1
10	锉刀（平）	250mm（2号纹）、200mm（3号纹）、150mm（4号纹）	各1
11	锤子		1
12	砂布	自定	若干
13	圆弧样板	自定	1
14	錾口锤头划线样板	自制	1

二、制作步骤（见表3-6）

表3-6 制作錾口锤头的操作步骤

步　骤	图　示	操作内容及注意事项
1. 检查毛坯	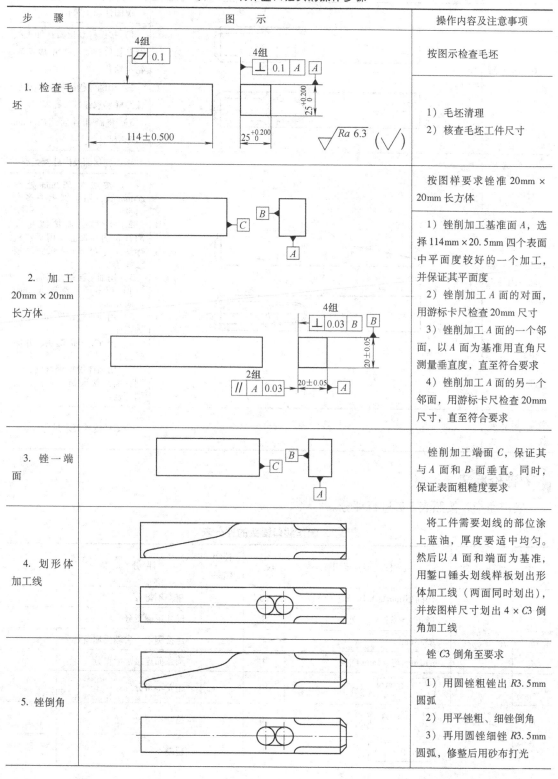	按图示检查毛坯 1）毛坯清理 2）核查毛坯工件尺寸
2. 加工 20mm × 20mm 长方体		按图样要求锉准 20mm × 20mm 长方体 1）锉削加工基准面 A，选择 114mm×20.5mm 四个表面中平面度较好的一个加工，并保证其平面度 2）锉削加工 A 面的对面，用游标卡尺检查 20mm 尺寸 3）锉削加工 A 面的一个邻面，以 A 面为基准用直角尺测量垂直度，直至符合要求 4）锉削加工 A 面的另一个邻面，用游标卡尺检查 20mm 尺寸，直至符合要求
3. 锉一端面		锉削加工端面 C，保证其与 A 面和 B 面垂直。同时，保证表面粗糙度要求
4. 划形体加工线		将工件需要划线的部位涂上蓝油，厚度要适中均匀。然后以 A 面和端面为基准，用錾口锤头划线样板划出形体加工线（两面同时划出），并按图样尺寸划出 4 × C3 倒角加工线
5. 锉倒角		锉 C3 倒角至要求 1）用圆锉粗锉出 R3.5mm 圆弧 2）用平锉粗、细锉倒角 3）再用圆锉细锉 R3.5mm 圆弧，修整后用砂布打光

（续）

步　骤	图　示	操作内容及注意事项
6. 加工腰孔		按图样加工腰孔 1）按图样划出腰孔加工线及钻孔检查线，并用 $\phi9.7mm$ 钻头钻孔 2）用圆锉锉通两孔，然后按图样要求锉好腰孔 3）将腰孔各面倒出 1mm 弧形喇叭口
7. 锯、锉斜面及内外圆弧面		锯、锉斜面及内外圆弧面 1）按线在 $R12mm$ 处钻 $\phi5mm$ 孔，用手锯锯去多余材料 2）用半圆锉按线粗锉 $R12mm$ 内圆弧面，用平锉粗锉斜面与 $R8mm$ 圆弧面至划线线条 3）用细平锉细锉斜面 4）用半圆锉细锉 $R12mm$ 内圆弧面 5）用细平锉细锉 $R8mm$ 外圆弧面 6）锉 $R2.5mm$ 圆头，并保证总长尺寸 112mm 7）用细锉做推锉修整，达到各面连接圆滑、光洁、纹理齐整
8. 检查验收		按图样技术要求进行检验

👍 **评价反馈**

操作完毕，按照表 3-7 进行评分。

表 3-7　制作錾口锤头的评分表

序号	考核项目	考核内容及要求	配分	检测结果	评分标准	得分
1	锉削	锉削 $20mm\pm0.1mm$（2处）	20		超差不得分	
2		倒角 $4\times C3.5$（4处）	8		尺寸正确得分	
3		$R3.5mm$	4		连接圆滑，尖端无塌角得分	
4		$R12mm$ 与 $R8mm$ 圆弧	4		圆弧面连接圆滑得分	
5	几何公差	⫽ 0.03（2处）	10		超差不得分	
6		⊥ 0.03（4处）	20		超差不得分	
7		⚌ 0.2 A	4		超差不得分	

（续）

序号	考核项目	考核内容及要求	配分	检测结果	评分标准	得分
8	孔	腰孔长度 20mm ± 0.2mm	10		超差不得分	
9	表面粗糙度	$Ra3.2\mu m$	10		超差不得分	
10	圆弧	$R2.5mm$ 圆弧	10		圆弧面圆滑得分	
11	安全文明	达到国家颁布的安全生产法规或行业（企业）的规定			按违反有关规定程度从总分中扣 1～5 分	
12	工时定额	24h			每超 1h 以上不得分	

 **考证要点**

1. 锉刀共分为三种，即钳工锉、特种锉和（ ）。

  A. 刀口锉　　　　　B. 菱形锉　　　　　C. 整形锉　　　　　D. 椭圆锉

2. 锯条有了锯路后，使工件上的锯缝宽度（ ）锯条背部的厚度，从而防止了夹锯。

  A. 小于　　　　　　B. 等于　　　　　　C. 大于　　　　　　D. 小于或等于

3. 锯条的粗细是以（ ）mm 长度内的齿数表示的。

  A. 15　　　　　　　B. 20　　　　　　　C. 25　　　　　　　D. 35

4. 锯削硬材料或切面小的工件时，应该用（ ）锯条。

  A. 硬齿　　　　　　B. 软齿　　　　　　C. 粗齿　　　　　　D. 细齿

5. 锯条安装应使齿尖的方向（ ）。

  A. 朝左　　　　　　B. 朝右　　　　　　C. 朝前　　　　　　D. 朝后

6. 起锯角约为（ ）左右。

  A. 10°　　　　　　 B. 15°　　　　　　 C. 20°　　　　　　 D. 25°

7. 对孔的加工精度影响较大的是（ ）。

  A. 切削速度　　　　B. 钻头刚度　　　　C. 钻头顶角　　　　D. 进给量

8. 钻孔时钻头容易产生偏移的主要原因有哪些？

任务 2　凹凸件锉配

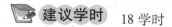 **学习目标**

> 1. 掌握锉配基础知识及其操作技能。
> 2. 掌握凸凹形工件对称度的测量方法。
> 3. 掌握铰孔的操作技能。

建议学时　18 学时

📖 **任务描述**

按照图 3-33 所示工件图样的要求，制作凸凹形工件。凸凹形工件实物如图 3-34 所示。

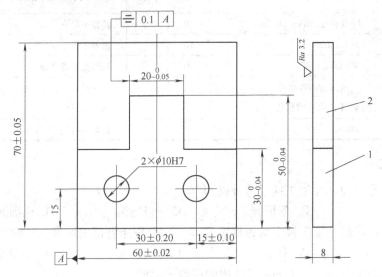

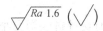

技术要求

件1为基准，件2配作，按图示位置(包括翻转)
检查两件，配合间隙≤0.04mm。

图 3-33　凸凹形工件图样

✏️ **任务分析**

本工件是较简单的开式对配型镶配工件，掌握正确的
镶配操作技能将为下一阶段进行燕尾锉配打下基础。本任
务的重点是掌握铰孔、锉配操作技能和凸凹型工件对称度
测量方法等。

图 3-34　凸凹形工件实物

🔍 **相关知识**

一、凸凹形工件对称度的测量方法

1. 对称度的测量方法

测量被测表面与基准表面的尺寸 A 和 B，其差值的 1/2
即为对称度误差值，如图 3-35 所示。

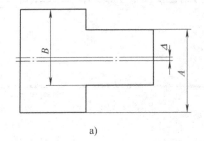

图 3-35　对称度测量

2. 对称形工件的划线

对于平面对称工件的划线，应在形成对称中心平面的两个基准面精加工后进行。划线基准与两基准面重合，划线尺寸则按两个对称基准平面间的实际尺寸及对要素的要求尺寸计算得出。

3. 对称度误差对翻转互换精度的影响

如图3-36所示，当凸、凹件的对称度误差为0.05mm时，且在同方向位置配合达到间隙要求后，得到两侧面平齐。但翻转180°进行配合时，就会产生两基准面偏位误差，其值为0.10mm。

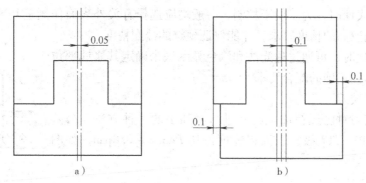

图3-36　对称度误差对翻转互换精度的影响

a）同方向位置配合　b）翻转后配合

4. 保证凸凹镶配对称度精度的操作注意事项

1）为了能对20mm凸、凹形工件的对称度进行测量，60mm的实际尺寸必须测量准确，并应取其各点实测值的平均数值。

2）加工20mm凸形面时，所以受测量工具的限制，只能采用间接测量法得到所要求的尺寸公差。即只能先去掉一个垂直角余料，待加工至要求的尺寸公差后，才能去掉另一个垂直角余料。如果使用量块和百分表进行测量，则不受此限制。

3）采用间接测量方法来控制工件的尺寸精度，必须控制好相关的工艺尺寸，本任务的尺寸控制如图3-37所示。图3-37a所示为凸形面的最大与最小控制尺寸，图3-37b所示为在最大控制尺寸下取得的尺寸19.95mm，这时对称度误差最大左偏值为0.05mm，图3-37c所示为在最小控制尺寸下取得的尺寸20mm，这时对称度误差最大右偏值为0.05mm。

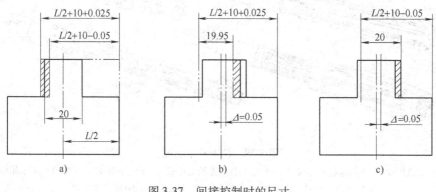

图3-37　间接控制时的尺寸

4）为达到配合后的翻转互换精度，必须控制凸、凹形面的垂直度误差（包括与大面的垂直度误差）在最小的范围内。否则，由于凸、凹形面的垂直度误差超差，互换配合后会出现较大的间隙。

5）在加工垂直面时，要防止锉刀侧面碰坏另一垂直面，因此应将锉刀一侧在砂轮上进行修磨，并使其与锉刀面的夹角略小于90°，刃磨后最好用磨石磨光。

二、锉配方法

1）锉配时由于外表面比内表面容易加工和测量，易于达到较高精度。因此，一般先加工凸件，再锉配凹件。

2）加工内表面时，为了便于控制，一般均应选择有关外表面作测量基准。因此，外形基准面必须达到较高的精度要求，才能保证规定的锉配精度。

3）配合修锉时，可通过透光法和涂色显示法来确定其修锉部位和余量，逐步达到正确的配合要求。

三、铰孔和铰刀

铰孔是用铰刀对已经粗加工的孔进行精加工的一种方法。公差等级可以达到 IT9 ~ IT7 级，表面粗糙度值达 $Ra3.2 ~ 0.8\mu m$，如图 3-38 所示。

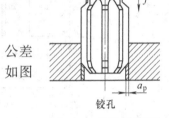

铰孔

图 3-38　铰孔示意图

1. 铰刀的种类

铰刀的种类很多，如图 3-39 所示，按其使用方式，可分为手用铰刀和机用铰刀；按所铰孔的形状，可分为圆柱铰刀和圆锥铰刀；按铰刀容屑槽的方向，可

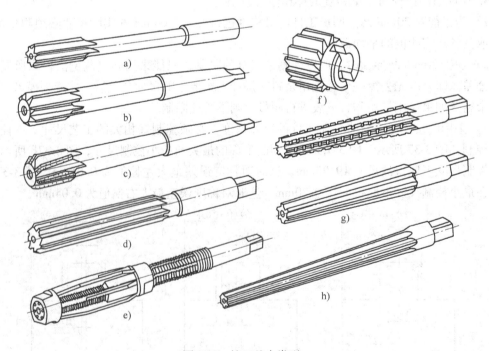

图 3-39　铰刀基本类型

a）直柄机用铰刀　b）锥柄机用铰刀　c）硬质合金锥柄机用铰刀　d）手用铰刀　e）可调节手用铰刀
f）套式机用铰刀　g）直柄莫氏圆锥铰刀　h）手用 1:50 锥度销子铰刀

分为直槽和螺旋槽铰刀；按结构分有整体式铰刀和可调节式铰刀；按材质分有高速钢铰刀、工具钢铰刀和硬质合金铰刀。

2. 铰刀结构

一般常用的标准圆柱手用铰刀和机用铰刀的结构如图3-40所示，铰刀由工作部分、颈部和柄部三部分组成。其中工作部分又有切削部分与修光部分，同时也起到校准作用。

3. 铰孔的注意事项

1）工件要夹正，可保持操作时铰刀的垂直方向。对薄壁零件的夹紧力不要过大，以免将孔夹扁，产生椭圆变形。

2）手铰过程中，两手用力要平衡，旋转铰刀的速度要均匀，铰刀不能摇摆，以保持铰削的稳定性，避免在孔的进口处出现喇叭口或将孔径扩大。

3）注意变换铰刀每次停歇的位置，以消除铰刀常在同一处停歇而形成的振痕。

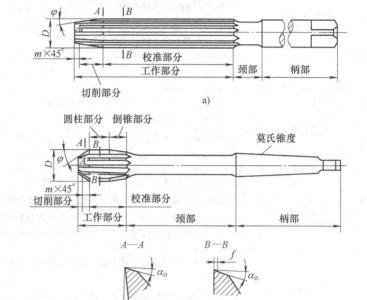

图3-40 整体式圆柱铰刀
a）手用铰刀 b）机用铰刀

4）铰削进给时，不要猛力压铰杠，要随着铰刀的旋转轻轻加压于铰杠，使铰刀缓慢引进进孔内并均匀地进给，以保证较低的表面粗糙度值。

5）铰刀不能反转，退出时也要顺转，因为反转会使切屑轧在孔壁和铰刀刀齿的后刀面之间，将孔壁刮毛。同时铰刀容易磨损，甚至崩刃。

6）铰削钢料时，切削碎末容易粘在刀齿上，要注意经常清除，并用磨石修光切削刃，以免孔壁被拉毛。

7）铰削过程中，如果铰刀被卡住。不能用力扳转铰杠以防损坏铰刀。此时，应取出铰刀清除切屑和检查铰刀。继续铰削时要缓慢进给，以防在该处再次卡住。

8）机铰时，要在铰刀退出工件后再停机，否则孔壁会留有刀痕，退出时孔会被拉毛。铰通孔时，铰刀的校准部分不能全部出头，否则孔的下端要刮坏，退出时也很困难。

9）机铰时，要注意机床主轴、铰刀和工件所要铰的孔的同轴性是否符合要求。

10）铰刀是精加工刀具，使用完毕要擦拭干净，涂上全损耗系统用油。特别要保护好切削刃，防止由于硬物碰撞而受损伤。

4. 铰孔产生废品的分析

产生铰孔质量缺陷的主要原因是切削液选用不当，切削用量选择不当，铰刀的使用不规范，铰削操作不符合操作规程及辅助设备使用不当等。铰孔产生废品的分析见表3-8。

表 3-8　铰孔产生废品的分析

废品形式	产生的原因
表面粗糙度 达不到要求	1. 铰刀刃口不锋利或有崩裂，铰刀切削部分和修正部分表面粗糙度值高 2. 切削刃上粘有积屑瘤，容屑槽内切屑粘积过多 3. 铰削余量太大或太小 4. 切削速度太高，以致产生积屑瘤 5. 铰刀退出时反转，手铰时铰刀旋转不平稳 6. 切削液不充足或选择不当 7. 铰刀偏摆过大
孔径扩大	1. 铰刀与孔的中心不重合，铰刀偏摆过大 2. 进给量和铰削余量太大 3. 切削速度太高，使铰刀温度上升，直径增大 4. 操作粗心，未仔细检查铰刀直径和铰孔直径
孔径缩小	1. 铰刀超过磨损标准，尺寸变小仍继续使用 2. 铰刀磨钝后仍使用，从而引起过大的孔径收缩 3. 铰钢料时加工余量太大，铰好后内孔弹性复原而孔径缩小 4. 铰铸铁时加注煤油
孔中心不直	1. 铰孔前的预加工时孔不直，铰小孔时由于铰刀的刚度差，而未能使原有的弯曲度得到纠正 2. 铰刀的切削锥角太大，导向不良，使铰削时方向发生偏歪 3. 手铰时，两手用力不均匀
孔呈多棱形	1. 铰削余量太大且铰刀切削刃不锋利，使铰削发生"啃切"现象，发生振动而出现多棱形 2. 钻孔不圆，使铰孔时铰刀发生弹跳现象 3. 钻床主轴振摆太大

任务实施

一、准备工作

1. 凸凹镶配毛坯（见图 3-41）

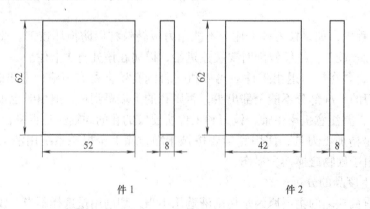

件 1　　　　　　　　　　　　件 2

图 3-41　凸凹镶配毛坯

2. 工、量、刃、辅具（见表3-9）

表3-9 凸凹镶配制作工、量、刃、辅具清单

序号	名 称	规 格	数 量
1	游标高度卡尺	0~300（0.02）mm	1
2	游标卡尺	0~150（0.02）mm	1
3	刀口形直角尺	100mm×63mm，1级	1
5	平板	1级	1
6	刀口形直尺	125mm	1
7	直柄麻花钻	ϕ2mm，ϕ6mm，ϕ9.8mm，ϕ12mm	各1
8	锉刀（平）	250mm（1号纹），200mm（3号纹），150mm（4号纹）	各1
9	三角锉	150mm（4号纹）	1
10	方锉	200mm（4号纹）	1
11	锯弓		1
12	锯条		若干
13	其他划线工具	自定	若干
14	靠铁	自定	1
15	铰刀	ϕ10H7	1
16	铰杠		1
17	锉刀刷		1
18	V形架		1
19	乳化液		若干
20	软钳口		1副

二、操作步骤（见表3-10）

表3-10 凸凹镶配加工操作步骤

步 骤	图 示	操作内容及注意事项
1. 检查毛坯		按图3-33检查毛坯 1）毛坯清理 2）核查毛坯尺寸
2. 加工基准		分别锉削加工件1、件2相互垂直的两个基准面
3. 划线	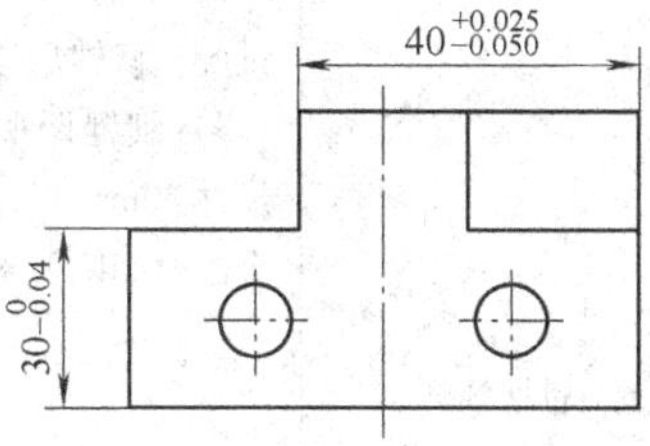 $40^{+0.025}_{-0.050}$ $30^{\ 0}_{-0.04}$ 件1	按图示划线（件2图示略） 1）涂蓝油 2）按图示尺寸进行划线 3）检验划线的准确性

（续）

步　骤	图　示	操作内容及注意事项
4. 加工件 1 外形	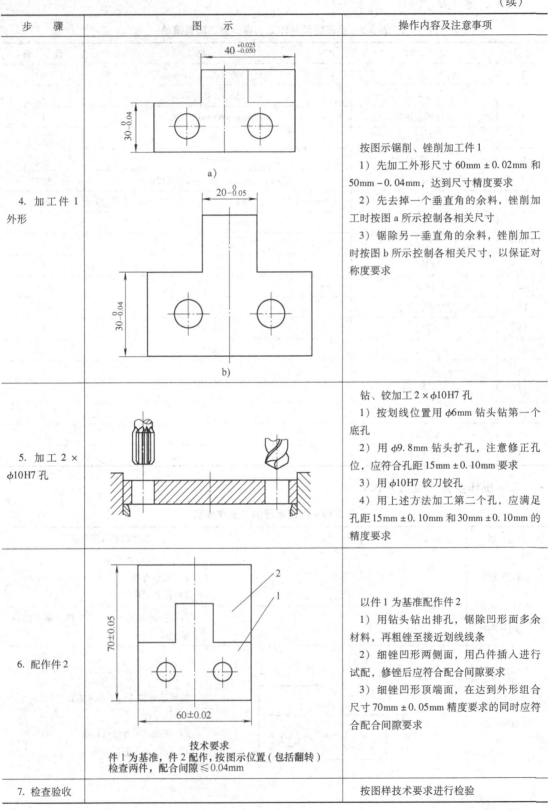	按图示锯削、锉削加工件 1 1）先加工外形尺寸 60mm ± 0.02mm 和 50mm − 0.04mm，达到尺寸精度要求 2）先去掉一个垂直角的余料，锉削加工时按图 a 所示控制各相关尺寸 3）锯除另一垂直角的余料，锉削加工时按图 b 所示控制各相关尺寸，以保证对称度要求
5. 加工 2 × φ10H7 孔		钻、铰加工 2 × φ10H7 孔 1）按划线位置用 φ6mm 钻头钻第一个底孔 2）用 φ9.8mm 钻头扩孔，注意修正孔位，应符合孔距 15mm ± 0.10mm 要求 3）用 φ10H7 铰刀铰孔 4）用上述方法加工第二个孔，应满足孔距 15mm ± 0.10mm 和 30mm ± 0.10mm 的精度要求
6. 配作件 2		以件 1 为基准配作件 2 1）用钻头钻出排孔，锯除凹形面多余材料，再粗锉至接近划线线条 2）细锉凹形两侧面，用凸件插入进行试配，修锉后应符合配合间隙要求 3）细锉凹形顶端面，在达到外形组合尺寸 70mm ± 0.05mm 精度要求的同时应符合配合间隙要求
7. 检查验收		按图样技术要求进行检验

技术要求
件 1 为基准，件 2 配作，按图示位置（包括翻转）检查两件，配合间隙 ≤ 0.04mm

👍 **评价反馈**

操作完毕，按照表3-11进行评分。

表3-11　凸凹镶配制作评分表

序号	考核项目	考核内容及要求	配分	检测结果	评分标准	得分
1	件1外形	$60mm \pm 0.02mm$	7		超差不得分	
2		$20mm \pm 0.02mm$	6		超差不得分	
3		$50_{-0.04}^{0}mm$	8		超差不得分	
4		$30_{-0.04}^{0}mm$	8		超差不得分	
5	组合尺寸	$70mm \pm 0.05mm$	8		超差不得分	
6	孔径	$2 \times \phi 10H7$	8		超差不得分	
7	孔距	$15mm \pm 0.20mm$（2处）	6		超差不得分	
8		$30mm \pm 0.10mm$	6		超差不得分	
9	配合间隙	间隙不大于0.04mm	25		超差不得分	
10	表面粗糙度	$Ra1.6\mu m$	10		每升高一级扣0.5分	
11	几何公差	≡ 0.10 A	8		超差不得分	
12	工具设备的使用与维护	正确、规范使用工、量、刃具，合理保养及维护工、量、刃具			不符合要求酌情从总分中扣1~5分	
		正确、规范使用设备，合理保养及维护设备			不符合要求酌情从总分中扣1~3分	
		操作姿势、动作正确			不符合要求酌情从总分中扣1~3分	
13	安全及其他	安全文明生产，按国家颁发的有关法规或企业自定的有关规定			一项不符合要求从总分中扣2分，发生较大事故者不得分	
		操作、工艺规程正确			一处不符合要求扣2分	
		未注尺寸公差按IT12			超差从总分中扣1~5分	
		试件局部无缺陷			不符合要求从总分中扣1~3分	
14	工时定额	12h			超1h以上不得分	

📖 **考证要点**

1. 保证凸凹镶配对称度精度的操作注意事项有哪些？

2. 铰孔后的加工精度比较高，其主要原因是什么？

3. 铰孔时铰刀不能反转的原因是什么？

4. 铰削时加工余量太小，孔壁质量下降的原因是什么？

任务 3 单角燕尾锉配

 学习目标

1. 了解螺纹加工的相关知识。
2. 掌握攻螺纹的方法和操作技能。
3. 掌握燕尾形尺寸的间接测量方法。

建议学时 20 学时

任务描述

按照图 3-42 所示工件图样的要求，进行单角燕尾的制作。

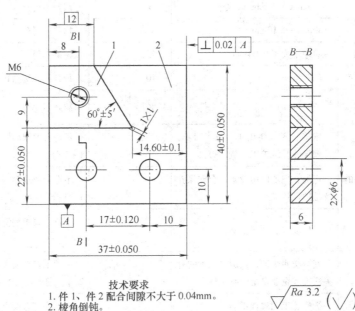

技术要求
1. 件 1、件 2 配合间隙不大于 0.04mm。
2. 棱角倒钝。

图 3-42 单角燕尾工件图

任务分析

本任务是一个简单的开式锉配组合件的制作，应熟练运用划线、锯削、锉削、钻孔等操作技能，还要掌握攻螺纹的方法和操作技能以及角度锉配操作技能。

单角燕尾（图 3-43）加工工艺并不复杂，但件 2 上燕尾斜面距右端面的位置无法直接用通用量具测量，需要掌握一种间接测量的方法。

图 3-43 单角燕尾实物图

🔍 **相关知识**

一、攻螺纹

用丝锥在工件孔中切削出内螺纹的加工方法称为攻螺纹。

1. 螺纹

钳工加工的螺纹多为三角形螺纹，常用的有以下几种：

（1）米制螺纹 米制螺纹也叫普通螺纹，螺纹牙型角为60°，分粗牙普通螺纹和细牙普通螺纹两种。粗牙螺纹主要用于连接；细牙螺纹由于螺距小，螺纹升角小，自锁性好，除用于承受冲击、振动或变载的连接外，还用于调整机构。普通螺纹应用广泛，具体规格参照相关国家标准。普通螺纹直径与螺距见表3-12。

表 3-12 普通螺纹直径与螺距（GB/T 193—2003）   （单位：mm）

公称直径 D、d			螺距 P	
第一系列	第二系列	第三系列	粗　牙	细　牙
4			0.70	0.50
5			0.80	
6		7	1.00	0.75、0.50
8			1.25	1.00、0.75、(0.50)
10			1.50	1.25、1.00、0.75、(0.50)
12			1.75	1.5、1.25、1.00、(0.75)、(0.50)
	14		2.00	1.50、1.25、1.00、(0.75)、(0.50)
		15		1.50、(1.00)
16			2.00	1.50、1.00、(0.75)、(0.50)
20	18		2.50	2.00、1.50、1.00、(0.75)、(0.50)
24			3.00	2.00、1.5、1.00、(0.75)
		25		2.00、1.50、(1.00)
	27		3.00	2.00、1.50、1.00、0.75
30			3.50	(3.00)、2.00、1.50、1.00、(0.75)
36			4.00	3.00、2.00、1.50、(1.00)
		40		(3.00)、(2.00)、1.50
42	45		4.50	(4.00)、3.00、2.00、1.50、(1.00)
48			5.00	(4.00)、3.00、2.00、1.50、(1.00)
		50		(3.00)、(2.00)、1.50
56	55		5.50	4.00、3.00、2.00、1.50、(1.00)
	60		(5.50)	4.00、3.00、2.00、1.50、(1.00)
80				6.00、4.00、3.00、2.00、1.50、(1.00)
90	85			6.00、4.00、3.00、2.00、(1.50)

注：1. 优先选用第一系列，其次是第二系列，第三系列尽可能不用。

2. 括号内尺寸尽可能不用。

3. M14×1.25 仅用于火花塞。

（2）寸制螺纹　寸制螺纹的牙型角为55°，在我国只用于修配，新产品不使用。

（3）55非密封管螺纹　是用于管道联接的一种寸制螺纹，管螺纹的公称直径为管子的内径。

（4）55密封管螺纹　是用于管道联接的一种寸制螺纹，锥度为1:16。

2. 丝锥

丝锥是加工内螺纹的工具，分为机用丝锥和手用丝锥。机用丝锥通常是指高速钢磨牙丝锥，其螺纹公差带分 H1、H2、H3 三种。手用丝锥是碳素工具钢或合金工具钢的滚牙（或切牙）丝锥，螺纹公差带为 H4。

丝锥构造如图 3-44 所示，由工作部分和柄部组成。工作部分包括切削部分和校准部分。

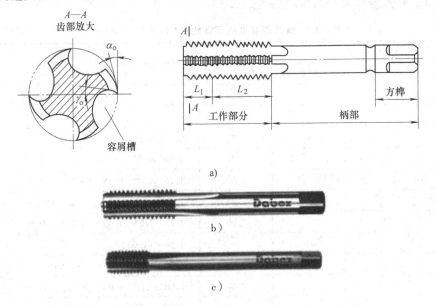

图 3-44　丝锥的构造及种类

a）切削部分齿部放大　b）手用丝锥　c）机用丝锥

3. 铰杠

铰杠是手工攻螺纹时用来夹持丝锥的工具，分普通铰杠（图 3-45）和丁字形铰杠（图 3-46）两类。铰杠按照其连接形式又可分为固定式和活络式两种。其中，丁字形铰杠适用于在高凸台旁边或箱体内部攻螺纹。

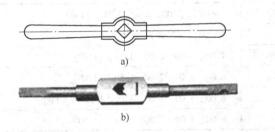

图 3-45　普通铰杠

a）固定式　b）活络式

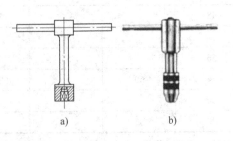

图 3-46　丁字形铰杠

a）固定式　b）活络式

铰杠的方孔尺寸和柄的长度都有一定规格，使用时应按丝锥尺寸大小合理选用。

4. 攻螺纹前底孔直径的确定

攻螺纹时，丝锥在切削金属的同时，还伴随较强的挤压作用。因此，金属产生塑性变形形成凸起并挤向牙尖，使攻出螺纹的小径小于底孔直径，如图 3-47a 所示。因此，攻螺纹前的底孔直径应稍大于螺纹小径。否则，攻螺纹时因挤压作用，螺纹牙顶与丝锥牙底之间没有足够的容屑空间，切屑容易将丝锥箍住，甚至折断丝锥。此种现象在攻塑性较大的材料时将更为严重。但是底孔不宜过大，底孔过大会使螺纹牙型高度不够，降低强度。

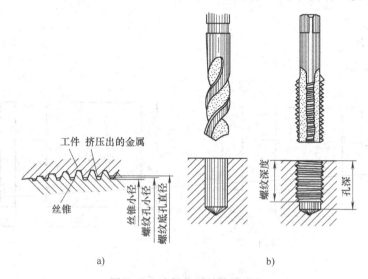

图 3-47　攻螺纹时的挤压现象

根据工件材料塑性大小及钻孔扩张量，底孔直径大小可通过经验公式计算得出：

1）在加工钢和塑性较大的材料及扩张量中等的条件下，底孔直径为

$$D_{钻} = D - P$$

式中　$D_{钻}$——钻螺纹底孔用钻头直径（mm）；

D——螺纹大径（mm）；

P——螺距（mm）。

2）在加工铸铁和塑性较小的材料及扩张量较小的条件下，底孔直径为

$$D_{钻} = D - (1.05 \sim 1.1)P$$

3）攻螺纹时底孔深度的确定。攻不通孔螺纹时，由于丝锥切削部分有锥角，端部不能切出完整的牙型，所以钻孔深度要大于螺纹的有效深度，如图 3-47b 所示。一般取：

$$H_{钻} = h_{有效} + 0.7D$$

式中　$H_{钻}$——底孔深度（mm）；

$h_{有效}$——螺纹有效深度（mm）；

D——螺纹大径（mm）。

二、燕尾形尺寸的间接测量方法

本任务中燕尾形斜面在锉削时的尺寸测量，一般采用间接的测量方法，如图 3-48 所示。其测量尺寸 M 与工件

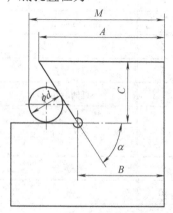

图 3-48　燕尾形尺寸的间接测量

尺寸 B、圆柱直径 d 之间有如下关系：

$$M = B + \frac{d}{2}\cot\frac{\alpha}{2} + \frac{d}{2}$$

式中　M——测量读数值（mm）；

　　　B——燕尾斜面与槽底的交点至侧面的距离（mm）；

　　　d——圆柱量棒的直径尺寸（mm）；

　　　α——斜面的角度值。

任务实施

一、准备工作

1. 单角燕尾毛坯（见图 3-49）

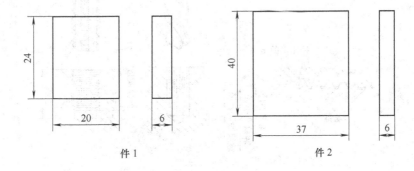

图 3-49　单角燕尾毛坯图

2. 工、量、刃、辅具（见表 3-13）

表 3-13　制作单角燕尾的工、量、刃、辅具清单

序号	名　称	规　格	数　量
1	游标高度卡尺	0~300（0.02）mm	1
2	游标卡尺	0~150（0.02）mm	1
3	刀口形直角尺	100mm×63mm，1 级	1
4	游标万能角度尺	0°~320°	1
5	平板	1 级	1
6	刀口形直尺	125mm	1
7	直柄麻花钻	ϕ5mm，ϕ6mm，ϕ10mm	各 1
8	锉刀（平）	250mm（1 号纹），200mm（2 号纹），200mm（3 号纹），150mm（4 号纹），100mm（5 号纹）	各 1
9	三角锉	150mm（5 号纹）	1
10	锯弓		1
11	锯条		若干

（续）

序号	名　　称	规　　格	数　　量
12	其他划线工具	自定	若干
13	丝锥	M6	1组
14	扳杠		1
15	锉刀刷		1
16	检验棒	$\phi 10\,mm \times 15\,mm$	1
17	全损耗系统用油		若干
18	软钳口		1副

二、操作步骤（见表3-14）

表3-14　制作单角燕尾的操作步骤

步　　骤	图　　示	操作内容及注意事项
1. 检查毛坯	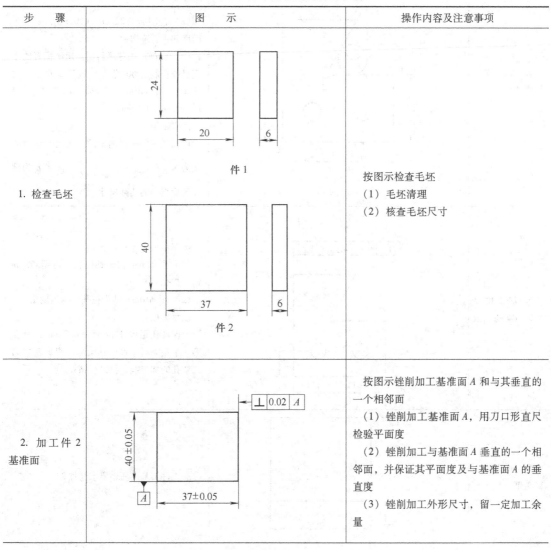	按图示检查毛坯 （1）毛坯清理 （2）核查毛坯尺寸
2. 加工件2基准面		按图示锉削加工基准面A和与其垂直的一个相邻面 （1）锉削加工基准面A，用刀口形直尺检验平面度 （2）锉削加工与基准面A垂直的一个相邻面，并保证其平面度及与基准面A的垂直度 （3）锉削加工外形尺寸，留一定加工余量

（续）

步　骤	图　示	操作内容及注意事项
3. 划件 2 全部加工线	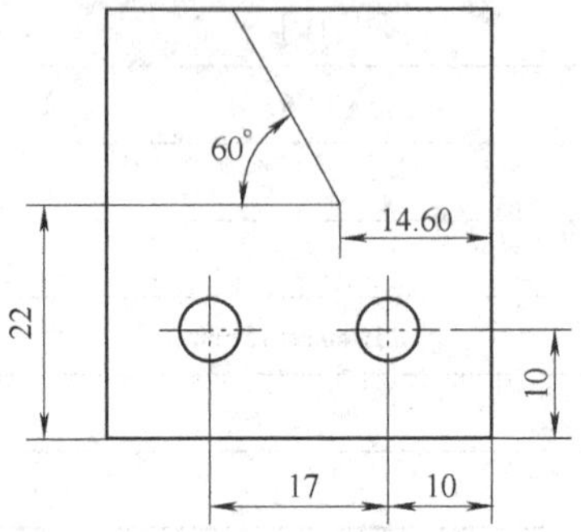	按图示划线 （1）涂蓝油 （2）按图示尺寸进行划线 （3）检验划线的准确性
4. 加工件 2 燕尾槽	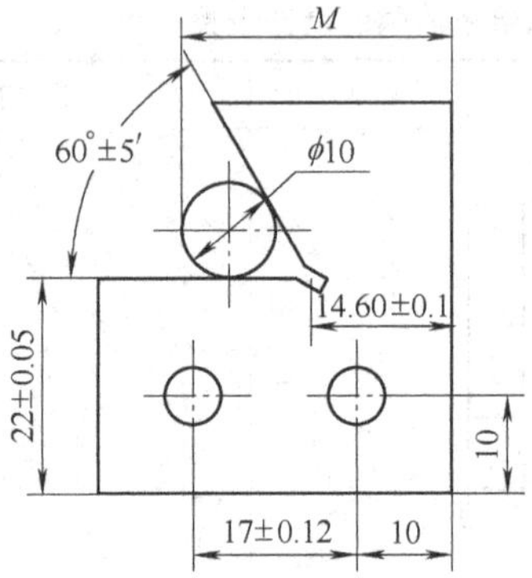	按图示锯、锉削加工燕尾槽 （1）按线锯除余料，锯出 1mm×1mm 工艺槽 （2）锉削加工 22mm±0.05mm，检查平面度和平行度误差 （3）锉削加工燕尾斜面：用游标万能角度尺或自制的 60°角度样板检查 60°±5′；同时，用 ϕ10mm 检验棒间接测量 14.60mm±0.10mm 注意事项： 　用圆柱量棒间接测量的测量尺寸计算公式为 $M = B + \dfrac{d}{2}\cot\dfrac{\alpha}{2} + \dfrac{d}{2}$，注意 d 为圆柱量棒直径的实际尺寸
5. 加工件 2 上 2×ϕ6 孔	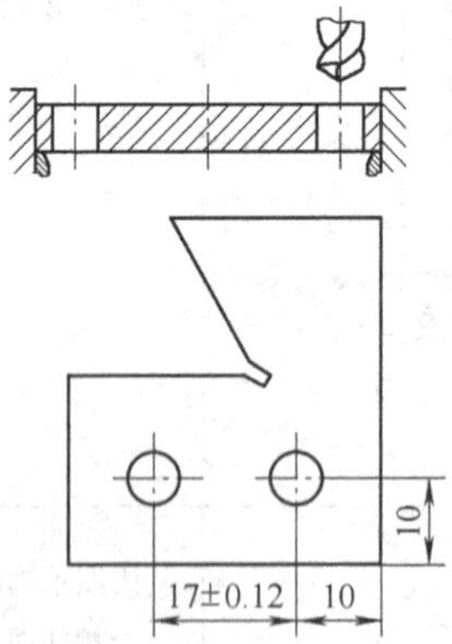	按图示加工 2×ϕ6 孔 （1）用 ϕ5mm 钻头钻底孔，再用 ϕ6mm 钻头扩孔 （2）用 ϕ10mm 钻头在孔口两端倒角 注意事项： 　为保证孔距尺寸 17mm±0.12mm，可在第一个钻完后，根据其实际位置重新划第二个孔的加工线，再进行钻孔
6. 加工件 1 基准面	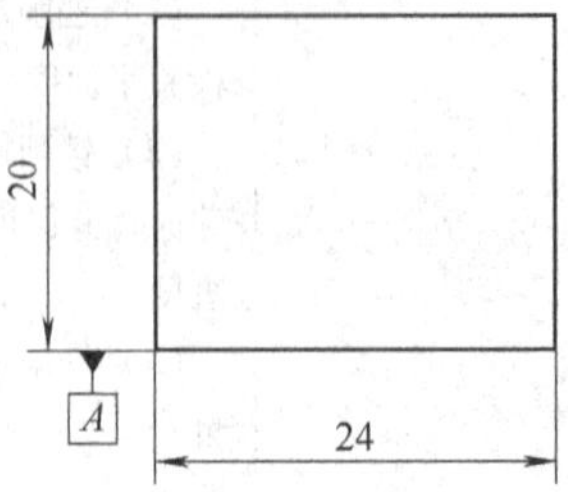	加工件 1 基准面，要求同件 2

（续）

步 骤	图 示	操作内容及注意事项
7. 划件 1 全部加工线	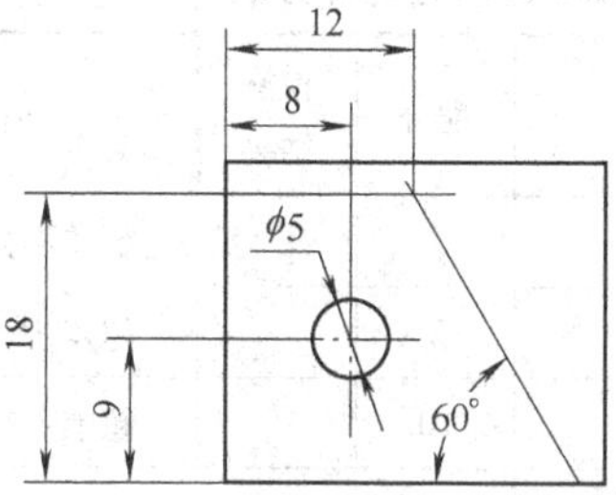	按图示划出件 1 全部加工线
8. 加工件 1 上 M6 螺纹孔	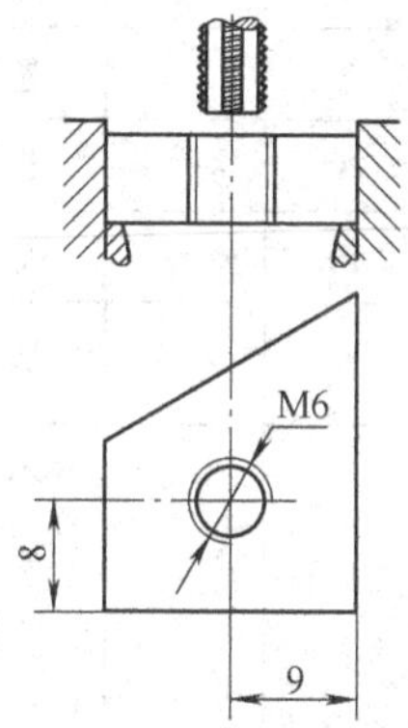	加工件 1 上 M6 螺纹孔
9. 修配燕尾型面	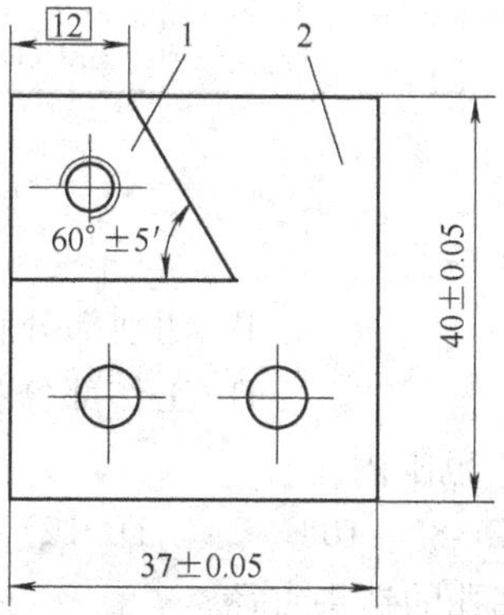 技术要求 1. 件1、件2配合间隙不大于0.04mm。 2. 棱角倒钝。	修配燕尾型面 修配燕尾型面时应以件 2 为基准，修锉件 1 的斜面，直至达到要求 注意事项： 首先，要保证配合间隙不大于 0.04mm。 其次，要注意保证组合尺寸 40mm ± 0.05mm 和 37mm ± 0.05mm
10. 检查验收		按图样技术要求进行检验

评价反馈

操作完毕，按照表 3-15 进行评分：

表 3-15　制作单角燕尾的评分表

序号	考核项目	考核内容及要求	配分	检测结果	评分标准	得分
1	件 1	60°±5′	10		超差不得分	
2		M6	8		超差不得分	
3	件 2	22mm±0.05mm	10		超差不得分	
4		17mm±0.12mm	10		超差不得分	
5		14.60mm±0.10mm	10		超差不得分	
6	组合外形	37mm±0.05mm	8		超差不得分	
7		40mm±0.05mm	8		超差不得分	
8	配合间隙	间隙不大于0.04mm	20		超差不得分	
9	表面粗糙度	$Ra1.6\mu m$	10		每升高一级扣0.5分	
10	几何公差	⊥ | 0.02 | A	6		超差不得分	
11	工具设备的使用与维护	正确、规范使用工、量、刃具，合理保养及维护工、量、刃具			不符合要求酌情从总分中扣1~5分	
		正确、规范使用设备，合理保养及维护设备			不符合要求酌情从总分中扣1~3分	
12	安全及其他	安全文明生产，按国家颁发的有关法规或企业自定的有关规定			视情节扣1~5分	
		未注尺寸公差按IT12			超差从总分中扣1~5分	
13	工时定额	24h			超1h以上不得分	

考证要点

1. 丝锥的构造由（　　）组成。

A. 切削部分和柄部　　　　　　　　　　B. 切削部分和校准部分

C. 工作部分和校准部分　　　　　　　　D. 工作部分和柄部

2. 标准丝锥切削部分的前角在（　　）范围内。

A. 5°~6°　　　　　B. 6°~7°　　　　　C. 8°~10°　　　　　D. 12°~16°

3. 用计算法确定下列螺纹攻螺纹前钻底孔的钻头直径？

1）在钢件上攻 M12 螺纹。

2）在铸件上攻 M10 螺纹。

4. 在钢件上攻 M10 螺纹时的底孔直径为多少？若攻不通孔螺纹，其螺纹有效深度为 60mm，求底孔深度为多少？

任务4　R合套锉配

学习目标

1. 能够熟练运用锉削、锯割、钻孔、铰孔和角度锉削等操作技能。
2. 合理制定加工工艺。
3. 掌握圆弧锉配的操作技能。

建议学时　8 学时

任务描述

按照图 3-50 所示工件图样的要求，完成制作。

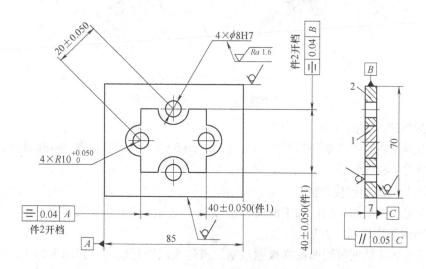

图 3-50　R 合套锉配图样

任务分析

R 合套（图 3-51）锉配是比较复杂的凹凸圆弧锉配，属于高级钳工应掌握的技能操作。此任务操作难点在于圆弧轮廓度的保证、圆弧配合质量及翻转配合质量。另外在加工操作中注意去除余料要一步一步地进行，要保证上下、左右的对称度，加工步骤不能随意，要确保加工时尺寸测量的基准不能破坏。

图 3-51　R 合套实物图

🔍 **相关知识**

1. 锉削外圆弧面的方法

锉削外圆弧面时都用平锉，锉削时锉刀要同时完成两个运动：锉刀的前进运动和绕工件圆弧中心的转动。方法一：顺着圆弧面锉（图3-52a）。锉削时，锉刀向前，右手下压，左手随着上提。这种方法能使圆弧面光洁圆滑，但锉削位置不易掌握且效率不高，故适用于精锉圆弧面。方法二：对着圆弧面锉（图3-52b）。锉削时，锉刀做直线运动，并不断随圆弧面摆动。这种方法锉削效率高且便于按划线均匀锉近弧线，但只能锉成近似圆弧面的多棱形面，故适用于圆弧面的粗加工。

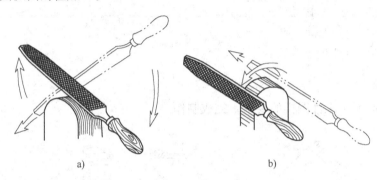

a) b)

图3-52 外圆弧面的锉削方法
a）顺着圆弧面锉 b）对着圆弧面锉

2. 锉削内圆弧面的方法

锉削内圆弧面时锉刀要同时完成三个运动（图3-53）：前进运动，随圆弧面向左或向右移动，绕锉刀中心线转动。

3. 平面与曲面的连接方法

一般应先加工平面，然后加工曲面，这样便于使曲面和平面连接圆滑。

4. 曲面线轮廓度检查方法

曲面线轮廓度精度可用曲面样板通过塞尺或透光法进行检查，如图3-54所示。

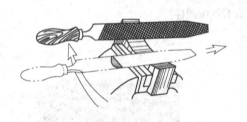

图3-53 内圆弧面的锉削方法

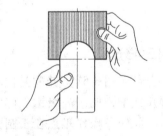

图3-54 用样板检查曲面轮廓度

⚠️ **任务实施**

一、准备工作

1. R合套毛坯（见图3-55）

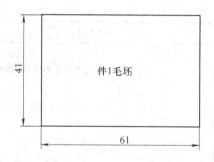
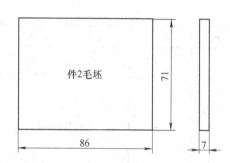

图 3-55　R 合套毛坯图

2. 工、量、刃、辅具（见表 3-16）

表 3-16　制作 R 合套的工、量、刃、辅具清单

序号	名　称	规　格	数　量
1	游标高度卡尺	0～300（0.02）mm	1
2	游标卡尺	0～150（0.02）mm	1
3	刀口形直角尺	100mm×63mm，1 级	1
4	游标万能角度尺	0°～320°	1
5	平板	1 级	1
6	刀口形直尺	125mm	1
7	直柄麻花钻	ϕ7.8mm，ϕ18mm，ϕ5mm	各 1
8	直铰刀	ϕ8mm	1
9	锉刀（平）	250mm（1 号纹），200mm（2 号纹），200mm（3 号纹），150mm（4 号纹），100mm（5 号纹）	各 1
10	圆锉、半圆锉	250mm（1 号纹）	各 1
11	锯弓		1
12	锯条		若干
13	其他划线工具	自定	若干
14	组锉	5 支	1 组
15	凹凸 R 规		1
16	锉刀刷		1
17	全损耗系统用油		若干
18	软钳口		1 副

二、操作步骤（见表 3-17）

表 3-17　制作 R 合套的操作步骤

步　骤	图　示	操作内容及注意事项
1. 检查毛坯		1）毛坯清理 2）核查毛坯尺寸

（续）

步　骤	图　示	操作内容及注意事项
2. 加工基准面（凹凸两个工件）	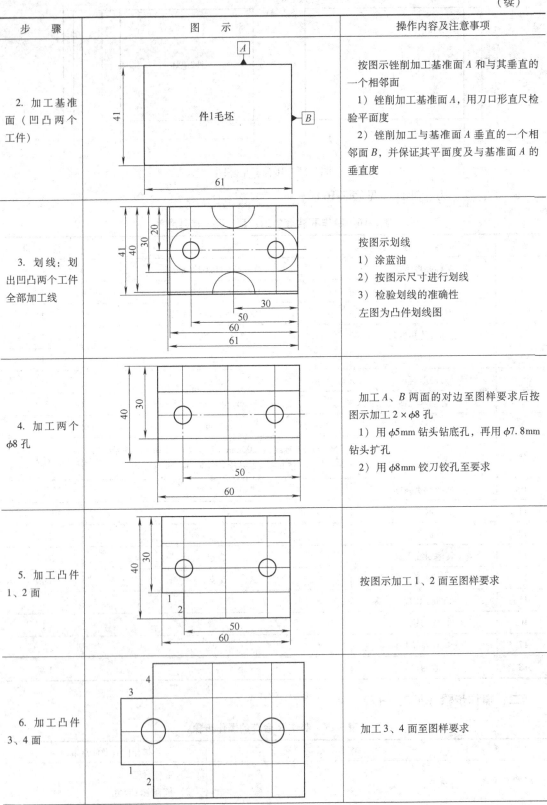	按图示锉削加工基准面 A 和与其垂直的一个相邻面 1）锉削加工基准面 A，用刀口形直尺检验平面度 2）锉削加工与基准面 A 垂直的一个相邻面 B，并保证其平面度及与基准面 A 的垂直度
3. 划线：划出凹凸两个工件全部加工线		按图示划线 1）涂蓝油 2）按图示尺寸进行划线 3）检验划线的准确性 左图为凸件划线图
4. 加工两个 $\phi 8$ 孔		加工 A、B 两面的对边至图样要求后按图示加工 $2 \times \phi 8$ 孔 1）用 $\phi 5mm$ 钻头钻底孔，再用 $\phi 7.8mm$ 钻头扩孔 2）用 $\phi 8mm$ 铰刀铰孔至要求
5. 加工凸件 1、2 面		按图示加工 1、2 面至图样要求
6. 加工凸件 3、4 面		加工 3、4 面至图样要求

（续）

步 骤	图 示	操作内容及注意事项
7. 加工圆弧面 5	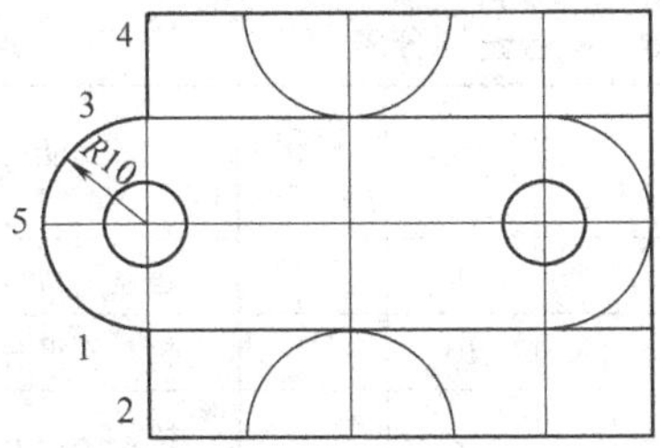	按图示加工圆弧面 5 至图样要求
8. 加工完凸件	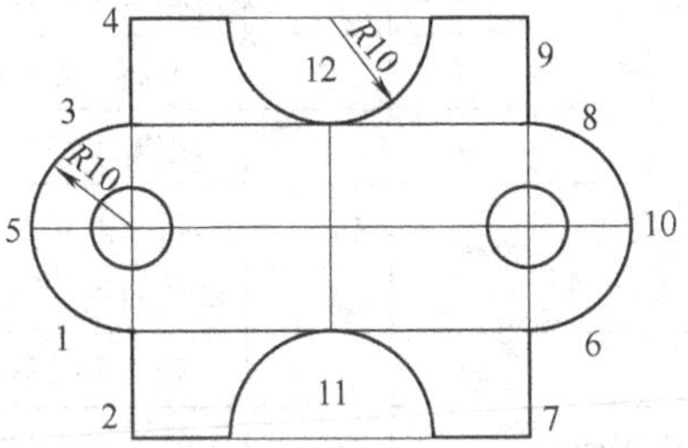	按图示顺序完成凸件加工并进行精度检查 注：这种凹凸圆弧长方工件，加工中去除余料要一步一步地进行，要保证上下、左右方向的对称度
9. 修配加工凹件	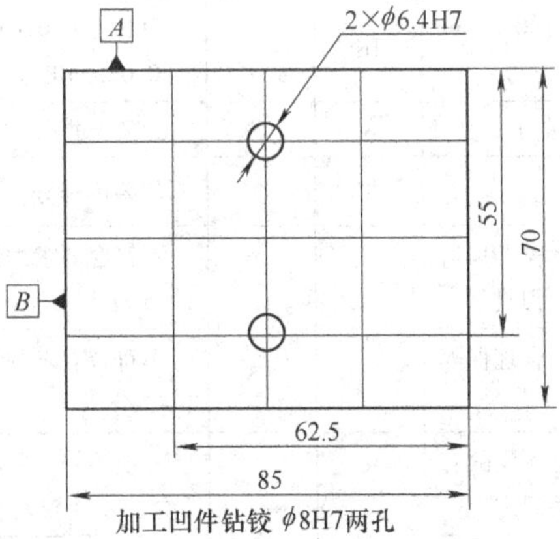 加工凹件钻铰 $\phi8H7$ 两孔 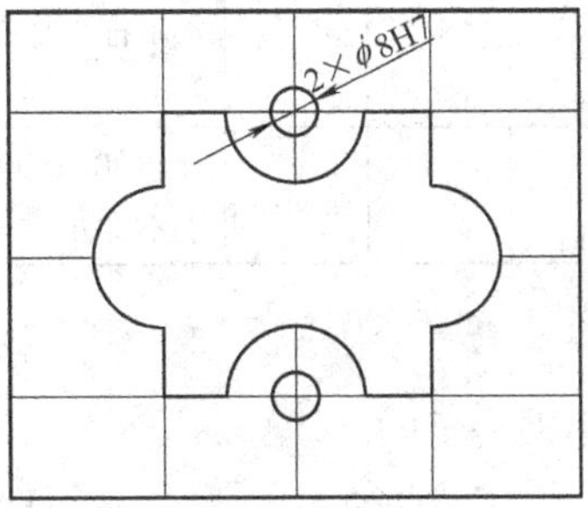 根据凸件锉配凹件	修配加工凹件 修配加工凹件时应先加工两孔，再按图样要求去除余料，依据凸件修配，直至达到要求 注意事项： 首先，要保证配合间隙不大于 0.04mm。其次，要注意工件的互换配合
10. 检查验收		按图样技术要求进行检验

👍 **评价反馈**

操作完毕，按照表3-18进行评分。

表3-18　R合套评分表

序号	考核项目	考核内容及要求	配分	检测结果	评 分 标 准	得分
1	锉削	40mm±0.05mm（2处）	4		超差不得分	
2		R10mm+0.05mm（4处）	10		超差不得分	
3		⟦ = ⟧ 0.04 A	4		超差不得分	
4		⟦ = ⟧ 0.04 B	4		超差不得分	
5		Ra3.2μm（26处）	10		升高一级不得分	
6	铰削	4×φ8H7	4		超差不得分	
7		40mm±0.05mm（2处）	8		每超差0.05mm扣1分，超差0.1mm以上不得分	
8		Ra1.6μm（4处）	4		升高一级不得分	
9	配合	平面部分间隙小于等于0.03mm（8处）	24		超差不得分	
10		曲面部分间隙小于等于0.05mm（4处）	16		每超差0.01mm扣1分，超差0.02mm以上不得分	
11		28.3mm±0.20mm（4处）	8		超差不得分	
12		⟦ // ⟧ 0.05	4		超差不得分	
13	工具设备的使用与维护	正确、规范使用工、量、刃具，合理保养及维护工、量、刃具			不符合要求酌情从总分中扣1~5分	
		正确、规范使用设备，合理保养及维护设备			不符合要求酌情从总分中扣1~3分	
14	安全及其他	安全文明生产，按国家颁发的有关法规或企业自定的有关规定			一项不符合要求从总分中扣2分，发生较大事故者不得分	
		未注尺寸公差按IT14			酌情从总分中扣1~5分	
		试件局部无缺陷			不符合要求从总分中扣1~3分	
15	工时定额	7h			超30min扣10分；超1h以上不得分	

🔤 **考证要点**

1. 圆锉刀的尺寸规格是以（　　）大小来表示的。

A. 长度　　　　　　B. 方形尺寸　　　　　C. 直径　　　　　　D. 宽度

2. 用于最后修光工件表面的锉是（　　）。

A. 油光锉　　　　　B. 粗锉刀　　　　　　C. 细锉刀　　　　　D. 整形锉

3. 双齿纹锉刀适用于锉（　　）材料。

A. 软　　　　　　　B. 硬　　　　　　　C. 大　　　　　　　D. 厚

4. 交叉锉锉刀运动方向与工件夹持方向约成（　　　）角。

A. 10°～20°　　　　B. 20°～30°　　　　C. 30°～40°　　　　D. 40°～50°

5. 精锉时必须采用（　　　），使锉痕变直，纹理一致。

A. 交叉锉　　　　　B. 旋转锉　　　　　C. 掏锉　　　　　　D. 顺向锉

任务5　刮削平板

 **学习目标**

> 1. 明确刮削原理，能正确刃磨和使用刮削刀具。
> 2. 掌握平面刮削方法及刮削精度检查方法。
> 3. 熟悉刮削安全文明操作要求。

建议学时　30学时

任务描述

教师指导学生熟悉常用平面刮削工具和使用方法；正确刃磨平面刮刀；练习原始平板刮削方法及精度检查方法；按技术要求完成原始平板的刮削工作。

任务分析

原始平板刮削是用三块平板按一定的规律互研互刮，使平板达到一定的精度。通过练习主要是了解刮刀的材料、种类、结构，掌握手刮和挺刮的方法，理解原始平板的刮削原理和步骤。其中，刮削姿势的正确是练习的重点，只有通过不断的练习，才能掌握正确的动作要领。同时，要重视刮刀的刃磨、修磨，刮刀的正确刃磨是提高刮削速度、保证刮削精度的重要条件。

相关知识

一、刮削概述

用刮刀刮除工件表面薄层的加工方法称为刮削。

1. 刮削原理

刮削是在工件与校准工具或与其相配合的工件之间涂上一层显示剂，经过对研，使工件上较高的部位显示出来，然后用刮刀对其进行微量刮削。刮削的同时，刮刀对工件还有推挤和压光作用，这样反复地显示和刮削就能使工件的加工表面达到预定的要求。

2. 刮削的特点及应用

刮削具有切削量小、切削力小、切削热少和切削变形小等特点，所以能获得很高的尺寸精度、几何精度、接触精度和很小的表面粗糙度值。

刮削后的表面，形成微浅的凹坑，创造了良好的存油条件，有利于润滑和减少摩擦。因此，机床导轨、滑板、滑座、轴瓦、工具、量具等的接触表面常用刮削的方法进行加工。

3. 刮削余量

由于每次刮削只能刮去很薄的一层金属，刮削操作的劳动强度又很大，所以要求在机械加工后留下的刮削余量不宜太大，一般为 0.05 ~ 0.4mm，其具体数值见表 3-19。

表 3-19　刮削余量　　　　　　　　　　　　　　　　　　　　　（单位：mm）

平面刮削余量					
平面宽度	平面长度				
	100 ~ 500	> 500 ~ 1000	> 1000 ~ 2000	> 2000 ~ 4000	> 4000 ~ 6000
100 以下	0.10	0.15	0.20	0.25	0.30
100 ~ 500	0.15	0.20	0.25	0.30	0.40

在确定刮削余量时，还应考虑工件刮削面积的大小。面积大时余量大，刮削前加工误差大时余量大，工件结构刚度低时余量应大些。留有合适的余量，经过反复刮削才能达到尺寸精度及形状和位置精度的要求。

4. 平面刮削

平面刮削有单个平面刮削（台平板、工作平台等）和组合平面刮削（如 V 形导轨面、燕尾槽面等）两种。

平面刮削一般要经过粗刮、细刮、精刮和刮花等过程。其刮削要求见表 3-20。

表 3-20　平面刮削步骤及要求

类别	目　的	方　法	研点数 (25mm × 25mm)
粗　刮	用粗刮刀在刮削面上均匀地铲去一层较厚的金属。目的是去除余量、去锈斑、去刀痕	采用连续推铲法，刀迹要连成长片	2 ~ 3 点
细　刮	用细刮刀在刮削面上刮去稀疏的大块研点（俗称破点）。目的是进一步改善不平现象	采用短刮法，刀迹宽而短。随着研点的增多，刀迹逐步缩短	12 ~ 15 点
精　刮	用精刮刀更仔细地刮削研点（俗称摘点）。目的是增加研点，改善表面质量，使刮削面符合精度要求	采用点刮法，刀迹长度约为5mm。刮面越窄小，精度要求越高，刀迹越短	大于 20 点
刮　花	在刮削面或机器外观表面上刮出装饰性花纹，既使刮削面美观，又改善了润滑条件	—	—

平面刮削是强体力劳动。从刮削动作和姿势来分可分为手刮和挺刮两种，其方法和特点见表 3-21。

表 3-21　平面刮削方法和特点

方　法	特　点	应　用
手　刮	操作方便，动作灵活，对刮刀长度要求不高，但要有较大臂力	各种工作位置余量较小的工件
挺　刮	要求有较开阔的工作场地，刮刀柄所处位置距刮削平面约150mm 为宜，能借助腿部和腰部的力量加大刮削量，工作效率高	加工余量大的工件

二、刮削操作

1. 平面刮刀

平面刮刀用于刮削平面和刮花，一般多采用碳素工具钢 T12A 或耐磨性较好的滚动轴承钢 GCr15 锻造，并经热处理淬硬和磨制而成。当工件表面较硬时，也可以焊接高速钢或硬质合金刀头。常用的平面刮刀有直头刮刀和弯头刮刀两种。

2. 平面刮刀的刃磨

在砂轮上粗磨和细磨后，再用磨石进行精磨，见表3-22。刃磨时，应根据粗、细、精刮的要求确定切削部分的形状和角度，要求刃口锋利。平面刮刀切削部分的几何形状和角度见表3-23。

表 3-22　平面刮刀刃磨方法

序号	刃磨形式		简　图	说　明
1	粗磨、细磨	磨平面	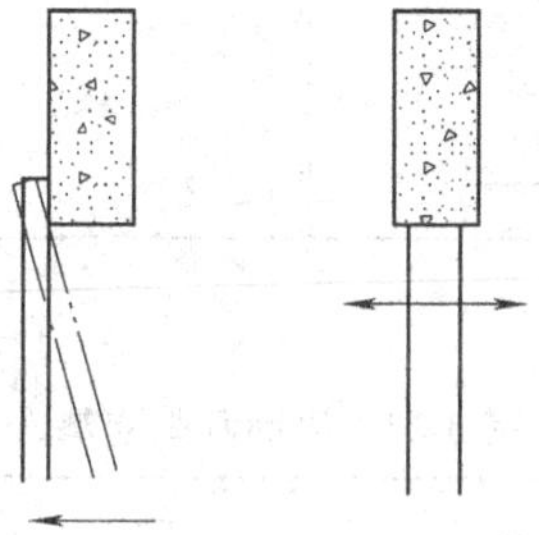	分别将刮刀两平面贴在砂轮侧面上，开始时应先接触砂轮边缘，再慢慢平放在侧面上，不断地前后移动进行刃磨，使两面都磨平整，在刮刀全宽上用肉眼看不出有明显的厚薄差别（细磨采用细砂轮）
2		磨端面	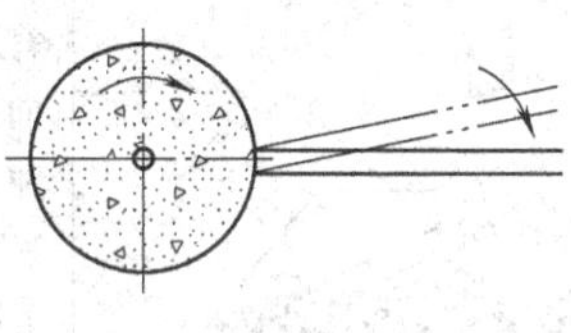	将刮刀的顶端放在砂轮轮缘上平稳地左右移动刃磨，要求端面与中心线垂直，应先倾斜一定角度与砂轮接触，再逐步按图示箭头方向转动至水平（细磨采用细砂轮） 注意：如直接按水平位置靠上砂轮，刮刀会颤抖而不易磨削，甚至会出现事故
3	精磨	磨平面		按图中所示的箭头方向往复移动刮刀，直至平面磨平整为止，表面粗糙度值小于 $Ra0.2\mu m$
4		磨端面		刃磨时左手扶住靠近手柄的刀身，右手紧握刀身，使刮刀直立在磨石上，略向前倾地向前推移，拉回时刀身略微提起，以免损伤刃口，反复刃磨至切削部分的形状和角度至符合要求，且刃口锋利 前倾角度根据刮刀 β 角而定

表 3-23　平面刮刀切削部分的几何形状和角度

刮刀种类	图　示	刮刀种类	图　示
粗刮刀	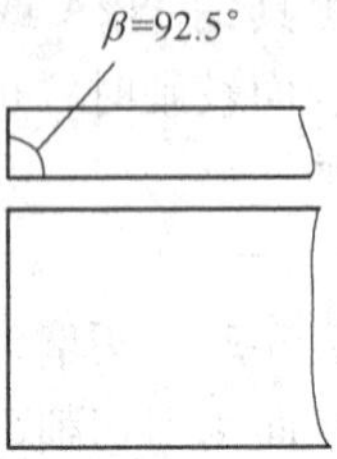 $\beta=92.5°$	精刮刀	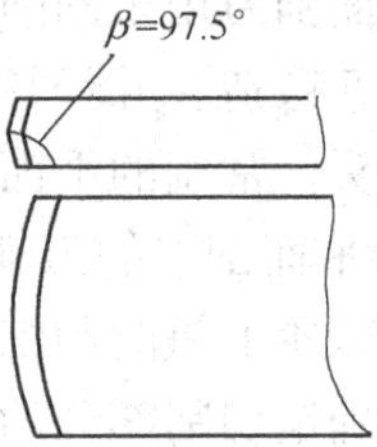 $\beta=97.5°$
细刮刀	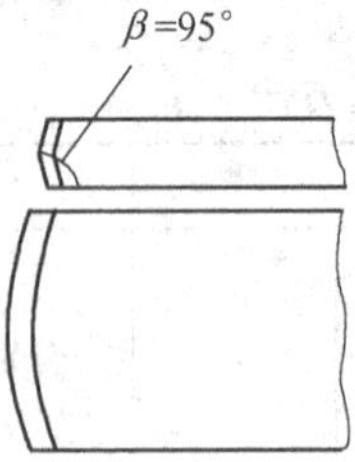 $\beta=95°$	韧性材料刮刀	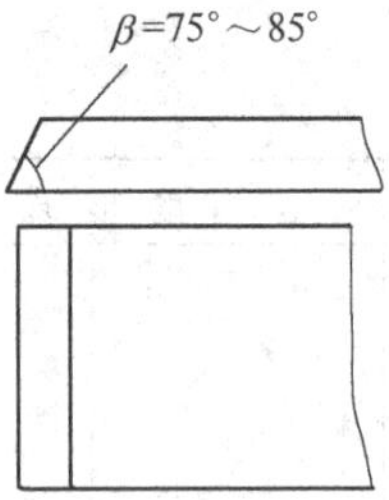 $\beta=75°\sim85°$

3. 平面刮削姿势（见表 3-24）

表 3-24　平面刮削姿势

方　法	简　图	说　明
手刮法	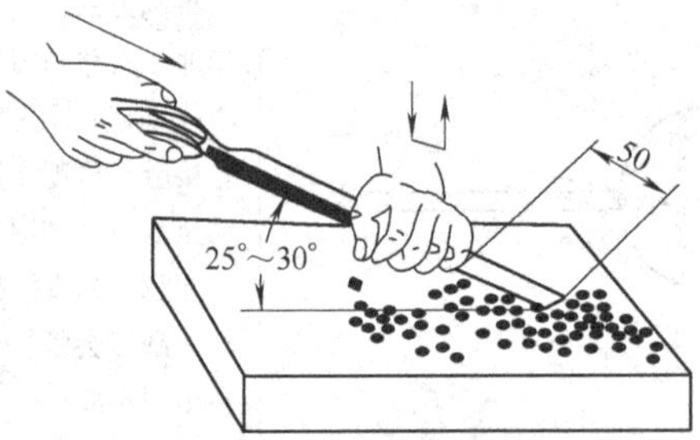 25°~30°　50	右手握刀柄，左手四指向下握住距刮刀头部 50～70mm 处。左手靠小拇指掌部贴在刀背上，刮刀与刮削面成 25°～30°角度，左脚向前跨一步，上身前倾，身体重心靠向左腿。刮削时让刀头找准研点，身体重心往前送的同时，右手跟进刮刀；左手下压，落刀要轻并引导刮刀前进方向；左手随着研点被刮削的同时，以刮刀的反弹作用力迅速提起刀头，刀头提起高度约为 5～10mm
挺刮法	 80	将刮刀柄顶在小腹右下部肌肉处，左手在前，手掌向下；右手在后，手掌向上，距刮刀头部 80mm 左右握住刀身。刮削进刀头对准研点，左手下压，右手控制刀头方向，利用腿部和臂部的合力往前推动刮刀；随着研点被刮削的瞬间，双手利用刮刀的反弹作用力迅速提起刀头，刀头提起高度约为 10mm

4. 刮削精度的检查方法

1）以接触点数目检验接触精度。

2）用百分表检查平行度。

3）用标准圆柱检查垂直度。

5. 研点方法

一般采用渐进法刮削，即不用标准平板，而以三块平板依次循环互研互刮，直至达到要求。用推研法先直研（纵、横面）以消除纵横起伏产生的平面度误差，通过几次循环，达到各平板显点一致，然后采用对角刮研，消除平面的扭曲误差。

> **注意**：刮削推研时，要求压力均匀，避免显示失真；要特别重视清洁工作，切不可让杂质留在研合面上，以免造成刮研面或标准平板的严重划伤。

三、安全文明生产及注意事项

1）在显点研刮时，工件不可超出平板太多，以免掉下而损坏平板。

2）刃磨时施加压力不能太大，刮刀应缓慢接近砂轮，避免刮刀颤抖过大而造成事故。

3）刮刀柄要安装可靠，防止木柄破裂，使刮刀柄端穿过木柄伤人。

4）刮削工件边缘时，不可用力过猛，以免失控，发生事故。

5）刮刀使用完毕后，刀头部位应用纱布包裹，妥善放置。

6）正确合理使用砂轮和磨石，防止出现局部凹陷，降低使用寿命。

任务实施

1）教师下达任务，并对学生进行分组。

2）各小组成员接受任务，并进行分析，制订计划和分工。领取工、夹、量具（见表3-25）。

表 3-25 工、夹、量具清单

序号	名　称	规格/材质	数　量
1	平面刮刀	挺刮刀/T12A	1
2	平板锉刀	40mm	1
3	红丹粉		若干
4	全损耗系统用油		若干
5	检验框	25mm×25mm	1
6	毛刷	10mm	1
7	平板	300mm×200mm/HT200	3

3）操作步骤（图3-56）。

① 将三块平板单独进行粗刮，去除机械加工的刀痕和锈斑。

② 对三块平板分别编号为1、2、3，按编号次序进行刮削。

a. 第一次循环刮削：

Ⅰ设1号平板为基准，与2号平板互研互刮，使1、2号平板贴合。

Ⅱ将3号平板与1号平板互研，单刮3号平板，使1、3号平板贴合。

Ⅲ将2、3号平板互研互刮，这时2号和3号平板的平面度略有提高。

b. 第二次循环刮削：

Ⅰ在上一次2号与3号平板互研互刮的基础上，按顺序以2号平板为基准，1号与2号平板互研，单刮1号平板，使2号、1号平板贴合。

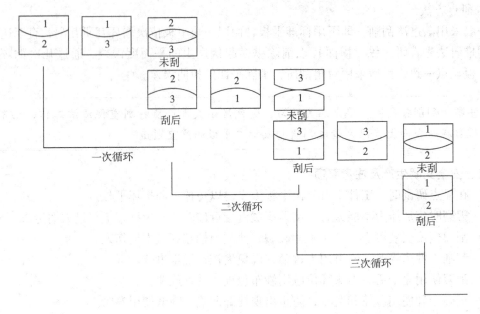

图 3-56　循环刮削

Ⅱ将 3 号与 1 号平板互研互刮，这时 3 号与 1 号平板的平面度又有了提高。

c. 第三次循环刮削：

Ⅰ在上一次 3 号与 2 号平板互研互刮的基础上，按顺序以 3 号平板为基准，2 号与 3 号平板互研，单刮 2 号平板，使 3、2 号平板贴合。

Ⅱ将 1 号与 2 号平板互研互刮，这时 1 号与 2 号平板的平面度进一步提高。

③ 如此循环刮削，次数越多，则平板越精密。直到在三块平板中任取两块推研，不论是直研还是对角研都能得到相近的清晰研点，且每块平板上任意 25mm×25mm 内均达到 18～20 个点以上，表面粗糙度值 $Ra \leqslant 0.8\mu m$，且刀迹排列整齐美观，刮削即完成。

🔽 小提示

1）操作姿势要正确，落刀和起刀正确合理，防止梗刀。

2）涂色研点时，平板必须放置稳定，施力均匀，以保证研点显示真实。

3）刮刀的正确刃磨是提高刮削速度和保证精度的基本，一定要注意刮刀的修磨。

4）要严格按照粗、细、精刮的步骤进行刮削，不达要求不进入下道工序，否则既影响速度，又不易将平板刮好。

5）从粗刮到细刮的过程中，研点移动距离应逐渐缩短，显示剂涂层逐步减薄，这样使显点真实、清晰。

6）在刮削中要勤于思考、善于分析，随时掌握工件的实际误差情况，并选择适当的部位进行刮削修整，以最少的加工量和刮削时间来达到技术要求。

👍 评价反馈

操作完毕，按照表 3-26 由教师作出评价。

表 3-26 原始平板刮削评分标准

班级：_____ 姓名：_____ 学号：_____ 成绩：_____

序号	技术要求	配分	评分标准	实测记录	得分
1	站立姿势正确	10	酌情扣分		
2	用手握刮刀的姿势正确、用力得当	20	酌情扣分		
3	刀迹整齐、美观（3块平板）	10	酌情扣分		
4	接触点每 25mm×25mm 内均达到 18 个点以上（3块平板）	24	酌情扣分		
5	点子清晰、均匀，25mm×25mm 点数不超过 6 点（3块平板）	18	不符合要求不得分		
6	无明显落刀痕，无丝纹和振痕	18	酌情扣分		
7	安全文明生产	扣分	违者每次扣 2 分，严重者扣 5～10 分		

考证要点

1. 刮削具有切削量小、_____小、_____少、_____少等特点。

2. 经过刮削的工件能获得很高的_____精度、形状和位置精度、_____精度和很小的_____。

3. 刮削的接触精度一般常用 25mm×25mm 方框内的_____检验 。

4. 刮花的目的是使刮削面_____，并使滑动件之间形成良好的_____。

5. 校准工具是用来_____和检查被刮面_____的工具。

6. 常用显示剂的种类有_____和_____。

7. 红丹粉分_____和_____两种，广泛用于_____工件。

8. 蓝油是用_____和蓖麻油及适量全损耗系统用油调和而成，多用于精密工件、_____金属及合金等。

9. 粗刮时，25mm 方框内有_____研点时结束，精刮时，25mm 方框内达到_____研点。

10. 检查刮削的步骤为_____、_____、_____、_____。

11. 刮削分_____刮削和_____刮削两种。

12. 刮削一般经过_____刮、_____刮、_____刮和_____过程。

13. 平面刮削采用_____刮和_____刮两种姿势。

14. 原始平板一般采用_____法刮削，即不用标准平板，而用_____块平板循环，互研互刮而成。

15. 刮削具有刮削量小、切削力大、切削热少、切削变形大等特点。 （ ）

16. 标准平板是用来研点和校验刮削表面准确性的工具。 （ ）

17. 若以不均匀的压力研点，会出现假点，造成研点失真。 （ ）

18. 精刮刀应把小的研点全部刮去，中等研点可刮去顶点一小片，大而亮的研点应保留。 （ ）

任务6 制作宽座直角尺

学习目标

1. 明确研磨特点及应用，能正确选用研磨剂。
2. 掌握宽座直角尺制作及平面研磨方法和要领。
3. 熟悉研磨安全文明操作要求。

建议学时 30学时

任务描述

　　教师指导学生熟悉常用研磨工具、材料及使用方法；练习宽座直角尺的制作方法及平面研磨方法；按技术要求完成宽座直角尺的制作工作，制作125mm×80mm、一级精度的宽座直角尺，采用装配式结构。宽度直角尺图样如图3-57所示。

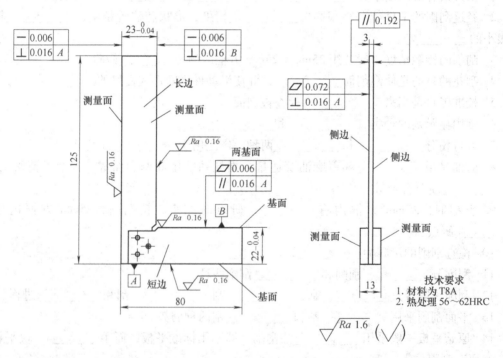

图3-57　宽座直角尺图样

任务分析

　　研磨是精密加工，研磨剂的正确选用和配制、平面研磨方法的正确直接影响到研磨质量，因此，掌握正确的研磨方法是练习的重点。同时，应了解研磨的特点及其使用的工具、材料，并能达到一定精度和表面粗糙度值等要求。

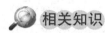 **相关知识**

一、研磨概述

用研磨工具（研具）和研磨剂从工件表面磨掉一层极薄的金属，使工件表面获得精确的尺寸、形状和极小的表面粗糙度值的加工方法，称为研磨。

1. 研磨特点及应用

1）研磨可以获得其他方法难以达到的高尺寸精度和形状精度。通过研磨后的尺寸精度可达到 $0.001 \sim 0.005$ mm。

2）容易获得极小的表面粗糙度值。一般情况下表面粗糙度值为 $Ra1.6 \sim 0.1\mu m$，最小可达 $Ra0.012\mu m$。

3）加工方法简单，不需复杂设备，但加工效率低。

4）经研磨后的工件能提高表面的耐磨性、抗腐蚀能力及疲劳强度，从而延长了零件的使用寿命。

2. 研具的选用

研具是保证被研磨工件几何形状精度的重要因素，因此，对研具材料、精度和表面粗糙度都有较高的要求。

（1）研具材料　研具材料的硬度应比被研磨的工件软，组织细致均匀，具有较高的耐磨性和稳定性，有较好的嵌存磨料的性能等，研具材料性能及应用范围见表 3-27。

表 3-27　研具材料性能及应用范围

研具材料	性能及应用范围
铸　铁	铸铁是制造研具的理想材料，其润滑性好，磨耗较慢。制作研具的铸铁，硬度应在 110 ~ 190HBW 范围内，且硬度要均匀，应无砂眼和气孔等缺陷。是一种应用广泛的研具材料
球墨铸铁	球墨铸铁经一般铸铁容易嵌入磨粒，而且均匀牢固，能得到较好的研磨效果，同时还能增加研具本身的耐用度。常用于精密工件的研磨
软　钢	软钢的韧性很好，不易折断。常用于制作研磨窄小内腔的研具（小型研具）
黄　铜	铜的性质较软，嵌入性好，常用来制作研磨软钢类工件的研具
巴氏合金	巴氏合金主要用于抛光铜合金的精密轴瓦或研磨软金属工件
玻　璃	玻璃用来制作精研和抛光的研具材料

（2）平面研具　平面研具主要用来研磨平面，如研磨量块、精密量具的平面等，平面研具种类及说明见表 3-28。

表 3-28　平面研具种类及说明

研具种类	图　示	说　明
有槽平板		平板上开槽，以避免过多的研磨剂浮在平板上，易使工件研平，用于粗研磨

（续）

研具种类	图　示	说　明
光滑平板		用精密镜面平板，用于精研磨

3. 研磨剂的选用

研磨剂是由磨料和研磨液调和而成的混合剂。

（1）磨料　磨料在研磨中起切削作用，研磨工作的效率、工件的精度和表面粗糙度值与磨料有密切的关系。磨料的种类很多，根据工件材料和加工精度来选择，钢件或铸铁件粗研时，选用刚玉或白色刚玉，精研时可用氧化铬。当粗研磨时，表面粗糙度值较大，可用磨粉，粒度在 100 ~ 280 范围内选取。精研磨时，表面粗糙度值为 $Ra0.2 ~ 0.1\mu m$ 时，用微粉，粒度可用 W40 ~ W20；表面粗糙度值为 $Ra0.1 ~ 0.05\mu m$ 时微粉粒度为 W14 ~ W7；表面粗糙度值小于 $Ra0.05\mu m$ 时微粉粒度为 W5 以下。

（2）研磨液　研磨液在研磨过程中起调和磨料、润滑、冷却、促进工件表面的氧化，加速研磨的作用。粗研钢件时可用煤油、汽油或全损耗系统用油；精研时可用全损耗系统用油与煤油混合的混合液。

（3）研磨膏　在磨料和研磨液中再加入适量的石蜡、蜂蜡等填料和黏性较大而氧化作用较强的油酸、脂肪酸等，即可配制成研磨膏。使用时将研磨膏加全损耗系统用油稀释即可进行研磨。研磨膏分粗、中、精三种，可按研磨精度的高低选用。

二、研磨要点

1. 手工研磨运动

为使工件能达到理想的研磨效果，根据工件形体的不同，手工研磨应注意选择合理的运动轨迹，这对提高研磨效率、工件表面质量和研具的寿命有直接的影响，手工研磨运动轨迹的形式见表 3-29。

表 3-29　手工研磨运动轨迹的形式

方　法	图　示	特　点	应　用
直线形		工件的表面粗糙度值不能很小，几何精度高	常用于有台阶的狭长平面的研磨
摆动式直线形		研磨表面可得到较高的直线度	研磨样板角尺、刀口形直尺侧面的圆弧等

（续）

方　法	图　示	特　点	应　用
螺旋形		可得到很小的表面粗糙度值和较高的平面度	适用于圆柱形工件端面和圆片工件端面的研磨
8字形或仿8字形	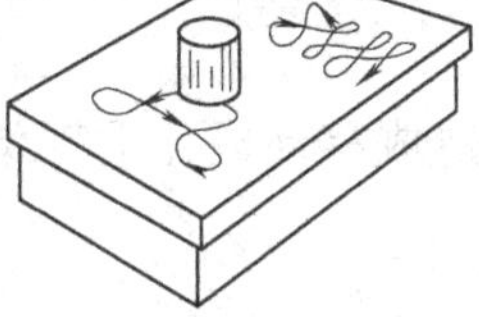	可得到较高的研磨质量	适用于研磨平板的修整和小平面工件的研磨

2. 平面研磨方法（见表3-30）

表3-30　平面研磨方法

方　法	图　示	应　用
一般平面的研磨	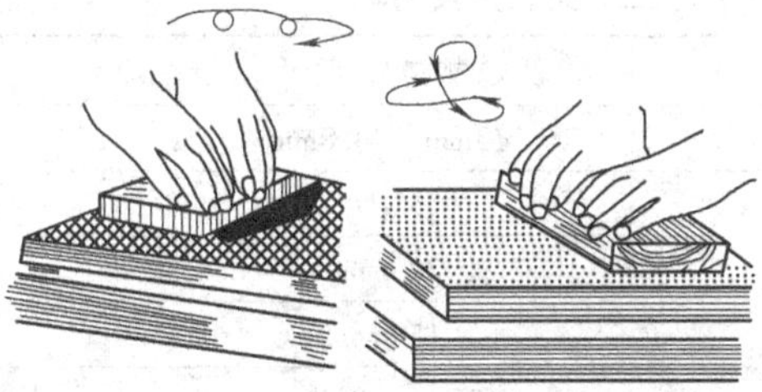	工件沿平板全部表面，用8字形、螺旋形或螺旋形与直线形运动轨迹相结合的形式进行研磨
狭窄平面的研磨	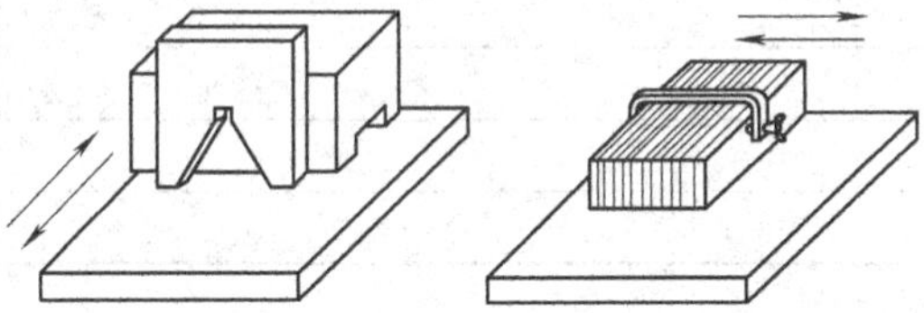	采用直线研磨的运动轨迹，为防止研磨平面时产生倾斜和圆角，研磨时可用金属块做"导靠"。研磨工件的数量较多时，可采用C形夹，将几个工件夹在一起研磨，既防止了工件加工面的倾斜，又提高了效率

3. 研磨时的上料

（1）压嵌法　其一，用三块平板在上面加上研磨剂，用原始研磨法轮换嵌砂，使砂粒均匀嵌入平板内，以进行研磨工作。其二，用淬硬压棒将研磨剂均匀压入平板，以进行研磨工作。

（2）涂敷法　研磨前将研磨剂涂敷在工件或研具上，其加工精度不及压嵌法高。

4. 研磨速度和压力

研磨时，压力和速度对研磨效率和研磨质量有很大影响。压力太大，研磨切削量虽大，但表面粗糙度值大，且容易把磨料压碎而使表面划出深痕。一般情况粗磨时压力可大些，精磨时压力应小些。速度也不应过快，否则会引起工件发热变形。尤其是研磨薄形工件和形状规则的工件时更应注意。一般情况下，粗研磨速度为 40~60 次/min，精研磨速度为 20~40 次/min。

三、安全文明生产及注意事项

1）粗、精研磨工作要分开进行，研磨剂每次上料不宜太多，并要分布均匀，以免造成工件边缘研坏。

2）研磨时特别注意清洁工作，不要使研磨剂中混入杂质，以免反复研磨时划伤工件表面。

3）研磨窄平面时要采用导靠块，研磨时使工件紧靠，保持研磨平面与侧面垂直，以避免产生倾斜和圆角。

4）研磨工具与被研工件需要相对固定其一，否则会造成移动或晃动现象，甚至出现研具与工件损坏及伤人事故。

任务实施

1）教师下达任务，并对学生进行分组。

2）各小组成员接受任务，并进行分析，制订计划和分工。领取工、夹、量具（见表3-31）。

表3-31　工、夹、量具清单

序号	名　称	规格/材质	数　量
1	普通麻花钻	$\phi3mm$、$\phi4.8mm$	各1
2	机用铰刀	$\phi5H7$	1
3	游标高度卡尺	300mm	1
4	游标卡尺	150mm	1
5	直角尺	125mm×80mm	1
6	千分尺	0~25、75~100mm	1
7	平板		3
8	千分表		1
9	磁性表座		1
10	毛坯料		1

3）操作步骤（见表3-32）。

表3-32　宽座直角尺制作及平面研磨步骤

步　骤	图　示	操作内容及注意事项
长边制作	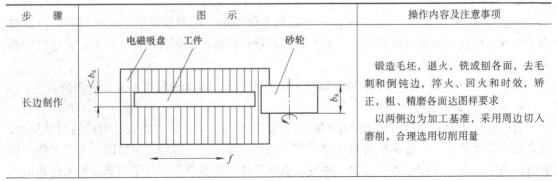	锻造毛坯，退火，铣或刨各面，去毛刺和倒钝边，淬火、回火和时效，矫正，粗、精磨各面达图样要求 以两侧边为加工基准，采用周边切入磨削，合理选用切削用量

（续）

步　骤	图　示	操作内容及注意事项
短边制作	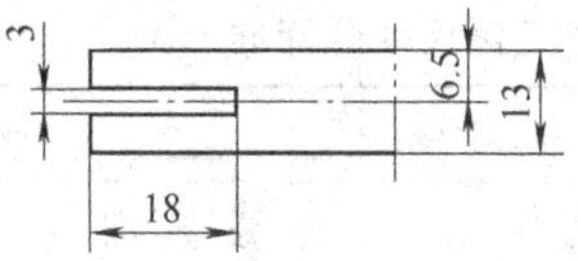	锻造毛坯，退火，铣或刨各面，去毛刺和倒钝边，淬火、回火和时效，粗、精磨各面达图样要求 制作短边开口槽时，需找正后铣槽并留研磨量，应注意控制几何精度要求
装配	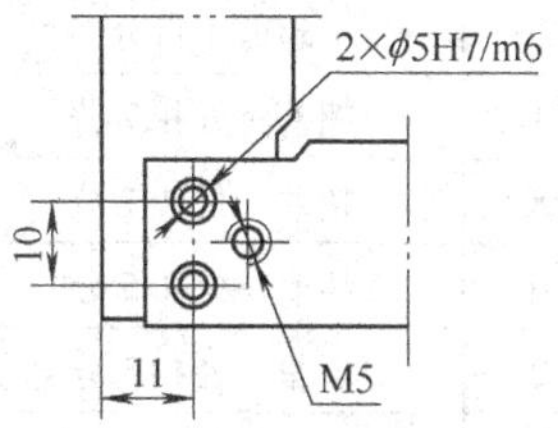	直角尺长边和短边配合部位淬硬至35～40HRC，调整角度，拧紧螺钉，配钻铰两销孔，并打入圆柱销 可在圆柱销及配合部位涂胶，以加强牢固性
研磨	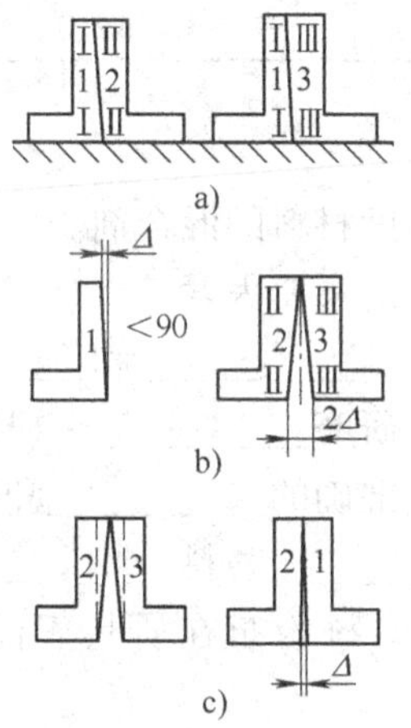	采用二倍误差法研磨直角尺垂直面。先初研直角尺外垂直面的两边，再将三把直角尺分别编号1、2、3，按图示次序研磨 当直角尺的外垂直面研磨结束后，内垂直面以外垂直面为基准进行平行研磨 单个直角尺的研磨可借助圆柱角尺或直角尺检测仪器及检测装置进行检测，测出数据后进行研修，直至合格

🔶 **小提示**

1）将直角尺1放在平板上，以它的Ⅰ—Ⅰ边长为基准研磨直角尺2和3对应边Ⅱ—Ⅱ和Ⅲ—Ⅲ，并使它们与Ⅰ—Ⅰ密合，如图a所示。

2）如直角尺1的个垂直面在初研后已呈标准90°，则当直角尺2的Ⅱ—Ⅱ边和直角尺3的Ⅲ—Ⅲ边相靠拢时，应没有缝隙。

3）如直角尺1的外角与标准90°相差Δ值，则当直角尺2、3靠拢时，就会放大为2Δ的缝隙，如图b所示。如果缝隙在上部，则表示直角尺1大于90°，如缝隙在下部，则表示直角尺1大于90°。

4）根据测量的2Δ值，有目的地将直角尺2、3分别修去Δ值，使直角尺2、3密合。

5）以直角尺2或3为基准修研直角尺1，如图c所示。

6）按上述顺序将3把直角尺相互研磨循环几次，直至符合精度要求。

评价反馈

操作完毕，按照表 3-33 由教师作出评价。

表 3-33　宽座直角尺评分标准

班级：_____　姓名：_____　学号：_____　成绩：_____

序号	技 术 要 求	配分	评 分 标 准	实 测 记 录	得分
1	$22_{-0.04}^{0}$ mm	7	超差不得分		
2	$23_{-0.04}^{0}$ mm	7	超差不得分		
3	基面几何精度（三处）	21	超差一处扣 7 分		
4	测量面几何精度（四处）	28	超差一处扣 7 分		
5	侧边几何精度（四处）	20	超差一处扣 5 分		
6	$Ra0.16\mu m$（四处）	12	超差一处扣 3 分		
7	$Ra1.6\mu m$	5	超差一处扣 1 分		
8	安全文明生产	扣分	违者每次扣 2 分，严重者扣 5~10 分		

考证要点

1. 研磨剂是_____、_____和辅助材料的混合剂。

2. 研磨是保证被研磨工件_____精度的重要因素。

3. 常用的研具材料有灰铸铁、_____、_____和_____。

4. 常用的研磨工具有：研磨_____、研磨_____、研磨_____。

5. 研磨可使工件达到精确的_____、准确的_____和很小的表面_____。

6. 常用的磨料有：_____磨料、_____磨料、_____磨料。

7. 研磨液在研磨中起_____作用，磨料均布在研具表面，并具有_____和_____作用。

8. 圆柱面研磨一般是_____与_____配合进行研磨。

9. 在车床上研磨外圆柱面，通过工件的_____和研磨环在工件上沿_____方向做往复运动进行研磨。

10. 软钢的塑性好，不易折断，常用来制作小型研具。　　　　　　（　　）

11. 研磨狭长平面工件时，应用金属块作导靠，以保证研磨精度。　　（　　）

12. 研具材料应组织均匀，最好具有针孔，且硬度比工件高。　　　（　　）

13. 对研具材料有哪些要求？

项目4 减速箱装配

4

任务1 固定连接的装配

子任务1 齿轮部件装配校核计算

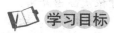 **学习目标**

1. 掌握尺寸链的基本概念及尺寸链的建立与分析方法。
2. 尺寸链的计算方法。
3. 能灵活运用完全互换法解尺寸链。
4. 能在实际装配中对部件装配进行校正计算。

 建议学时 2学时

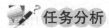 **任务描述**

齿轮部件装配如图4-1所示，已知各零件的尺寸：$A_1 = 30_{-0.13}^{0}$ mm，$A_2 = A_5 = 5_{-0.075}^{0}$ mm，$A_3 = 43_{+0.02}^{+0.18}$ mm，$A_4 = 3_{-0.04}^{0}$ mm，设计要求间隙 A_0 为 0.1~0.45mm，试做校核计算。

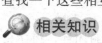 **任务分析**

在装配过程中，我们常常要对零件或机构的相互位置、配合间隙、结合面松紧等进行调节，以便使机构或机器工作协调，如轴承间隙、齿轮轴向位置的调整。还有装配之后产生的间隙是否符合要求，要进行校核计算等。我们从简单的齿轮部件装配实例入手，查找一下这些相互关联的尺寸之间到底存在什么关系。

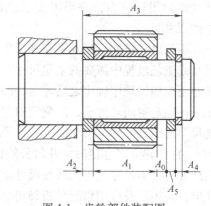

图4-1 齿轮部件装配图

 相关知识

一、有关尺寸链的基本概念

（1）概念 装配时将与某项精度指标有关的各个零件尺寸依次排序，形成一个封闭的链形尺寸组合，称为尺寸链。尺寸链具有如下两个特性：

1）封闭性。组成尺寸链的各个尺寸按一定顺序构成一个封闭系统。用 A_0 表示。

2）相关性。其中一个尺寸变动将影响其他尺寸变动，用 A_i 表示。

（2）环及其分类　构成尺寸链的各个尺寸称为环。尺寸链的环分为封闭环和组成环。

1）封闭环。加工或装配过程中最后自然形成的那个尺寸，如图4-1中的 A_0。

2）组成环。尺寸链中除封闭环以外的其他环称为组成环。根据它们对封闭环影响的不同，又分为增环和减环。

① 增环。与封闭环同向变动的组成环称为增环，即当该组成环尺寸增大（或减小）而其他组成环不变时，封闭环也随之增大（或减小），

② 减环。与封闭环反向变动的组成环称为减环，即当该组成环尺寸增大（或减小）而其他组成环不变时，封闭环的尺寸却随之减小（或增大）。

> **注意**：为了快速确定组成环的性质，可先在尺寸链图上平行于封闭环，沿任意方向划一箭头，然后沿此箭头方向环绕尺寸链一周，平行于每一个组成环尺寸依次画出箭头，箭头指向与封闭环方向相反的组成环为增环，反之箭头指向与封闭环方向相同的组成环为减环。

二、尺寸链的建立与分析

1. 建立尺寸链

1）正确建立和描述尺寸链是进行尺寸链综合精度分析计算的基础。应根据实际应用情况查明和建立尺寸链关系。

建立装配尺寸时，应了解产品的装配关系、产品装配方法及产品装配性能要求；建立装配尺寸链时应了解零部件的设计要求及其制造工艺过程，同一零件的不同工艺过程所形成的尺寸链是不同的。正确建立和分析尺寸链的首要条件是要正确确定封闭环。

在装配尺寸链中，封闭环就是产品上有装配精度要求的尺寸。如同一部件中各零件之间有相互位置要求的尺寸或保证相互配合零件配合性能要求的间隙或过盈量。零件尺寸链的封闭环应为公差等级要求最低的环，一般在零件图上不进行标注，以免引起加工中的混乱。

装配尺寸链的封闭环是在加工中最后自然形成的环，一般为被加工零件要求达到的设计尺寸或工艺过程中需要的余量尺寸。加工顺序不同，封闭环也不同。所以工艺尺寸链的封闭环必须在加工顺序确定之后才能判断。

在确定封闭环之后，应确定对封闭环有影响的各个组成环，使之与封闭环形成一个封闭的尺寸回路。

2）在建立尺寸链时，几何公差也可以是尺寸链的组成环。在一般情况下，几何公差可以理解为公称尺寸为零的线性尺寸。几何公差参与尺寸链分析计算的情况较为复杂，应根据几何公差项目及应用情况分析确定。

必须指出，在建立尺寸链时应遵守"最短尺寸链原则"，即对于某一封闭环，当存在多个尺寸链时，应选择组成环数最少的尺寸链进行分析计算。一个尺寸链中只有一个封闭环。

2. 查找组成环

组成环是对封闭环有直接影响的那些尺寸，与此无关的尺寸要排除在外。一个尺寸链的环数应尽量少。

查找装配尺寸链的组成环时，先从封闭环的任意一端开始，找相邻零件的尺寸，然后再找与第一个零件相邻的第二个零件的尺寸，这样一环接一环，直到封闭环的另一端为止，从而形成封闭的尺寸组。

如图 4-2a 所示的车床主轴轴线与尾座轴线高度差的允许值 A_0 是装配技术要求，为封闭环。组成环可从尾座顶尖开始查找，尾座顶尖轴线到底面的高度 A_1、与床面相连的底板的厚度 A_2、床面到主轴轴线的距离 A_3，最后回到封闭环。A_1、A_2 和 A_3 均为组成环。

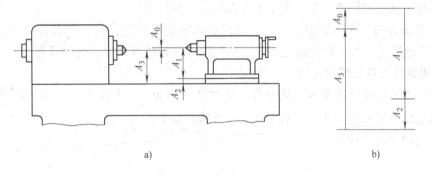

图 4-2　车床顶尖高度尺寸链

3. 特点

一个尺寸链中最少要有两个组成环。组成环中，可能只有增环而没有减环，但不可能只有减环而没有增环。

在封闭环有较高技术要求或几何误差较大的情况下，建立尺寸链时，还要考虑几何误差对封闭环的影响。

三、分析计算尺寸链的任务和方法

1. 任务

分析和计算尺寸链是为了正确合理地确定尺寸链中各环的尺寸和精度，主要解决以下三类问题：

（1）正计算　已知各组成环的极限尺寸，求封闭环的极限尺寸。这类计算主要用来验算设计的正确性，故又叫校核计算。

（2）反计算　已知封闭环的极限尺寸和各组成环的公称尺寸，求各组成环的极限偏差。这类计算主要用在设计上，即根据机器的使用要求来分配各零件的公差。

（3）中间计算　已知封闭环和部分组成环的极限尺寸，求某一组成环的极限尺寸，这类计算常用在工艺上。

反计算和中间计算通常称为设计计算。

2. 方法

（1）完全互换法（极值法）　从尺寸链各环的上极限尺寸与下极限尺寸出发进行尺寸链计算，不考虑各环实际尺寸的分布情况。按此法计算出来的尺寸加工各组成环，装配时各组成环不需挑选或辅助加工，装配后即能满足封闭环的公差要求，即可实现完全互换。

完全互换法是尺寸链计算中最基本的方法。

（2）大数互换法（概率法）　该法是以保证大数互换为出发点的。

生产实践和大量统计资料表明，在大量生产且工艺过程稳定的情况下，各组成环的实际尺寸趋近公差带中间的概率大，出现在极限值的概率小，增环与减环以相反极限值形成封闭环的概率就更小。所以，用极值法解尺寸链，虽然能实现完全互换，但往往是不经济的。

采用概率法，不是在全部产品中，而是在绝大多数产品中，装配时不需要挑选或修配，就能满足封闭环的公差要求，即保证大数互换。

按大数互换法，在相同封闭环公差条件下，可使组成环的公差扩大，从而获得良好的技术经济效益，也比较科学合理，常用于大批量生产的情况。

（3）其他方法　在某些场合，为了获得更高的装配精度，而生产条件又不允许提高组成环的制造精度时，可采用分组互换法、修配法和调整法等来完成这一任务。

四、用完全互换法解尺寸链

设尺寸链的组成环数为 m，其中有 n 个增环，有 $m-n$ 个减环，A_0 为封闭环的基本尺寸，A_i 为组成环的公称尺寸，则对于直线尺寸链有如下公式：

（1）封闭环的公称尺寸

$$A_0 = \sum_{i=1}^{n} A_i - \sum_{i=n+1}^{m} A_i$$

即封闭环的公称尺寸等于所有增环的公称尺寸之和减去所有减环的公称尺寸之和。

（2）封闭环的极限尺寸

$$A_{0max} = \sum_{i=1}^{n} \overrightarrow{A_{imax}} - \sum_{i=n+1}^{m} \overleftarrow{A_{imin}}$$

$$A_{0min} = \sum_{i=1}^{n} \overrightarrow{A_{imin}} - \sum_{i=n+1}^{m} \overleftarrow{A_{imax}}$$

即封闭环的上极限尺寸等于所有增环的上极限尺寸之和减去所有减环的下极限尺寸之和，封闭环的下极限尺寸等于所有增环的下极限尺寸之和减去所有减环的上极限尺寸之和。

（3）封闭环的极限偏差

$$ES_0 = \sum_{i=1}^{n} \overrightarrow{ES_i} - \sum_{i=n+1}^{m} \overleftarrow{EI_i}$$

$$EI_0 = \sum_{i=1}^{n} \overrightarrow{EI_i} - \sum_{i=n+1}^{m} \overleftarrow{ES_i}$$

即封闭环的上极限偏差等于所有增环上极限偏差之和减去所有减环下极限偏差之和，封闭环的下极限偏差等于所有增环下极限偏差之和减去所有减环上极限偏差之和。

（4）封闭环的公差

$$T_0 = \sum_{i=1}^{m} T_i$$

即封闭环的公差等于所有组成环公差之和。

五、装配的基本概念

机械产品一般是由许多零件和部件组成的。零件是构成机器（或产品）的最小单元。两个或两个以上零件结合成机器的一部分称为部件。按规定的技术要求，将若干零件结合成部件或若干个零件和部件结合成整机的过程称为装配。

（1）装配基准件　最先进入装配的零件或部件称为装配基准件。它可以是一个零件，也可以是低一级的装配单元。

（2）部件　如车床主轴箱、进给箱、溜板箱等都是部件。部件是一个通称，其划分是多层次的。直接进入总装的部件称为组件，直接进入组件装配的部件称为分组件，其余类推。产品越复杂，分组件级数越多。

（3）装配单元　可以独立进行装配的部件（组件、分组件）称为装配单元。

装配是机械制造过程的最后阶段，在机械产品制造过程中占有非常重要的地位，装配工作的好坏，对产品质量起着决定性作用。

六、装配工艺规程的作用

装配工艺规程是指规定装配部件和整个产品的工艺过程，以及该过程中所使用的设备和工、夹、量具等的技术文件。

装配工艺规程是生产实践和科学实验的总结，是提高劳动生产率、保证产品质量的必要措施，是组织生产的重要依据。只有严格按工艺规程的生产，才能保证装配工作的顺利进行，降低成本，增加经济效益。但装配工艺规程也应随生产力的发展而不断改进。

七、装配工艺过程

1. 装配前的准备工作

1）研究产品装配图、工艺文件和技术要求，了解产品的结构、零件的作用及相互连接关系。

2）确定装配方法、顺序和准备所需要的工具。

3）对装配的零件进行清理和洗涤，去除零件上的毛刺、铁锈、油污等。

4）检查零件加工质量，对某些零件要进行必要的平衡试验或密封性试验等。

2. 装配工作

装配工作通常分为部件装配和总装配。

（1）部件装配　将两个以上的零件组合在一起或将零件与几个组件组合在一起，成为一个单元的装配工作，称为部件装配。

（2）总装配　将零件和部件结合成一台整机的装配工作，称为总装配。

3. 调整、精度检验和试运行

（1）调整　调节零件或机构的相互位置、配合间隙、结合面松紧等，使机构或机器工作协调，如轴承间隙、蜗轮轴向位置的调整。

（2）精度检验　检验机构或机器的几何精度和工作精度。几何精度通常是指形位精度，如车床总装后要检验主轴中心线和床身导轨的平行度、中滑板导轨和主轴中心线的垂直度以及前后两顶尖的等高；工作精度一般指切削试验，如车床进行车外圆或车端面试验。

（3）试运行　试验机构或机器运转的灵活性、密封性、振动情况、工作温度、噪声、转速、功率等性能参数是否符合要求。

4. 喷漆、涂油、装箱

机器装配之后，为了使其美观、防锈和便于运输，还要做好喷漆、涂油和装箱工作。

任务实施

如图 4-3 所示为齿轮部件装配尺寸链，试分析此尺寸链是否合理。

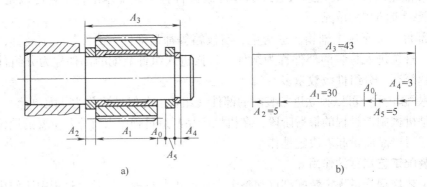

图 4-3 齿轮部件装配尺寸链

1）确定封闭环为要求的间隙 A_0。寻找组成环并画尺寸链线图（图 4-3b）。判断 A_3 为增环，A_1、A_2、A_4 和 A_5 为减环。

2）按公式计算封闭环的公称尺寸。

$$A_0 = A_3 - (A_1 + A_2 + A_4 + A_5)$$
$$= 43\text{mm} - (30 + 5 + 3 + 5)\text{mm}$$
$$= 0\text{mm}$$

即要求封闭环的尺寸为 0mm。

3）按公式计算封闭环的极限偏差。

$$ES_0 = ES_3 - (EI_1 + EI_2 + EI_4 + EI_5)$$
$$= +0.18\text{mm} - (-0.13 - 0.075 - 0.04 - 0.075)\text{mm}$$
$$= +0.50\text{mm}$$
$$EI_0 = EI_3 - (ES_1 + ES_2 + ES_4 + ES_5)$$
$$= +0.02\text{mm} - (0 + 0 + 0 + 0)\text{mm}$$
$$= +0.02\text{mm}$$

4）按公式计算封闭环的公差。

$$T_0 = T_1 + T_2 + T_3 + T_4 + T_5$$
$$= (0.13 + 0.075 + 0.16 + 0.075 + 0.04)\text{mm}$$
$$= 0.48\text{mm}$$

校核结果表明，封闭环的上、下极限偏差及公差均已超过规定范围，必须调整组成环的极限偏差。

评价反馈

操作完毕，按照表 4-1 进行评分。

表4-1　齿轮部件装配校核计算实训记录与成绩评定

总得分_____

项次	项目和技术要求	实 训 记 录	配　分	得　分
1	确定封闭环准确		10	
2	尺寸链简图绘制正确		10	
3	正确按公式计算封闭环公称尺寸		15	
4	正确按公式计算封闭环的极限偏差		10	
5	正确按公式计算封闭环的公差		15	
6	校核结果说明		15	
7	字迹工整、绘图清洁、标准		15	
8	实训现场符合安全文明生产要求		10	

考证要点

1. 装配基准件可以是（　　），也可以是装配单元。
A. 部件　　　　　　　　B. 组件　　　　　　　　C. 分组件　　　　　D. 一个零件
2. 装配工艺卡片中说明了每一工序所需（　　）。
A. 零件　　　　　　　　B. 部件　　　　　　　　C. 组件　　　　　　D. 设备
3. 装配工艺规程安排工序时要注意（　　）
A. 生产过程　　　　　　B. 工艺过程　　　　　　C. 加工过程　　　　D. 前面工序不得影响后面工序
4. 工艺规程是指零件加工（　　）的工艺过程。
A. 工序　　　　　　　　B. 工装　　　　　　　　C. 工具　　　　　　D. 刀具
5. 部件装配程序的基本原则之一为（　　）
A. 由被动到主动　　　　B. 由主动到被动　　　　C. 由大到小　　　　D. 由小到大
6. 工艺规程的质量要求必须满足产品优质、高产、（　　）三个要求。
A. 精度　　　　　　　　B. 低消耗　　　　　　　C. 寿命　　　　　　D. 重量
7. 在零件加工和机器装配中，最后形成（间接获得）的尺寸，称为（　　）。
A. 增环　　　　　　　　B. 封闭环　　　　　　　C. 减环　　　　　　D. 组成环

子任务2　螺纹联接的装配

学习目标

1. 了解螺纹联接的装配技术要求和装配工艺。
2. 了解螺纹联接的装拆工具。
3. 能读懂螺纹联接装配图及其零件图。
4. 会拆装双头螺柱、螺钉、螺母。

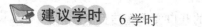 建议学时　　6学时

任务描述

按照图4-4所示完成滑动轴承双头螺柱的装拆。

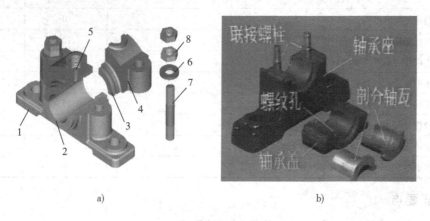

a)   b)

图4-4　滑动轴承双头螺柱装拆示意图

1—轴承座　2—下轴衬　3—上轴衬　4—轴承盖　5—销套　6—垫圈　7—螺柱　8—螺母

任务分析

滑动轴承的轴承盖和轴承座都采用了双头螺柱联接，装配要求双头螺柱与轴承座配合牢固，螺柱轴心线需与轴承盖上表面垂直，装入双头螺柱时，需注入油润滑，便于拆卸。

相关知识

1. 技术要求

螺纹联接是一种可拆的固定联接，它具有结构简单、联接可靠、拆卸方便等优点。螺纹联接要达到紧固而可靠的目的，必须保证螺纹副具有一定的摩擦力矩，摩擦力矩是由连接时施加拧紧力矩后，螺纹副产生预紧力而获得的。

2. 常用工具

（1）旋具　各种旋具如图4-5所示。

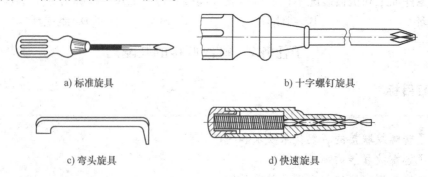

a) 标准旋具　　　　　　　　　　　　　b) 十字螺钉旋具

c) 弯头旋具　　　　　　　　　　　　　d) 快速旋具

图4-5　各种旋具

（2）扳手

1）作用：扳手用来拧紧六角形、正方形螺钉和各种螺母。

2）材料：一般用工具钢、合金钢或可锻铸铁制成。它的开口要求光洁且坚硬耐磨。

3）分类：扳手分为通用、专用和特种三类。

① 通用扳手。即活扳手，如图 4-6 所示。它由扳手体和固定钳口、活动钳口及蜗杆组成，其钳口的尺寸能在一定范围内调节。

② 专用扳手。其只能扳动一种规格的螺母或螺钉。根据其用途的不同可分为以下几种：

a. 呆扳手，如图 4-7 所示。

b. 整体扳手，如图 4-8 所示。

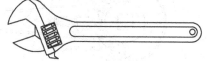

图 4-6 活扳手

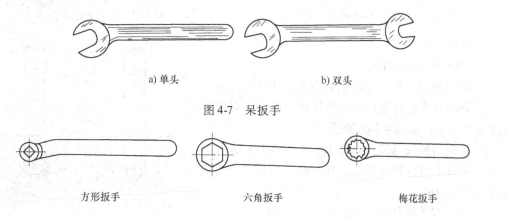

a) 单头   b) 双头

图 4-7 呆扳手

方形扳手   六角扳手   梅花扳手

图 4-8 整体扳手

c. 成套套筒扳手，如图 4-9 所示。

d. 锁紧扳手。如图 4-10 所示为用来装拆圆螺母的圆螺母扳手。

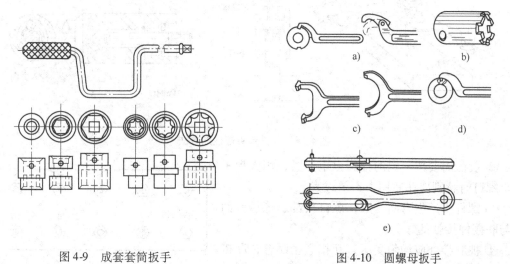

a)   b)

c)   d)

e)

图 4-9 成套套筒扳手   图 4-10 圆螺母扳手

e. 内六角扳手，如图 4-11 所示。

③ 特种扳手。它是根据某些特殊要求而制造的。如图 4-12 所示为棘轮扳手，它适用于狭窄的地方。如图 4-13 所示为指示式扭力扳手，它用于需要严格控制螺纹联接时能达到拧紧力矩的场合。

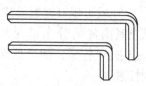

图 4-11 内六角扳手

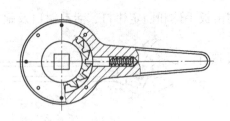

图 4-12　棘轮扳手

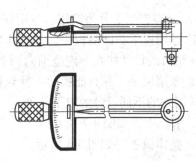

图 4-13　指示式扭力扳手

3. 装配工艺

1）双头螺柱的装配。

① 技术要求。保证足够的紧固性，方法如下：

a. 利用双头螺柱紧固端与机体螺孔配合有足够的过盈量来保证，如图 4-14a 所示。

b. 用台肩形式紧固在机体上，如图 4-14b 所示。

c. 把双头螺柱紧固端最后几圈螺纹做得浅些，以达到紧固的目的。

② 拧紧双头螺柱的方法如图 4-15 所示。

2）螺钉、螺母的装配要点

① 做好被联接件和联接件的清洁工作。

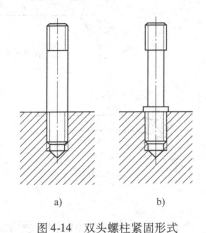

a)　　　　　b)

图 4-14　双头螺柱紧固形式

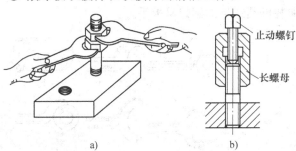

a)　　　　　b)　　　　　c)

图 4-15　拧紧双头螺柱的方法

② 装配时要按一定的拧紧力矩拧紧，用大扳手拧小螺钉时特别要注意用力不要过大。

③ 螺杆不产生弯曲变形，螺钉头部、螺母底面应与联接件接触良好。

④ 被联接件应均匀受压，互相紧密贴合，联接牢固。

⑤ 成组螺钉或螺母拧紧时，应根据联接件的形状及紧固件的分布情况，按一定顺序逐次（一般 2～3 次）拧紧，如可按图 4-16 所示的编号顺序逐次拧紧。

⑥ 联接件在工作中有振动或冲击时，为了防止

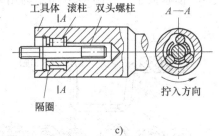

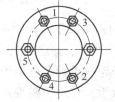

图 4-16　拧紧成组螺母时的顺序

螺钉或螺母松动，必须有可靠的防松装置。螺纹联接的防松方法如下：

a. 加大摩擦力防松分为两种：锁紧螺母（双螺母）防松，如图 4-17a 所示；弹簧垫圈防松，如图 4-17b 所示。

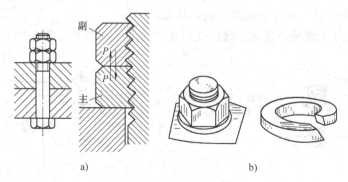

图 4-17　加大摩擦力防松

b. 机械方法防松分为四种：开口销与带槽螺母防松（图 4-18a）；六角螺母止动垫圈防松（图 4-18b）；圆螺母止动垫圈防松（图 4-18c）；串联钢丝防松（图 4-18d），注意钢丝串联的方法。

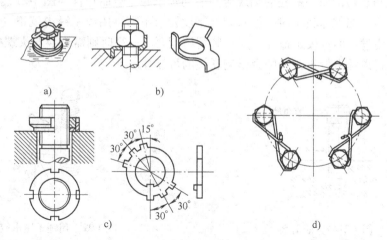

图 4-18　机械方法防松

目前，在一些先进企业中已广泛采用螺栓锁固胶防松的方法防止螺纹回松。合理选用螺栓锁固胶，可保证既能防松动、防漏、防腐蚀，又能方便拆卸。使用螺栓锁固胶时，只要擦去螺纹表面油污，涂上锁固胶将其拧入螺孔，拧紧便可。

任务实施

用双螺母装拆双头螺柱。

1）读懂装配图，了解滑动轴承的装配关系、技术要求和配合关系。

2）按照图样要求，选用双头螺柱 2 个、六角螺母 4 个。

3）选择活扳手和呆扳手各 1 把，直角尺 1 把，全损耗系统用油（N32）适量。

4）在轴承座的螺孔内加注全损耗系统用油（N32）润滑，以防拧入时螺纹产生拉毛现象，及起到防锈作用。

5）将双头螺柱用手旋入机体螺孔内（图4-19）。

6）用手将两个螺母旋在双头螺柱上，并相互稍微锁紧。

7）用一个扳手卡住下螺母，用左手按逆时针方向旋转，用另一个扳手卡住上螺母，用右手按顺时针方向旋转；将处于双螺母锁紧状态。

8）用扳手扳动上螺母，将双头螺柱锁紧在滑动轴承底座上（图4-20）。

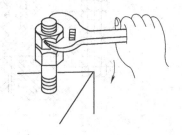

图4-19　旋入机体螺孔内　　　　　　　图4-20　将双头螺柱锁紧在滑动轴承底座上

9）用左手握住扳手，卡住下螺母不动，用右手握住另一个扳手，按逆时针方向扳动上螺母，使两个螺母松开，卸下两个螺母。

10）用直角尺检测双头螺柱的轴线应与滑动轴承底座表面垂直（图4-21）。

11）检查后，当偏差较小时，如对装配精度要求不高可用锤子锤击校正（图4-22），或拆下双头螺柱用丝锥回攻校正螺孔；当对装配精度要求较高时则需更换双头螺柱。当偏差较大时，不能强行以锤击校正，否则会影响联接的可靠性。

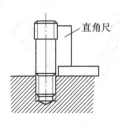

图4-21　保证垂直　　　　　　　　　图4-22　用锤子锤击校正

12）清洗干净轴承盖后，将其装入双头螺柱上（图4-23）。

13）用手将螺母旋入螺柱上压住轴承盖。

14）用扳手卡住螺母，按拧紧成组螺母时的顺序，压紧轴承盖（图4-24）。

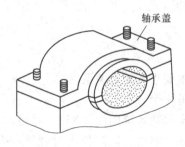
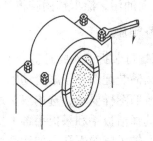

图4-23　装上轴承盖　　　　　　　　图4-24　压紧轴承盖

15）拆卸时，用扳手卡住下螺母，按逆时针方向旋转，将双头螺柱从机体中旋出。

👍 **评价反馈**

操作完毕，按照表4-2进行评分。

表4-2　装拆双头螺柱连接实训记录与成绩评定

总得分_____

项次	项目和技术要求	实训记录	配　分	得　分
1	装配顺序正确		10	
2	螺柱与轴承座配合紧固		10	
3	螺柱轴线必须与轴承盖上表面垂直		15	
4	装入双头螺柱时，必须用油润滑		10	
5	双螺母联接应能起到防松目的		15	
6	拆卸顺序正确		15	
7	拆卸时无零件损坏		15	
8	拆卸后的零件按顺序摆放，保管齐全		10	

🔤 **考证要点**

1. 常用螺纹防松装置，属于机械防松的是（　　　）。

　　A. 弹簧垫圈　　　　　　B. 串联钢丝　　　　　C. 锁紧螺母　　　　　D. 过盈旋合

2. 对任意螺纹联接的要求：螺纹应具有准确的（　　　）和足够的强度、良好的互换性和旋入性。

　　A. 螺纹牙型　　　　　　B. 公称尺寸　　　　　C. 螺距　　　　　　　D. 旋向

3. 联接螺纹大多为（　　　）螺纹。

　　A. 普通　　　　　　　　B. 圆柱管　　　　　　C. 圆锥管　　　　　　D. 锯齿形

4. 螺纹旋合长度分为三组，其中短旋合长度的代号是（　　　）。

　A. L　　　　　　　　　　B. N　　　　　　　　　C. S　　　　　　　　　D. H

5. 当双头螺柱旋入材料时，其过盈量要适当（　　　）。

　　A. 大些　　　　　　　　B. 小些　　　　　　　C. 跟硬材料一样　　　　D. 过大些

6. 双头螺柱与机体螺纹连接时，其紧固端采用过渡配合后螺纹（　　　）有一定的过盈量。

　A. 中径　　　　　　　　B. 大径　　　　　　　C. 小径　　　　　　　　D. 长度

子任务3　平键的装配

📖 **学习目标**

1. 会拆装平键。

2. 能读懂键联接装配图及其零件图。

3. 掌握键联接的相关理论知识。

建议学时 6 学时

任务描述

按图 4-25 所示对机床动力输入轴进行平键安装作业。

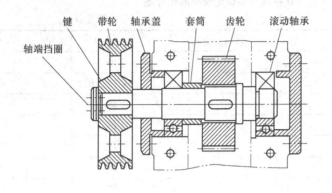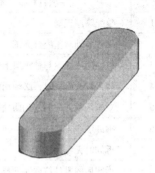

图 4-25 机床动力输入轴

任务分析

机床带轮是靠键与轴连接在一起传递运动和和动力的，安装正确与否会影响到工作平稳性、使用寿命、噪声、有效传递动力。

相关知识

键是用来连接轴和轴上的零件，使它们周向固定以传递转矩的一种机械零件。齿轮、带轮、联轴器等许多零件多用键来联接。键可分为松键联接、紧键联接和花键联接。键多采用 45 钢制造，并经调质处理，尺寸均已标准化。

（1）松键联接（如图 4-26 所示） 其特点是靠键的侧面来传递转矩，轴与套件联接的同轴度要求较高，只能对轴上零件做周向固定，不能承受轴向力。如需轴向固定，则需加紧定螺钉或定位环等定位零件。松键联接的对中性好，应用最为普遍。

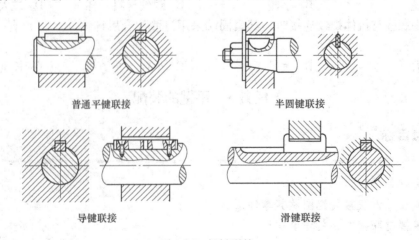

普通平键联接   半圆键联接

导键联接   滑键联接

图 4-26 松键联接

松键联接时，键与轴槽和轮毂槽的配合性质一般取决于机构的工作要求。键可以固定在轴或轮毂上，而与另一相配件做相对滑动，也可以同时固定在轴和轮毂上，并以键的极限尺寸为基准，通过改变轴槽及轮毂槽的极限尺寸来得到各种不同的配合要求。

普通平键和半圆键装配后，键的两侧应有一些过盈量，键顶面和轮毂槽底面之间须留有一定间隙，键底面应与轴槽底面接触。

松键联接的装配可按以下步骤进行：

① 清理键和键槽的毛刺。

② 检查键的平直度、键槽对轴线的对称度和歪斜程度。

③ 用键头与轴槽试配，对普通平键和导键，应能使键紧紧地嵌在轮毂槽中。

④ 锉配键长，键头与轴槽间应有 0.1mm 左右的间隙。

⑤ 配合面加全损耗系统用油，用铜棒或带有软垫的台虎钳将键压装入轴槽中。

⑥ 按装配要求试配并安装套件（齿轮、带轮）。

（2）紧键联接

1）楔键联接：如图 4-27a、b 所示为普通楔键联接和钩头楔键联接。楔键联接的装配技术要求如下：

① 楔键的斜度应与轮毂槽的斜度一致，否则，套件会发生歪斜，同时降低联接强度。

② 楔键与槽的两侧要留有一定间隙。

③ 对于钩头楔键，不应使钩头紧贴套件端面，必须留有一定距离，以便拆卸。

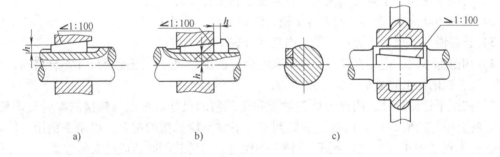

a)　　　　　　　　　　b)　　　　　　　　　　c)

图 4-27　紧键联接

a）普通楔键联接　b）钩头楔键联接　c）切向键联接

2）切向键联接：如图 4-27c 所示，切向键由两个斜度为 1:100 的楔键组成。其上、下两面为工作面，其中一个面在通过轴线的平面内。这样，工作面之间的压力沿轴的切线方向作用，所以能传递较大的转矩。一个切向键只能传递一个方向的转矩，若要传递双向转矩，应有互成 120°～135°角分布的两个切向键。切向键主要用于载荷很大、同轴度要求不严格的场合。装配时两切向键的斜度要一致，打入键槽时两底面接触要良好。

（3）花键联接（见图 4-28）　花键联接由轴和毂孔上的多个键齿组成，齿侧面为工作面。花键联接的承载能力高，同轴度和导向性好，对轴的强度影响小。

花键联接适用于载荷较大且同轴度要求较高的静联接或动联接，在机床和汽车制造中得到广泛应用。按工作方式不同可

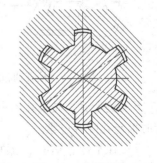

图 4-28　花键联接

分为静联接和动联接。花键按齿廓不同可分为矩形花键、渐开线形花键、三角形花键和梯形花键。

矩形花键的定心方式为小径定心。其优点为定心精度高、定心稳定性好，能获得较高的精度。矩形花键的齿廓为直线，故容易制造。花键装配时的定心方式有大径定心、小径定心和键侧定心三种，一般情况下常采用大径定心，以便获得较高的加工精度。

花键联接的装配要点如下：

1）静联接花键装配。套件应在花键轴上固定，故有少量过盈，装配时可用铜棒轻轻打入，但不得过紧，以防止拉伤配合表面。如果过盈较大，则应将套件加热80～120℃后进行装配。

2）动联接花键装配。套件在花键轴上可以自由滑动，没有阻滞现象，但也不能过松，用手摆动套件时，不应感觉有明显的周向间隙。

3）花键的修整。拉削后热处理的内花键，可用花键推刀修整，以消除因热处理产生的微量缩小变形，也可以用涂色法修整，以达技术要求。

4）花键副的检验。装配后的花键副应检查花键轴与被联接零件的同轴度或垂直度要求。

任务实施

平键联接的拆装如下：

1）看懂装配图，了解装配关系、技术要求和配合性质。

2）选择300mm的锉刀、刮刀各1把，铜棒1根，锤子1把。

3）选择游标卡尺、千分尺1把，内径百分表1块。

4）用游标卡尺、内径百分表检查轴和配合件的配合尺寸。当配合尺寸不合格时，应经过磨、刮、铰削加工修复至合格（图4-29）。

5）按照平键的尺寸，用锉刀修整轴槽和轮毂槽的尺寸。平键与轴槽的配合要求稍紧，键长方向上键与轴槽留有0.1mm左右的间隙。平键与轮毂槽的配合，以用手稍用力能将平键推过去为宜（图4-30）。然后去除键槽上的锐边，以防装配时造成过大的过盈。

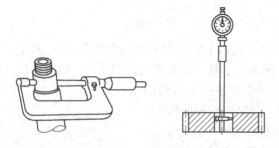
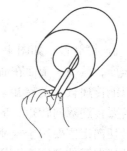

图4-29　检查轴和配合件的配合尺寸　　　　　　图4-30　平键与轮毂槽的配合

6）装配时，先不装入平键，将轴与轴上配件试装，以检查轴和孔的配合状况，避免装配时轴与孔配合过紧。

7）在平键和轴槽配合面上加注机械油（N32），将平键安装于轴的键槽中，用放有软钳口的台虎钳夹紧或用铜棒敲击，把平键压入轴槽内，并与槽底紧贴（图4-31）。测量平键装入的高度，测量孔与槽的上极限尺寸，装入平键后的高度尺寸应小于孔内键槽尺寸，公差允许在 0.3 ~ 0.5mm 范围内（图 4-32）。

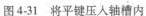

图 4-31　将平键压入轴槽内

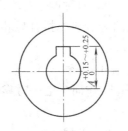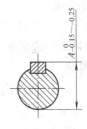

图 4-32　公差范围

8）将装配完平键的轴，夹在钳口带有软钳口的台虎钳上，并在轴和孔表面加注润滑油（图 4-33）。

9）把齿轮上的键槽对准平键，目测齿轮端面与轴的轴线垂直后，用铜棒、锤子敲击齿轮，慢慢地将其装入到位（应在 A、B 两点外轮换敲击，如图 4-34 所示）。

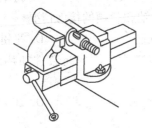

图 4-33　装夹轴

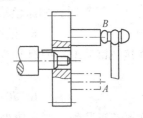

图 4-34　安装齿轮

10）装上垫圈，旋上螺母。

11）拆卸时，用扳手松开螺母，取下挡圈，将齿轮用拉卸工具拆下即可。

👍 **评价反馈**

操作完毕，按照表 4-3 进行评分。

表 4-3　装拆平键联接评分表

总得分_____

项次	项目和技术要求	实训记录	配　分	得　分
1	装配顺序正确		10	
2	平键与轴槽和轮毂槽的配合性质符合要求		15	
3	键长方向上键与轴槽有 0.1mm 左右间隙		10	
4	装入平键时，配合面上必须用油润滑		10	
5	平键与槽底接触良好		10	
6	平键与键槽的非配合面应留有间隙		15	
7	装配后的齿轮在轴上不能左右摆动		15	
8	拆卸方法、顺序正确，无零件损坏		15	

 **考证要点**

1. 松键连接保证轴和轴上零件有较高的（　　）要求。
   A. 平行度 　　　　B. 对称度 　　　　C. 同轴度 　　　　D. 圆柱度

2. （　　）工作面是两键沿斜面拼合后相互平行的两个窄面，靠工作面上挤压和轴与轮毂的摩擦力传递转矩。
   A. 楔键 　　　　B. 平键 　　　　C. 半圆键 　　　　D. 切向键

3. （　　）的两侧面是工作面，工作时靠键槽侧面的挤压来传递转矩，结构简单，对中性好，使用广泛。
   A. 半圆键 　　　　B. 平键 　　　　C. 楔键 　　　　D. 切向键

4. 键固定在轮毂槽中，键与轴槽为间隙配合，轴上零件可沿轴向移动的是（　　）。
   A. 导向键 　　　　B. 滑键 　　　　C. 半圆键 　　　　D. 平键

5. 松键装配在键长方向、键与轴槽的间隙是（　　）。
   A. 1 　　　　B. 0.5 　　　　C. 0.2 　　　　D. 0.1

6. 松键装配在（　　）方向，键与轴槽的间隙是 0.1mm。
   A. 键宽 　　　　B. 键长 　　　　C. 键上表面 　　　　D. 键下表面

7. 装配（　　）时，用涂色法检查键上、下表面与轴和毂槽的接触情况。
   A. 紧键 　　　　B. 松键 　　　　C. 花键 　　　　D. 平键

8. 静联接花键装配，要有较少的过盈量，若过盈量较大，则应将套件加热到（　　）进行装配。
   A. 50° 　　　　B. 70° 　　　　C. 80°~120° 　　　　D. 200°

9. 静联接花键装配，要有较少的（　　）。
   A. 过盈量 　　　　B. 间隙 　　　　C. 间隙或过盈量 　　　　D. 无要求

10. 键的磨损一般都采用（　　）的修理方法。
    A. 锉配法 　　　　B. 更换法 　　　　C. 压入法 　　　　D. 试配法

子任务 4　拆装销联接件

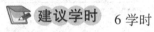 **学习目标**

1. 会拆装销联接。
2. 能读懂销联接装配图及其零件图。
3. 了解销联接的相关理论知识。

 建议学时　6 学时

任务描述

完成图 4-35 所示所有联接件的拆装。

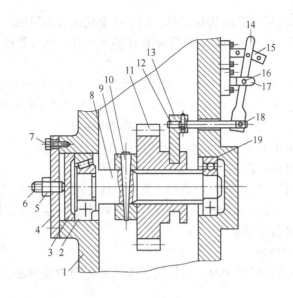

图 4-35　联接装配图

1—箱体　2—圆锥滚子轴承　3—止退盖　4—端盖　5—螺母　6—调整螺钉　7—六角螺钉　8—花键轴
9—轴套　10—圆锥销　11—滑移齿轮　12—拉杆　13—拨叉　14—手柄　15、17—支承座　16—圆柱销
18—滑块、滑块销　19—深沟球轴承

任务分析

销联接在装配中可起定位、联接和保险作用。联接可靠，定位方便，拆装容易，本身制造简单，应用广泛。

如图 4-35 所示的滑移齿轮 11，依靠手柄 14 和拨叉 13 的调整可以在花键轴 8 上移动，其左端由轴套 9 限位，右端由箱体限位。轴套 9 与花键轴 8 的联接采用销联接。

相关知识

销联接的作用是定位（图 4-36a）、联接或锁定零件（图 4-36b），有时还可起到安全保险作用（图 4-36c）。

各种销大多采用 30、45 钢制成，其形状和尺寸已标准化。

1. 圆柱销

1）圆柱销一般依靠过盈固定在孔中，用以固定零件、传递动力或作为定位元件。在两个被联接零件相对位置调整、紧固的情况下，才能对两个被联接件同时钻、铰孔，孔壁表面粗糙度值小于 $1.6\mu m$，以保证联接质量。

2）所采用的圆柱铰刀必须保证在圆柱销打入时有足够的过盈量。

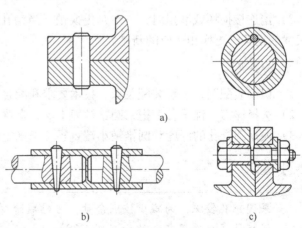

a)

b)　　　c)

图 4-36　各种销联接
a）定位作用　b）连接作用　c）保险作用

3）圆柱销打入前应做好孔的清洁工作，销上涂全损耗系统用油后方可打入。

4）圆柱销装入后尽量不要拆，以防影响联接精度及联接的可靠性。

2. 圆锥销

1）在两个被联接件相对位置调整、紧固的情况下，才能对两被联接件同时钻、铰孔，钻头直径为圆锥销的小端直径，铰刀锥度为 1:50，注意孔壁表面粗糙度要求。

2）铰刀铰入深度以圆锥销自由插入后，大端露出工件表面 2~3mm 为宜。做好锥孔清洁工作，圆锥销涂上全损耗系统用油插入孔内后，再用锤子打入，销的大端露出不超过倒角，有时要求与被联接件一样平。

3）一般被联接零件定位用的定位销均为两个，注意两销装入深度基本一致。

4）销在拆卸时，一般从一端向外敲击即可，有螺尾的圆锥销可用螺母旋出，拆卸带内螺纹的销时可采用拔销器拔出。

3. 销联接的拆卸与修理

1）拆卸普通圆柱销和圆锥销时，采用锤子和尺寸相同的冲棒敲击（圆锥销由小端向大端敲击）。

2）有螺尾的圆锥销采用螺母旋出（图 4-37a）。拆卸带内螺纹的圆锥销和圆柱销时，采用与螺纹相符的螺钉取出（图 4-37b），也可采用拔销器拔出（图 4-37c）。

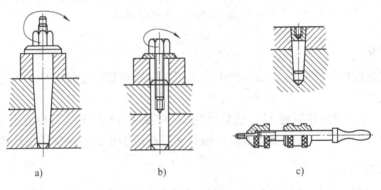

a)   b)   c)

图 4-37　销联接的拆卸

3）销连接损坏或磨损时，一般是更换销。当销孔损坏或磨损严重时，可重新钻、铰较大尺寸的销孔，更换相适应的新销。

任务实施

1）识读装配图，了解装配关系、技术要求和配合性质。

2）选择锉刀、锤子各 1 把，圆锥铰刀 1 支，铜棒 1 根。

3）根据圆锥孔的深度和圆锥销小端直径，来确定钻头直径。

小提示

如果圆锥孔较深，为减少铰削余量，可钻成阶梯形孔。注意应首先选用小端直径的钻头，根据计算再选用其余钻头（图 4-38）。

4）选择游标卡尺、千分尺各 1 把。

5）用千分尺测量圆锥销小端直径，经测量合格后，用锉刀锉去圆锥销上的毛刺。

6）把花键轴装夹在带有软钳口的台虎钳上。

7）按图样上给定的定位尺寸，用铜棒和锤子以敲击的方法，将定位套装配到花键轴上，并达到指定的位置。

8）在定位套上，用钢直尺和划规划出圆锥销的位置并打样冲眼（图4-39）。

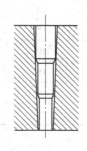

图 4-38 圆锥孔

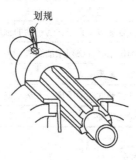

图 4-39 定位套

9）把装配完定位套的花键轴搬到台式钻床上，夹持两个联接件叠合部位，并夹紧固定好。

10）将选择好的钻头装夹在台式钻床的钻夹头中并拧紧。

11）起动钻床，按定位套上已划的孔线，钻出圆锥销底孔。孔的轴线应垂直并通过轴的轴线。

12）用锥度铰刀，铰出圆锥孔。铰孔时，应往孔内加注切削液，并且注意铰孔深度。如图4-40所示使用手用铰刀铰孔时，在铰刀上作出标记。

13）清除圆锥孔内的切屑和污物。

14）用手将圆锥销推入圆锥孔中进行试装，检查圆锥孔深度，圆锥销插入圆锥孔内的深度占圆锥销长度的80%～85%即可（图4-41）。

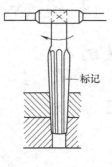

图 4-40 铰刀

图 4-41 圆锥销

15）把圆锥销取出来，擦净，在表面上加机械油（N32）。

16）用手将圆锥销推入圆锥孔中，用铜棒敲击圆锥销端面，圆锥销的倒角部分应伸出在所联接的零件平面外。

👍 评价反馈

操作完毕，按照表4-4进行评分。

表4-4　拆装圆锥销联接评分表

总得分_____

项次	项目和技术要求	实训记录	配　分	得　分
1	装配顺序正确		10	
2	钻头选择正确		10	
3	两联接件一起装夹		15	
4	销孔的轴线应垂直于并通过轴的轴线		15	
5	装入圆锥销时，必须用油润滑		10	
6	圆锥销装配深度正确		15	
7	拆卸圆锥销联接的顺序、方法正确		15	
8	拆卸时无零件损坏		10	

考证要点

1. （　）联接在机械中主要用于定位、锁定零件，有时还可作为安全装置的过载保护。

　A. 键　　　　　　　　B. 销　　　　　　　　C. 滑键　　　　　　　　D. 圆柱销

2. 销联接在机械中除起到（　）外，还起定位和保险作用。

　A. 传动作用　　　　　B. 固定作用　　　　　C. 连接作用　　　　　D. 保护作用

3. 圆柱销一般靠（　）固定在孔中，用以定位和联接。

　A. 螺纹　　　　　　　B. 过盈　　　　　　　C. 键　　　　　　　　D. 防松装置

4. 销是一种（　），形状和尺寸已标准化。

　A. 标准件　　　　　　B. 连接件　　　　　　C. 传动件　　　　　　D. 固定件

5. 过盈联接的类型有（　）和圆锥面过盈联接装配。

　A. 螺尾圆锥销过盈联接装配　　　　　　　　B. 普通圆柱销过盈联接装配

　C. 普通圆锥销过盈联接装配　　　　　　　　D. 圆柱面过盈边联接装配

任务2　传动机构的装配

子任务1　带传动的装配

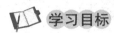
学习目标

> 1. 了解带传动的种类及工作特点。
> 2. 了解常见带传动的工作原理。
> 3. 掌握 V 带传动的装配要点及带传动机构的调整及检查方法。

建议学时　6学时

📖 **任务描述**

图4-42所示为Z516型钻床的带传动机构。安装和调试该带传动机构正确与否，是影响钻床工作平稳性、噪声、有效传递动力的关键。本任务要求完成带传动机构的安装和调试。

图4-42 Z516型钻床的带传动机构

✏️ **任务分析**

由图4-42可以看出，该机构是将电动机的运动传递到主轴箱，通过箱内的传动系统，实现钻床的主运动——主轴的旋转运动。安装步骤为安装主轴箱I轴和带轮、电动机和带轮，再安装调整V带。

🔍 **相关知识**

一、带传动基本知识

带传动是利用带与带轮之间的摩擦力来传递运动和动力的。其特点是：吸振、缓冲、传动平稳、噪声小，过载时能打滑，起安全保护作用，能适应两轴中心距较大的传动，结构简单，制造容易，应用广泛。

带传动分为V带传动、平带传动和同步带传动等，如图4-43所示。

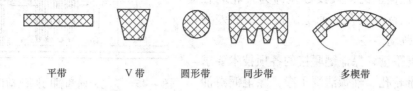

平带　　　V带　　　圆形带　　　同步带　　　多楔带

图4-43 带传动

（1）带轮的基本要求　带轮要求重量轻且分布均匀。当$v>5\text{m/s}$时，要进行静平衡试验；当$v>25\text{m/s}$时，还需要进行动平衡试验。轮槽工作面表面粗糙度值在$Ra\ 1.6\mu\text{m}$左右，过高不经济、易打滑，过低则会加速带的磨损。

（2）V带　根据国家标准（GB/T 11544—1997），我国生产的V带共分为Y、Z、A、B、C、D、E七种型号，截面尺寸顺次增大，使用最多的是Z、A、B三种型号。

二、带轮与轴的固定形式

带轮孔与轴为过渡配合，有少量过盈，同轴度较高，并且用紧固件作周向和轴向固定。带轮在轴上的固定形式如图 4-44 所示。

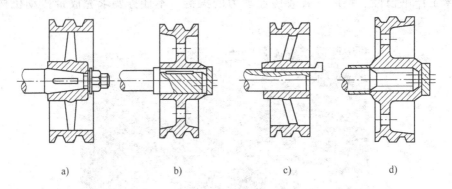

    a)   b)   c)   d)

图 4-44 带轮与轴的固定形式

a) 圆锥轴颈固定　b) 圆柱轴颈固定　c) 楔键联接固定　d) 花键联接固定

三、带传动机构的装配要求

1) 带轮安装要正确，其径向圆跳动量和轴向圆跳动量应控制在规定范围内。

2) 两带轮中间平面应重合，一般倾斜角应小于 10°。

3) 带轮工作面的表面粗糙度值大小要适当，一般为 $Ra1.6\mu m$。

4) 带的张紧力要适当，且应调整方便。

任务实施

一、带轮的安装

1) 清理带轮孔、轮槽、轮缘表面上的毛刺和污物。

2) 检验带轮孔径的径向圆跳动和轴向圆跳动误差，其具体方法如图 4-45 所示。

首先将检验棒插入带轮孔中，并用两顶尖支顶检验棒；其次将百分表测头分别置于带轮圆柱面和带轮端面靠近轮缘处；最后旋转带轮一周，百分表在圆柱面上的最大读数差即为带轮的径向圆跳动误差，百分表在端面上的最大读数差为带轮的轴向圆跳动误差。

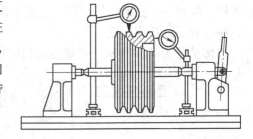

3) 锉配平键，保证键联接的各项技术要求。

4) 把带轮孔、轴颈清洗干净，涂上润滑油。

图 4-45 带轮径向和轴向圆跳动误差的检验

5) 装配带轮时，使带轮键槽与轴颈上的键对准，当孔与轴的轴线同轴后，用铜棒敲击带轮靠近孔端面处，将带轮装配到轴颈上。也可用螺旋压入工具将带轮压到轴上（如图 4-46 所示）。

6) 检查两带轮的相互位置精度。

① 当两带轮的中心距较小时，可用较长的钢直尺紧贴一个带轮的端面，观察另一个带轮端面是否与该带轮端面平行或在同一平面内（见图 4-47a）。若检验结果不符合技术要求，可通过调整电动机的位置来解决。

② 当两带轮的中心距较大而无法用钢直尺来检验时，可用拉线法检查。使拉线紧贴一个带轮的端面，以此为射线延长至另一个带轮端面，观察两带轮端面是否平行或在同一平面内（见图4-47b）。

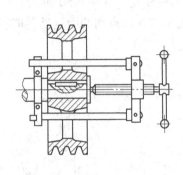 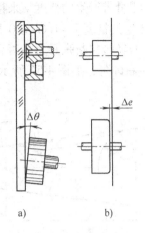

图 4-46　螺旋压入工具压入带轮　　　　　　　图 4-47　检验带轮位置精度

　　　　　　　　　　　　　　　　　　　　　　　a）钢直尺检验　b）拉线检验

二、V 带的安装

安装 V 带时，先将其套在小带轮轮槽中，然后套在大带轮上，边转动大带轮，边用一字螺钉旋具将带拨入带轮槽中。方法如下：

1）将 V 带套入小带轮最外端的第一个轮槽中。

2）将 V 带套入大带轮轮槽，左手按住大带轮上的 V 带，右手握住 V 带往上拉，在拉力作用下，V 带沿着转动的方向即可全部进入大带轮的轮槽内（见图4-48a）。

3）用一字螺钉旋具撬起大带轮（或小带轮）上的 V 带，旋转带轮，即可使 V 带进入大带轮（或小带轮）的第二个轮槽内（见图4-48b）。

4）重复上述步骤3，即可将第一根 V 带逐步拨到两个带轮的最后一个轮槽中。

5）检查 V 带装入轮槽中的位置是否正确（如图4-49所示）。

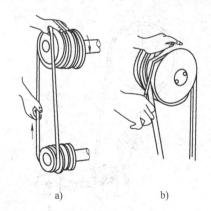 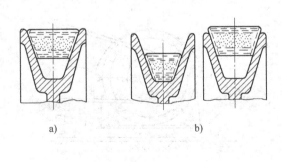

图 4-48　V 带的安装方法　　　　　　　　　图 4-49　V 带在轮槽中的位置

a）初装入槽　b）移入第二个轮槽　　　　　　　a）正确　b）不正确

三、带传动张紧力的检查与调整

1. 带传动张紧力的检查

1）在带与带轮的两个切点 A 点与 B 点的中间，用弹簧秤垂直于带加一个载荷 G。

2）通过测量带产生的挠度 y 来检查张紧力的大小。在 V 带传动中，规定在测量载荷 G 的作用下，产生的挠度 $y = 1.6l/100$ 为适当，l 为两切点间的距离，如图 4-50 所示。

3）可根据经验判断张紧力是否合适。用大拇指按在 V 带两切点间的中点处，能将 V 带按下 15mm 左右即可，如图 4-51 所示。

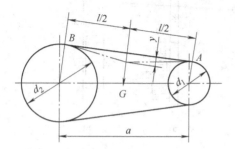

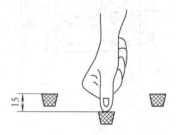

图 4-50　通过测量挠度检查张紧力　　　　　　图 4-51　按下 V 带根据移动距离检查张紧力

2. 张紧力的调整

（1）通过改变中心距调整张紧力

1）当带处于竖直位置时，通过旋转装置中的调整螺杆，使电动机连同带轮一起绕摆动轴转动，改变带轮之间的垂直方向中心距，使张紧力增大或减小（如图 4-52 所示）。

2）当带处于水平位置时，通过旋转调整螺钉，使电动机连同带轮一起做水平方向移动，从而改变两带轮之间的水平方向中心距，使张紧力增大或减小（如图 4-53 所示）。

（2）利用张紧轮来调整张紧力（如图 4-54 所示）　通过改变重锤 G 到转轴 O_1 的距离来调整张紧力的大小，远离 O_1 时张紧力大，靠近 O_1 时张紧力小。

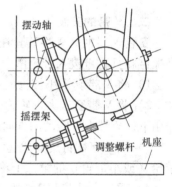

图 4-52　垂直方向

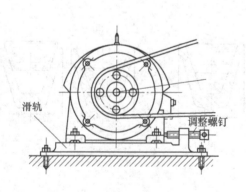

图 4-53　水平方向

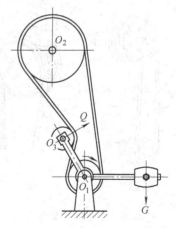

图 4-54　张紧轮调整

👍 **评价反馈**

操作完毕，按照表4-5进行评分。

表4-5 带传动装配评分表

总得分_____

序号	项目与技术要求	配分	检 测 标 准	实 测 记 录	得分
1	清理带轮上的污物和毛刺	5	不清除扣5分 清除不彻底扣2~3分		
2	准备工具齐全	5	准备不齐全扣5分		
3	百分表的安装与使用	8	安装方法不正确扣4分 使用方法不正确扣4分		
4	带轮轴向圆跳动误差的检测	10	检测部位不正确扣5分 读数不正确扣5分		
5	带轮径向圆跳动误差的检测	10	检测部位不正确扣5分 读数不正确扣5分		
6	带轮和轴安装部位全损耗系统用油润滑到位	10	不涂油每处扣5分		
7	两轮相互位置的检查	10	方法不正确扣5分 读数不正确扣5分		
8	V带安装正确	16	带装入顺序不正确扣8分 方法不正确扣8分		
9	张紧力的检查	16	检查方法不正确扣8分 处理方法不正确扣8分		
10	安全文明操作	10	酌情扣分		

abc **考证要点**

1. 带轮张紧力的变化会引起机床（　　　）。

A. 松动　　　　　　　　B. 变动　　　　　　　　C. 转动　　　　　　　　D. 振动

2. V带在设计计算时要用带的（　　　）。

A. 标准长度　　　　　B. 内周长　　　　　　C. 中性层长度　　　　D. 最外圈长度

3. 带轮上的包角不能太小，V带包角不小于（　　　）时，才能保证不打滑。

A. 150°　　　　　　　B. 100°　　　　　　　C. 120°　　　　　　　D. 180°

4. 张紧力的调整方法是靠改变两带轮的中心距或用（　　　）。

A. 张紧轮张紧　　　　　　　　　　　B. 中点产生1.6mm的挠度

C. 张紧结构　　　　　　　　　　　　D. 小带轮张紧

5. 两带轮相互位置不准确会引起带张紧不均匀而过快磨损，当（　　　）不大时，可用长直尺准确测量。

A. 张紧力　　　　　　　B. 摩擦力　　　　　　C. 中心距　　　　　　D. 都不是

6. 带轮装到轴上后，用（　　　）检查其轴向跳动量。

A. 直尺   B. 百分表   C. 量角器   D. 直尺或拉绳

7. 两带轮相对位置的准确要求是（ ）。

A. 两轮中心平面重合   B. 两轮中心平面平行

C. 两轮中心平面垂直   D. 两轮中心平面倾斜

子任务 2 齿轮传动机构的装配

 **学习目标**

> 1. 能够正确叙述齿轮传动的特点。
> 2. 了解齿轮传动的装配要求。
> 3. 能熟练进行圆柱齿轮与轴的安装。
> 4. 能熟练进行圆柱齿轮与箱体的安装。
> 5. 能对圆柱齿轮啮合质量正确检验。

建议学时 6 学时

 任务描述

  齿轮传动是各种机械传动中最常用的传动方式之一。齿轮减速器中各轴的运动就是通过齿轮传动实现的。图 4-55 所示为齿轮减速器实物图。从图中可以看出，各轴上齿轮的装配质量直接影响齿轮减速器的传动精度、噪声和振动。本任务是完成三根轴上圆柱齿轮的安装与调试。

任务分析

  由图 4-55 分析得知，输入轴上有一个同步带轮与一个圆柱齿轮，中间轴上有一套二联齿轮，输出轴上有一个锥齿轮与一个圆柱齿轮，通过输入轴到输出轴的传动来实现减速功能。本任务的完成步骤为：安装齿轮→检查齿轮→装入箱体→调试。

相关知识

  齿轮传动是机械中常用的传动方式之一，齿轮传动机构是依靠轮齿间的啮合来传递运动及转矩的。其特点是能保证准确的传动比，传递功率

图 4-55 齿轮减速器

和速度范围大，传动效率高，使用寿命长，结构紧凑，体积小等，因此在机械工业中得到广泛应用。

1. 种类

齿轮传动的几种类型如图 5-56 所示。

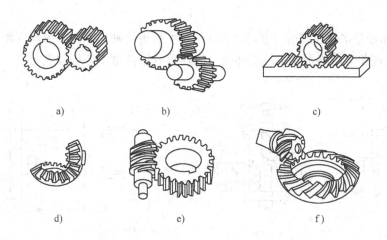

图4-56 齿轮传动的几种类型

a）直齿轮传动 b）斜齿圆柱齿轮传动 c）齿轮齿条传动 d）锥齿轮传动 e）蜗杆传动 f）曲线齿锥齿轮传动

（1）两轴线互相平行的圆柱齿轮传动

① 直齿轮传动。包括外啮合齿轮传动和内啮合齿轮传动。

② 斜齿圆柱齿轮传动。轮齿方向与轴线倾斜一定角度，其特点是传动平稳（一齿未脱离而另一齿已接触，啮合线逐渐变长，然后再逐渐变短），载荷分布均匀，但传动时有单向轴向力。

③ 人字齿轮传动。人字齿轮相当于两个轮齿方向相反的斜齿轮，该齿轮传递功率大，可以使斜齿轮的单向轴向力自身抵消。

（2）两轴线相交及两轴线交叉的齿轮传动 此类齿轮传动包括锥齿轮传动、螺旋齿轮传动及齿轮齿条传动等。

2. 齿轮传动的装配技术要求

① 齿轮孔与轴的配合要适当，能满足使用要求。滑移齿轮不应有咬死或阻滞现象；空套齿轮在轴上不得有晃动现象；固定齿轮不得有偏心或歪斜现象。

② 保证齿轮有适当的侧隙和准确的安装中心距。侧隙是指齿轮非工作表面法线方向距离。侧隙过大，易产生冲击、振动；侧隙过小，齿轮传动不灵活，受热膨胀时会卡齿，加剧磨损。

③ 保证齿面有正确的接触位置和一定的接触面积。

④ 变速机构中应保证齿轮的定位准确，其错位量不允许超过规定值。

⑤ 对于转速较高的大齿轮，一般应在装配到轴上后作动平衡检查，以免产生振动现象。

任务实施

一、齿轮与轴的装配

1）清除齿轮与轴配合面上的毛刺和污物。

2）对于采用键联接的，应根据键槽实际尺寸，锉配键，使之达到配合要求。

3）清洗并擦干净配合面，涂润滑油后将齿轮装配到轴上。

① 对过盈量不大或过渡配合的齿轮与轴的装配，采用捶击法或专用工具压入法，将齿轮装配到轴上（如图4-57所示）。

② 对过盈量较大的齿轮固定连接的装配，采用温差法，即通过加热齿轮（或冷却轴颈）

的方法。

③ 齿轮和轴是滑移连接时（见图4-58），装配后齿轮轴上不许有晃动现象，滑移时不许有阻滞和卡死现象。滑移量及定位要准确，齿轮啮合错位量不许超过规定值。

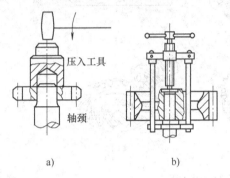
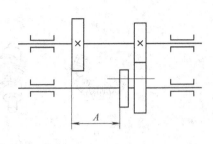

图4-57　过盈量不大或过渡配合齿轮装配
a）锤击法　b）专用工具压入法

图4-58　滑移齿轮装配

④ 齿轮用法兰盘和轴固定连接时，装配齿轮和法兰盘后，须将螺钉紧固；采用固定铆接方法时，齿轮装配后必须用铆钉铆接牢固。

4）精度要求较高的齿轮与轴的装配，齿轮装配后须对其装配精度进行严格检查，检查方法是：

① 直接观察法。如果装配后不同轴（见图4-59a），齿轮歪斜（见图4-59b），齿轮位置不对（见图4-59c），可以用直接观察法。

② 齿轮径向圆跳动的检查。将装配后的齿轮轴通过两个V形架支承放置在平板上，调整轴与平板平行。把圆柱规放到齿轮槽内，将百分表测头抵住圆柱规的最高点，测出百分表的读数值。然后转动齿轮，每隔3或4个齿作一次检查，转动齿轮一周后，百分表的最大读数与最小读数之差，即为齿轮分度圆的径向圆跳动误差（见图4-60）。

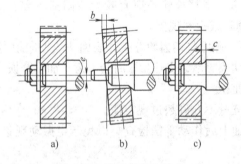
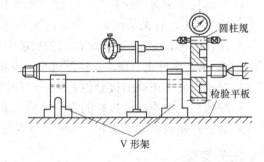

图4-59　直接观察法检查

图4-60　齿轮径向圆跳动的检查

③ 齿轮轴向圆跳动的检查。将齿轮轴通过两顶尖支顶放置在平板上，将百分表测头抵在齿轮的端面外缘处，然后转动齿轮一周，百分表最大读数与最小读数之差，即为齿轮轴向圆跳动误差（如图4-61所示）。

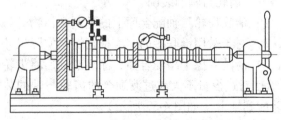

图4-61　齿轮轴向圆跳动的检查

二、齿轮轴装入箱体

1. 装配前对箱体孔精度的检查

1）孔距的检查（如图4-62a所示）。分别测量出 d_1、d_2、L_1 和 L_2 的数值，然后计算出中心距 A 的尺寸。

$$A = L_1 + \frac{d_1 + d_2}{2} \qquad 或 \qquad A = L_2 - \frac{d_1 + d_2}{2}$$

2）孔系平行度的检查（如图4-62b所示）。将检验棒放入孔中，测量出检验棒两端的尺寸 L_1 和 L_2，两尺寸之差即为孔系平行度误差。

3）孔系同轴度的检查。对于成批生产的产品采用检验棒直接放入的方法检验，若检验棒能自由地插入同一轴线的几个孔中（当孔径不同时要先装配内径相同的检验套），则表明孔系的同轴度合格（如图4-63a所示）。

对于单件生产的产品，可用检验棒和百分表检查。将检验棒插入孔系中孔距最大的两个孔中，在检验棒中间部位固定百分表，使百分表的测头触到孔壁表面。转动检验棒一周，百分表最大读数与最小读数之差的一半，即为孔系的同轴度误差（如图4-63b所示）。

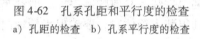

a)   b)

图4-62 孔系孔距和平行度的检查
a）孔距的检查 b）孔系平行度的检查

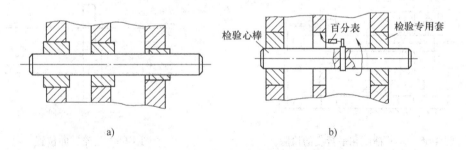

a)   b)

图4-63 孔系同轴度的检查

4）孔端面与孔中心线垂直度的检查。将带有圆盘的检验棒放入箱体孔中，将塞尺放入法兰盘与端面的缝隙中，所放入塞尺的最大厚度尺寸，即为孔端面与孔中心线垂直度的误差（如图4-64a所示）。

另外一种方法是将检验棒与测量套同时装入孔中，再装上止推套并且采用圆锥销定位，并与测量套靠紧，防止检验棒轴向位移。在检验棒的一端固定百分表，使百分表的测头触在孔的端面上，检验棒转动一周后百分表最大读数与最小读数之差即为孔端面与孔中心线垂直度的误差（如图4-64b所示）。

5）孔中心线与基面的尺寸精度和平行度的检验（如图4-65所示）。将箱体底面（基面）用等高垫块支顶在检验平板上，把检验棒放入箱体的孔中，测量出检验棒两端到检验

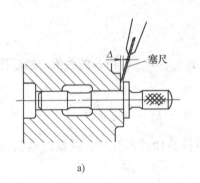
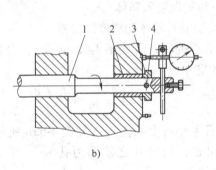

a)   b)

图4-64　孔端面与孔中心线垂直度的检查

1—检验棒　2—测量套（工艺套）　3—止推套　4—圆锥销

平板的尺寸 h_1 和 h_2，则孔中心线到基面的距离 h 为

$$h = \frac{h_1 + h_2}{2} - \frac{d}{2} - a$$

平行度误差 $\Delta = |h_1 - h_2|$

2. 将齿轮轴组件装入箱体

将齿轮轴组件装入箱体的顺序，一般都是从最后一根从动轴开始装起，然后逐级向前进行装配。将轴组装入箱体时，要确保齿轮轴向位置准确。对于相互啮合的齿轮副装配一对就检查一对，以中间平面作为基准对中，当齿轮轮缘宽度小于20mm时，轴向错位量不得大于1mm。当轮缘宽度大于20mm时，错位量不得大于轮缘宽度的5%，且最多不得大于5mm（如图4-66所示）。

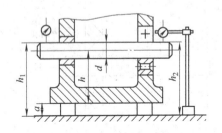

图4-65　尺寸精度和平行度的检验

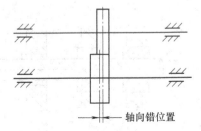

图4-66　齿轮轴向位置

3. 检查齿轮的啮合质量

（1）检查齿侧间隙

1）采用百分表检查侧隙（如图4-67a所示）。将百分表的测头与一个齿轮分度圆处的齿面接触，另一个齿轮固定。将接触百分表的齿轮从一侧啮合转到另一侧啮合，百分表的最大读数与最小读数之差即为侧隙。

2）压铅丝法检查侧隙（如图

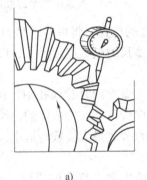
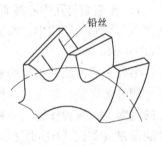

a)   b)

图4-67　齿侧间隙检查

4-67b 所示）。在齿面沿齿宽两端平行放置两条铅丝，宽齿可放 3～4 条，铅丝直径不宜超过最小侧隙的 4 倍。转动相啮合的两个齿轮挤压铅丝，铅丝被挤压后最薄处的尺寸即为齿侧间隙。

（2）检查接触精度（如4-68 所示）   接触精度的主要指标是接触斑点。接触斑点的检查用涂色法，检查时将红丹粉涂于大齿轮齿面上，使两啮合齿轮进行空运转，然后检查其接触斑点情况。转动齿轮时，被动轮应轻微止动，对双向工作的齿轮，正反两个方向都应检查。根据接触斑点位置和面积情况，可对齿轮啮合精度进行分析，以便装配时进行调整。

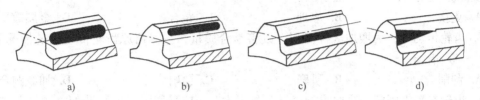

图 4-68 接触精度检查

a）正确 b）中心距太大 c）中心距太小 d）中心歪

评价反馈

操作完毕，按照表4-6 进行评分。

表 4-6 齿轮传动装配评分表

总得分_____

序号	项目与技术要求	配分	检 测 标 准	实测记录	得分
1	清除带轮的污物和毛刺	5	不清除扣 5 分		
2	准备工具	5	工具不合理齐全扣 5 分		
3	齿轮与轴的安装方法	10	安装方法不正确扣 10 分		
4	齿轮径向圆跳动的检查	10	检查方法不正确扣 5 分 不检查扣 10 分		
5	齿轮轴向圆跳动的检查	10	检查方法不正确扣 5 分 不检查扣 10 分		
6	箱体孔系的检查	30	检查方法不正确扣 5 分 孔距不检查扣 5 分 孔系平行度不检查扣 5 分 孔系平行度不检查扣 5 分 孔系同轴度不检查扣 5 分 孔中心线与基面不检查扣 5 分		
7	齿轮啮合质量的检查	20	检查方法不正确扣 5 分 齿侧间隙不检查扣 10 分 接触精度不检查扣 10 分		
8	安全文明操作	10	安装后不清理场所扣 2 分 违反管理规定扣 8 分		

考证要点

1. 转速高的大齿轮装在轴上后应作平衡检查，以免工作时产生过大（　　）。

　　A. 松动　　　　　　　　B. 脱落　　　　　　　　C. 振动　　　　　　　　D. 磨损

2. 轮齿的接触斑点应用（　　）检查。

　　A. 涂色法　　　　　　　B. 平衡法　　　　　　　C. 百分表测量　　　　　D. 直尺测量

3. 一般动力传动齿轮副，不要求很高的运动精度和工作平稳性，但要求接触精度达到接触要求，可用（　　）方法解决。

　　A. 更换　　　　　　　　B. 修理　　　　　　　　C. 跑合　　　　　　　　D. 金属镀层

4. 齿轮传动中，为增加接触面积，改善啮合质量，在保留原齿轮传动副的情况下，采取（　　）措施。

　　A. 刮削　　　　　　　　B. 研磨　　　　　　　　C. 锉削　　　　　　　　D. 加载跑合

5. 齿轮在轴上固定，当要求配合过盈量很大时，应采用（　　）装配。

　　A. 敲压法　　　　　　　B. 压入法　　　　　　　C. 液压套合法　　　　　D. 冲压法

子任务 3　螺旋传动机构的装配

 学习目标

---

1. 了解螺旋传动机构的特点。
2. 了解螺旋传动机构的装配要求。
3. 能熟练进行螺旋传动机构的安装。
4. 能熟练进行螺旋机构的调整。

建议学时　6 学时

任务描述

如图 4-69 所示是 CA6140 型车床螺旋传动机构，该机构对保证车床工作精度具有重要作用。要求装配丝杠和开合螺母后符合技术要求。

任务分析

车床溜板箱为了获得较高的传动精度和定位精度，丝杠与螺母组成的螺旋传动在装配后的精度不仅取决于其加工精度，而且受安装调试的影响。在溜板箱丝杠与螺母机构的应用就有三处。可以看出该机构在其他机械设备中也广泛应用，属于典型的传动机构。

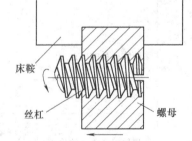

图 4-69　螺旋传动机构

相关知识

1）螺旋传动是利用螺杆和螺母组成的螺旋副来实现传动要求的。它主要用于将回转运动变为直线运动或将直线运动变为回转运动，同时传递运动或动力。

2）螺旋传动的类型和特点。螺旋传动按其用途、受力情况不同，可分为以下三种类型：

① 传力螺旋，如举重器、千斤顶、加压螺旋等。

a. 用途：传递动力，以小转矩产生大轴向力，要求自锁。

b. 特点：低速、间歇工作，传递轴向力大、自锁。

② 传导螺旋，如机床进给丝杠。

a. 用途：传递运动，要求有较高精度。

b. 特点：速度高、连续工作、精度高。

③ 调整螺旋，如机床、仪器及测试装置中的微调螺旋。

a. 用途：调整和固定零件间的相互位置。

b. 特点：受力较小且不经常转动。

滑动螺旋特点如下：

① 优点：构造简单、传动比大，工作连续，传动平稳、加工方便、工作可靠、承载能力高、传动精度高、易于自锁。

② 缺点：磨损快、寿命短，摩擦损耗大，传动效率低（30% ~40%），传动精度低。

3）为了保证丝杠的传动精度和定位精度，螺旋机构装配后应满足以下要求：

① 丝杠与螺母组成的螺旋副应具有较高的配合精度和准确的配合间隙。

② 丝杠与螺母轴线的同轴度及丝杠轴线与基面的平行度应符合规定的技术要求。

③ 丝杠与螺母相互转动应灵活，丝杠的回转精度应在规定的范围内。

④ 装配后丝杠的径向圆跳动和轴向窜动量应符合规定的技术要求。

任务实施

1. 装配前的准备

2. 螺旋传动机构的装配

（1）螺旋副配合间隙的测量和调整 丝杠与螺母的配合间隙包括径向间隙和轴向间隙。

1）径向间隙的测量。测量前将丝杠螺母副置于如图 4-70 所示的位置，并把螺母旋至离丝杠一端 3~5 个螺距处，以免丝杠产生弹性变形而引起误差。测量时将百分表抵在螺母上，轻轻抬动螺母，螺母的作用力只需稍大于螺母的质量，百分表指针的最大摆动量即为径向间隙值。对径向间隙大于规定的螺母需更换且重新配制。

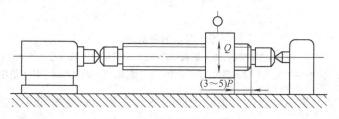

图 4-70 径向间隙的测量

2）轴向间隙的消除和调整

① 单螺母消隙机构。常采用如图 4-71 所示的消隙机构，使丝杠和螺母始终保持单向接触。消隙机构的消隙力方向应和切削受力 p_x 方向一致，以防止进给时产生爬行现象，因而影响传动精度。

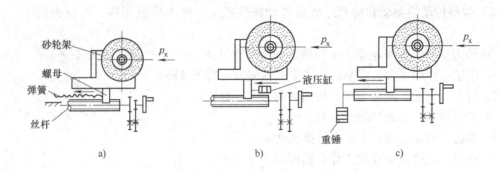

图 4-71　轴向间隙的消除和调整
a）弹簧拉力消隙　b）液压缸压力消隙　c）重锤消隙

② 其他消隙机构。图 4-72a 所示是楔块消隙机构。如果要消除右侧轴向间隙，须先松开螺钉 3，再拧动螺钉 1 使楔块 2 向上提升，以推动带斜面的螺母右移，调好后将螺钉 3 进行锁紧。反之，消除左侧轴向间隙时，则松开左侧螺钉，并通过楔块使螺母向左移动。

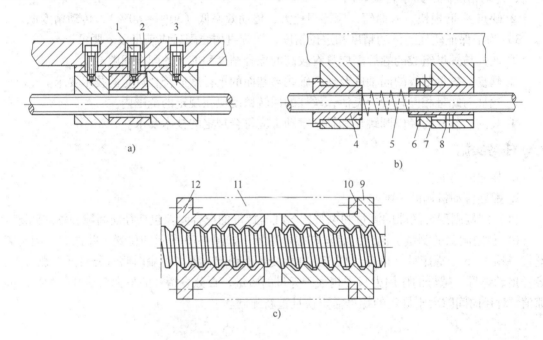

图 4-72　消隙机构
a）楔消隙结构　b）弹簧消隙结构　c）垫片消隙结构
1、3—螺钉　2—楔块　4、8、9、12—螺母　5—弹簧　6—垫圈　7—调整螺母　10—垫片　11—工作台

图 4-72b 所示是弹簧消隙机构。消除轴向间隙时先旋转调整螺母 7，通过垫圈 6 及压缩弹簧 5，使螺母 8 轴向移动。

图 4-72c 所示是垫片消隙机构。丝杠螺母长期使用后会产生磨损，可采取修磨垫片 10 来消除轴向间隙。

（2）找正丝杠与螺母轴线的同轴度及丝杠轴线与基准面的平行度　安装丝杠螺母时应按以下步骤进行：

1）先安装丝杠两轴承支座，采用专用检验心棒和百分表进行找正，使两轴承孔轴线处于同一直线上，且与基准导轨平行，如图 4-73 所示。校正时根据误差情况来修刮轴承座结合面，并调整前、后轴承的水平位置，使其达到安装要求。心轴上素线 a 找正垂直平面，侧素线 b 找正水平平面。

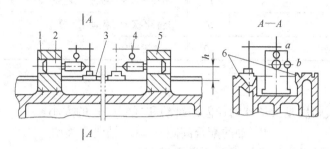

图 4-73　轴承支座安装

1、5—前后轴承座　2—检验心棒　3—磁力表座滑板　4—百分表　6—螺母移动基准导轨

2）再以平行于基准导轨面的丝杆两轴承孔的中心连线作为基准，来找正螺母与丝杠轴承孔的同轴度，如图 4-74 所示。校正时将检验棒 4 装在螺母座 6 的孔中，移动工作台 2，如检验棒 4 能顺利放入前、后轴承座孔中，即为符合要求；否则，应按照 h 尺寸修磨垫片 3 的厚度。

（3）丝杠螺母机构转动灵活性的调整　装配前，应清除丝杠、螺母各连接面、配合面上的毛刺和污物，对丝杠、螺母要认真清洗，涂润滑油后再装配。装配时应缓慢转动丝杠（或螺母），以防咬死。丝杠在螺母内的转动应松紧一致，不应出现过紧或阻滞现象。

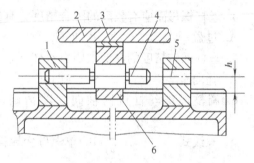

图 4-74　螺母丝杠安装

1、5—前后轴承座　2—工作台　3—垫片
4—检验棒　6—螺母座

（4）调整丝杠的回转精度　丝杠的径向圆跳动和轴向圆跳动的大小称为丝杠的回转精度。装配时，通过正确安装丝杠两端的轴承支座来保证。

👍 **评价反馈**

操作完毕，按照表 4-7 学生进行评分。

表 4-7　螺旋传动装配评分表

总得分_____

序号	项目与技术要求	配分	检 测 标 准	实 测 记 录	得分
1	工具、刀具及设备	10	使用不正确酌情扣分		
2	零部件清洗	10	根据不清洁程度扣分		
3	装配零件的补充加工	10	不按技术要求装配不得分		
4	丝杠、螺母的装配	15	不按技术要求装配不得分		
5	装配顺序	10	装配顺序错误不得分		

（续）

序号	项目与技术要求	配分	检 测 标 准	实 测 记 录	得分
6	各零件的装配位置及方向	10	不符合要求不得分		
7	调整工作	15	不按技术要求装配、调整不得分		
8	部件空运转	10	运转不灵活、振动不得分		
9	安全文明生产	10	违者不得分		

考证要点

1. 丝杠的回转精度是指丝杠的径向圆跳动和（　　　）的大小。

A. 同轴度　　　　　　B. 轴的配合间隙　　　　C. 轴向圆跳动　　　　D. 径向间隙

2. 用来将旋转运动变为直线运动的机构叫（　　　）。

A. 蜗轮机构　　　　　B. 螺旋机构　　　　　　C. 带传动机构　　　　D. 链传动机构

3. 丝杠轴线必须和基准面（　　　）。

A. 平行　　　　　　　B. 垂直　　　　　　　　C. 倾斜　　　　　　　D. 在同一平面内

4. 丝杠螺母副应有较高的配合精度，有准确的配合（　　　）。

A. 过盈　　　　　　　B. 间隙　　　　　　　　C. 径向间隙　　　　　D. 轴向间隙

5. 丝杠回转精度的高低主要由丝杠（　　　）跳动和轴向窜动的大小来表示。

A. 径向全　　　　　　B. 径向圆　　　　　　　C. 端面全　　　　　　D. 端面圆

6. 调整滚珠丝杠机构轴向间隙精确可靠，定位精度高，但结构较复杂的方法是（　　　）。

A. 螺纹式　　　　　　B. 单螺母变导程式　　　C. 齿差式　　　　　　D. 垫片式

任务3　蜗杆传动机构、联轴器的装配

子任务1　蜗杆传动机构的装配

学习目标

> 1. 了解蜗杆传动机构的特点。
> 2. 了解蜗杆传动机构的装配技术要求。
> 3. 熟练进行蜗杆传动机构的装配。
> 4. 熟练进行蜗杆传动机构的调试与精度检验。

建议学时　6学时

任务描述

完成如图 4-75 所示分度头中蜗杆传动机构的装配工作。

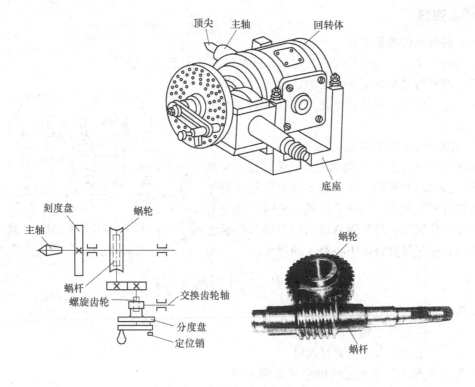

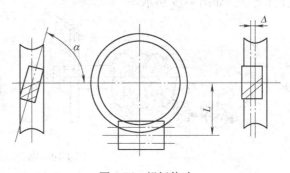

图 4-75　蜗杆传动机构

任务分析

如图 4-75 所示的蜗杆传动机构是保证准确分度的重要组成部分。蜗杆传动机构的应用非常广泛，如在机械、冶金、建筑、化工等行业中的减速传动。装配步骤为：装配前准备→确定装配顺序→清理清洗零件→检验箱体→蜗轮装配→蜗杆装配→啮合精度检测。

相关知识

（1）概念　蜗杆传动机构用来传递两相互垂直轴之间的运动。传动特点为：降速比大，结构紧凑，有自锁作用，运动平稳，噪声小，但其传动效率低，工作时发热量大，必须有良好的润滑，且使用抗胶合能力强的贵重金属材料，故适用于减速、起重等不连续工作的机构中。

（2）蜗杆传动装配技术要求

1）蜗杆轴线应与蜗轮轴线互相垂直。

2）蜗杆轴线应在蜗轮轮齿的中间对称平面内。

3）蜗杆蜗轮间的中心距要准确。

4）有适当的齿侧间隙。

5）有正常的接触斑点。

（3）蜗杆传动装配不符合要求的几种情况如图 4-76 所示。

图 4-76　蜗杆传动

任务实施

一、装配前的准备工作

准备技术文件、万能分度头、煤油、润滑油及装配工具、量具。

二、蜗杆传动机构箱体装配的检验

主要是对蜗杆、蜗轮轴座孔的相互垂直度及中心距的检验。

1. 箱体孔中心距的检验

如图4-77所示，先将箱体用3只千斤顶支撑在平板上。检测时将检验心轴1和2分别放置在箱体蜗轮和蜗杆轴孔之中，调整千斤顶，使得心轴与平板处于水平位置后，再分别测量出两心轴到平板之间的距离，通过计算得出中心距 A 的尺寸：

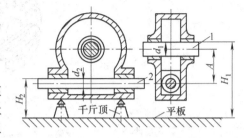

图4-77　箱体孔中心距的检验

$$A = \left(H_1 - \frac{d_1}{2}\right) - \left(H_2 - \frac{d_2}{2}\right)$$

式中　H_1——平板到心轴1的距离。

　　　H_2——平板到心轴2的距离。

d_1、d_2——心轴1和2的直径尺寸。

2. 箱体孔轴线间垂直度的检验（见图4-78）

检验时，先将蜗轮、蜗杆检验心轴分别放入箱体安装孔内。在蜗轮孔心轴上面的一端安装带百分表的支架，百分表测头抵在蜗杆孔心轴上。旋转蜗轮孔心轴，百分表在蜗轮孔心轴上 L 长度范围内的读数差值，就是两轴线在 L 长度范围内的垂直度误差值。

三、蜗杆传动机构的装配

蜗杆、蜗轮装配的先后顺序由传动机构的结构形式而定。在一般情况下，先装配蜗轮，使其中间平面处于正确的轴向位置，并通过调整垫圈厚度而使其得到固定。

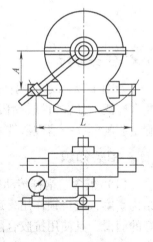

图4-78　垂直度检验

四、蜗杆传动机构装配质量的检验

（1）啮合侧隙的测量　对于一般蜗杆传动，可以用手转动蜗杆，根据空程量的大小判断侧隙的大小。要求较高的可用百分表进行测量，如图4-79所示。

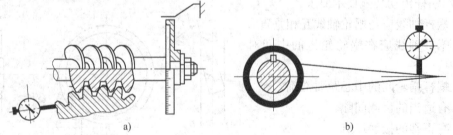

a)　　　　　　　　　　　　　　　　b)

图4-79　啮合侧隙的测量

a）直接测量法　b）用测量杆测量

（2）蜗轮接触斑点的检验　将红丹粉涂在蜗杆螺旋面上，给蜗轮以轻微阻尼，转动蜗杆，根据蜗轮轮齿上的接触斑点情况判断啮合质量。正确的接触斑点位置应在啮合面中部略偏于蜗杆旋出方向，如图4-80a所示。图4-80b、c所示为不正确的接触斑点情况，可对蜗轮进行轴向位置的调整。

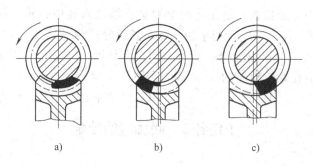

a)　　　　　　　　　b)　　　　　　　　　c)

图4-80　蜗轮接触斑点的检验

a）正确　b）蜗轮偏右　c）蜗轮偏左

👍 **评价反馈**

操作完毕，按照表4-8学生进行评分。

表4-8　蜗杆传动装配评分表

总得分_____

序号	项目与技术要求	配分	检测标准	实测记录	得分
1	清除污物和毛刺	10	不清除扣5分		
2	技术文件、准备工具、量具	15	不合理齐全扣5分		
3	箱体孔中心距	10	不正确扣10分		
4	箱体孔轴线的垂直度	10	检查方法不正确扣5分 不检查扣10分		
5	蜗轮转动灵活性	15	不灵活、卡住全扣		
6	接触位置	10	不正确全扣		
7	接触面积	10	不达要求全扣		
8	齿侧间隙	10	不达要求全扣		
9	安全文明操作	10	安装后不清理场所扣2分，违反管理规定扣8分		

abc 考证要点

1. 当蜗杆副磨损后，侧隙过大需要修理时，通常是采用（　　）的方法修复。

A. 更换蜗杆、蜗轮　　　　　　　　　　B. 修复蜗杆、蜗轮

C. 更换蜗杆，研刮蜗轮　　　　　　　　D. 更换蜗轮，研刮蜗杆

2. 影响蜗杆副啮合精度的程度（　　）。

A. 以蜗轮轴线倾斜为最大　　　　　　　B. 以蜗杆轴线对蜗轮中心平面偏移为最大

C. 以中心距误差为最大　　　　　　　　D. 与上述三项无关

3. 大型机床蜗轮蜗杆的正常啮合侧隙应为（　　　）mm。

A. 0.01 ~ 0.05　　　B. 0.05 ~ 0.1　　　C. 0.10 ~ 0.15　　　D. 0.15 ~ 0.20

4. 蜗杆传动机构的装配顺序应根据具体结构情况而定，一般先装配（　　　）。

A. 蜗轮　　　　　B. 蜗杆　　　　　C. 结构　　　　　D. 啮合

5. 蜗杆箱孔的中心距检查，是先将两个测量心轴放入孔中，箱体用3个千斤顶支撑在平板上，调整千斤顶，使其中一个与平板平行，然后分别测量（　　　），即可计算中心距。

A. 箱孔直径　　　B. 同轴度　　　　C. 圆柱度　　　　D. 两心轴与平板的距离

6. 蜗杆的轴线应在蜗轮轮齿的（　　　）面内。

A. 上　　　　　　B. 下　　　　　　C. 对称中心　　　D. 齿宽右面

子任务 2　联轴器的装配

 学习目标

1. 了解联轴器传动机构的特点。
2. 了解联轴器传动机构的装配技术要求。
3. 熟练进行联轴器传动机构的装配。

 建议学时　6 学时

任务描述

完成图4-81所示凸缘式联轴器的装配工作，并达到技术要求。

图 4-81　凸缘式联轴器

任务分析

联轴器所连接的两轴，由于制造及安装误差，承载后的变形以及温度变化的影响等，往往不能保证严格的对中，而是存在着某种程度的相对位移。联轴器装配的关键要掌握联轴器在轴上的装配要求、联轴器所连接两轴的对中、零部件的检查及按图样要求装配联轴器等内容。

相关知识

联轴器是用来连接不同机构中的两根轴（主动轴和从动轴）使之共同旋转以传递转矩

的机械零件。在高速重载的动力传动中，有些联轴器还有缓冲、减振和提高轴系动态性能的作用。联轴器由两半部分组成，分别与主动轴和从动轴连接。一般动力机大都借助于联轴器与工作机相连接。

1. 联轴器

联轴器可分为固定式联轴器、可移式联轴器、剪销式安全联轴器和万向联轴器，如图4-82所示。

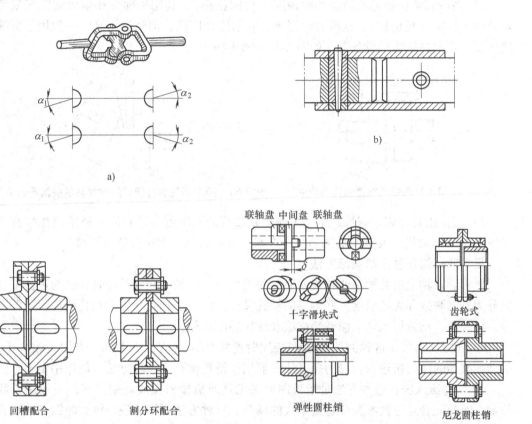

图4-82 联轴器种类

a）固定式联轴器 b）可移式联轴器 c）剪销式安全联轴器 d）万向联轴器

2. 凸缘联轴器

固定式联轴器中应用最广的是凸缘联轴器，它是把两个带有凸缘的半联轴器用键分别与两根轴连接，然后用螺栓把两个半联轴器连接成一体，以传递运动，如图4-80所示。

3. 装配技术要求

1）装配中应严格保证两轴的同轴度，否则两轴不能正常工作，严重时会使联轴器或轴变形和损坏。

2）保证各连接件（螺母、螺栓、键、圆锥销等）连接可靠，受力均匀，不允许有自动松脱现象。

任务实施

一、装配前的准备工作

准备技术文件、联轴器、煤油、润滑油及装配工具、量具。

二、联轴器的找正

主要测量同轴度（径向位移或径向间隙）和平行度（角位移或轴向间隙）。

1）利用直角尺测量联轴器的同轴度（径向位移），利用平面规和楔形间隙规来测量联轴器的平行度（角位移），这种方法简单，应用比较广泛，但精度不高，一般用于低速或中速等要求不太高的运行设备上，如图4-83、图4-84所示。

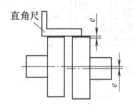 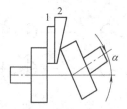

图4-83 用直尺测量联轴器的径向位移　　　图4-84 用平面规和各楔形间隙规测量联轴器的角位移

2）直接用百分表、塞尺、中心卡测量联轴器的同轴度和平行度。通常是在垂直方向加减主动机（电动机）支脚下面的垫片或在水平方向移动主动机位置来调整。

三、联轴器在轴上的装配方法

联轴器在轴上的装配是联轴器安装的关键之一。联轴器与轴的配合大多为过盈配合，联接分为有键联接和无键联接，联轴器的轴孔又分为圆柱形轴孔与锥形轴孔两种。装配方法有静力压入法、动力压入法、温差装配法及液压装配法等。

① 静力压入法。这种方法是根据装配时所需压入力的大小不同，采用夹钳、千斤顶、手动或机动的压力机进行，静力压入法一般用于锥形轴孔。这种方法一般应用不多。

② 动力压入法。这种方法是指采用冲击工具或机械来完成装配过程，一般用于联轴器与轴之间的配合是过渡配合或过盈不大的场合。这种方法对用铸铁、淬火的钢、铸造合金等脆性材料制造的联轴器有局部损伤的危险，不宜采用。这种方法同样会损伤配合表面，故经常用于低速和小型联轴器的装配。

③ 温差装配法。用加热的方法使联轴器受热膨胀或用冷却的方法使轴端受冷收缩，从而能方便地把联轴器装到轴上。这种方法与静力压入法、动力压入法相比有较多的优点，对于用脆性材料制造的轮毂，采用温差装配法是十分合适的。

四、联轴器的安装

安装联轴器前先把零部件清洗干净，清洗后的零部件，需把沾在上面的油擦干。在短时间内准备运行的联轴器，擦干后可在零部件表面涂些透平油或全损耗系统用油，防止生锈。对于需要过较长时间投用的联轴器，应涂以防锈油保养。

装配步骤如下：

1）如图4-85b所示，装配时先在轴1、2上装好平键和凸缘盘3、4，并固定齿轮箱。

2）将百分表固定在凸缘盘4上，使百分表测量头顶在凸缘盘3的外圆上，同步转动两轴，根据百分表的读数来保证两凸缘盘的同轴度要求。

3）移动电动机，调整凸缘盘3的凸台端面间隙 z。

4）转动齿轮轴2，测量两凸缘盘端面的间隙 z。如果间隙均匀，则移动电动机使两凸缘盘端面靠近，固定电动机，最后用螺栓紧固两凸缘盘。

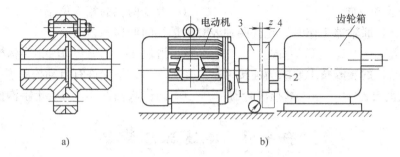

图 4-85 联轴器的安装

a）凸缘式联轴器结构 b）凸缘式联轴器的使用情况

1—电动机轴 2—齿轮轴 3、4—凸缘盘

评价反馈

操作完毕，按照表4-9进行评分。

表 4-9 联轴器装配评分表

总得分_____

序号	项目与技术要求	配分	检 测 标 准	实 测 记 录	得分
1	清除带轮的污物和毛刺	10	不清除扣5分		
2	技术文件，准备工具、量具	15	不合理不齐全扣5分		
3	平键和凸缘盘安装	10	不正确扣10分		
4	凸缘盘的找正方法	10	检查方法不正确扣5分 不检查扣10分		
5	凸缘盘同轴度	15	超差全扣		
6	移动电动机与凸缘盘的间隙	10	不正确全扣		
7	转动齿轮与凸缘盘的间隙	10	不达要求全扣		
8	螺栓的正确紧固	10	不达要求全扣		
9	安全文明操作	10	安装后不清理场所扣2分，违反 管理规定扣8分		

考证要点

1. 高速旋转机械的联轴器，内外圆的同轴度，端面与轴心线的垂直度，都要求做到十分精确，误差希望在（   ）以内。

A. 0.1mm   B. 0.2mm   C. 0.02mm   D. 0.01mm

2. 凸缘联轴器装配时，首先应在轴上装（   ）。

A. 平键   B. 联轴器   C. 齿轮箱   D. 电动机

3. 如果两轴不平行，通常采用（   ）联轴器。

A. 滑块　　　　　　　B. 凸缘　　　　　　　C. 万向　　　　　　　D. 十字沟槽

4. 联轴器只有在机器停止运行时，用拆卸的方法才能使两轴（　　）。

A. 脱离传动关系　　　　　　　　　　　　B. 改变速度

C. 改变运动方向　　　　　　　　　　　　D. 改变两轴的相互位置

5. （　　）联轴器工作时，允许两轴线有少量径向偏移和歪斜。

A. 凸缘　　　　　　　B. 万向　　　　　　　C. 滑块　　　　　　　D. 十字沟槽

6. （　　）的装配技术要求为连接可靠，受力均匀，不允许有自动松脱现象。

A. 牙嵌离合器　　　　B. 磨损离合器　　　　C. 凸缘联轴器　　　　D. 十字沟槽联轴器

任务 4　减速器总装配

子任务 1　轴承与轴组的装配

学习目标

1. 了解滚动轴承、滑动轴承的特点。
2. 了解滚动轴承的装配技术要求。
3. 了解轴组的结构及装配技术要求。
4. 能够熟练进行滚动轴承的装配、修理及预紧。
5. 能够熟练进行主轴轴组的装配与修理。

建议学时　6 学时

任务描述

进行图 4-86 所示 C630 型车床主轴轴组的安装作业。

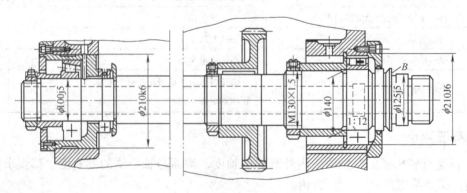

图 4-86　C630 型车床主轴轴组

任务分析

作为主轴箱关键部分的主轴在工作中要承受很大的切削力，所以安装、调整质量的好坏将影响车床的工作精度。任务步骤为：组装主轴→主轴装入主轴箱→调整两端轴承→检查主轴精度。

 相关知识

一、滚动轴承

滚动轴承由内圈、外圈、滚动体及保持架组成（如图4-87所示）。内圈与轴颈采用基孔制配合，外圈与轴承座孔采用基轴制配合。

滚动轴承具有摩擦力小、轴向尺寸小、旋转精度高、润滑维修方便等优点，但是承受冲击能力较差、径向尺寸较大、对安装的要求较高。

1. 滚动轴承装配的技术要求

1）装配前清洗轴承和清除其配合表面的毛刺、锈蚀等缺陷。

2）为了更换时查对方便，装配时将标记代号的端面装在（外侧）可见方向。

3）轴承安装时须紧贴在轴肩或孔肩上，不许产生间隙或歪斜现象。

4）同轴的两个轴承中，须有一个轴承在轴受热膨胀时留有轴向移动的余地。

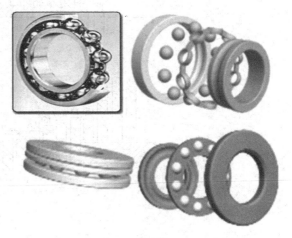

图4-87　滚动轴承结构

5）装配轴承时，作用力应均匀地作用在待配合的轴承环上，不许通过滚动体承受压力。

6）装配后的轴承应运转灵活、噪声小，温升不得超出规定值。

7）滚动轴承配合示意如图4-88所示。与轴承相配零件的加工精度应与轴承精度相对应，轴承座孔则取同级精度或低一级精度；轴的加工精度应取轴承同级精度或高一级精度。

2. 滚动轴承的游隙

滚动轴承的游隙是指将轴承的一个套圈固定，另一个套圈沿径向或轴向的最大活动量。分类为径向游隙和轴向游隙两种。

滚动轴承的游隙不能太大，也不能太小。游隙太大，造成瞬间承受载荷的滚动体的数量减少，使单个滚动体的载荷增大，降低轴承的寿命和旋转精度，引起振动和噪声。游隙过小，轴承局部发热，硬度降低，磨损加速，轴承的使用寿命减少。因此，轴承在装配时都要严格控制和调整游隙。常用的方法是使轴承的内、外圈作适当的轴向相对位移来保证游隙。

（1）调整垫片法　如图4-89所示通过调整轴承盖与壳体端面间的垫片厚度δ来调整轴承的轴向游隙。

（2）螺钉调整法　如图4-90所示先松开锁紧螺母2，再调整螺钉3，待游隙调整好后再拧紧锁紧螺母2。

（3）滚动轴承预紧　滚动轴承预紧的原理如图4-91所示。预紧就是轴承在装配时，给轴承的内圈或外圈施加一个轴向力，来消除轴承游隙，并使滚动体与内、外圈之间接触处产生初变形。预紧可以提高轴承在工作状态下的刚度和旋转精度。预紧方法有：

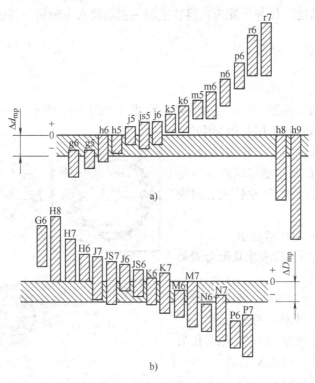

图 4-88　滚动轴承配合

a）轴承内径与轴配合　b）轴承外径与轴承座配合

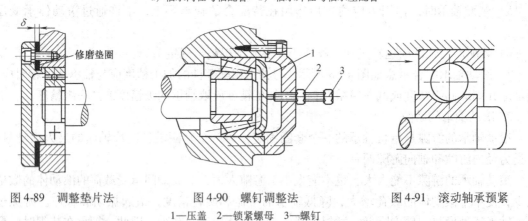

图 4-89　调整垫片法　　　图 4-90　螺钉调整法　　　图 4-91　滚动轴承预紧

1—压盖　2—锁紧螺母　3—螺钉

1）成对使用角接触球轴承的预紧（如图 4-92 所示）。背靠背式（外圈宽边相对）安装如图 4-92a 所示，面对面（外圈窄边相对）安装如图 4-92b 所示，同向排列式（外圈宽窄相对）安装如图 4-92c 所示。若按图示方向施加预紧力，通过在成对轴承安装之间配置厚度不同的轴承内、外圈间隔套使轴承紧靠在一起，从而达到预紧的目的。

2）单个角接触球轴承的预紧。可调式圆柱压缩弹簧预紧装置如图 4-93a 所示，轴承内圈固定不动，通过调整螺母 4 改变圆柱弹簧 3 的轴向弹力大小来达到轴承预紧。

固定圆形片式弹簧预紧装置如图 4-93b 所示，轴承内圈固定不动，通过在轴承外圈 1 的右端面安装圆形弹簧片对轴承进行预紧。

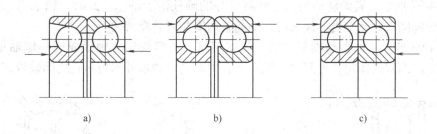

图 4-92　预紧方法

a）背靠背式　b）面对面式　c）同向排列式

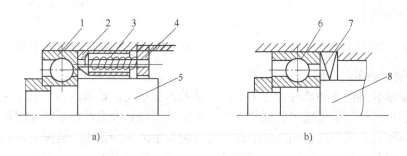

图 4-93　单个角接触球轴承的预紧

1、6—轴承外圈　2—预紧环　3—圆柱弹簧　4—螺母　5、8—轴　7—圆形弹簧片

3）内圈为圆锥孔轴承的预紧　如图 4-94 所示，通过拧紧螺母 1 使锥形孔内圈往轴颈大端移动，从而内圈直径增大形成预负荷来实现预紧。

二、轴组的装配

1. 滚动轴承的固定方式

（1）两端单向固定方式　在轴两端的支承点，采用轴承盖单向固定，分别限制两个方向的轴向移动。为了避免轴受热伸长而使轴承卡住，在右端轴承外圈与端盖间要留有 0.5～1mm 的间隙，以便游动（如图 4-95 所示）。

（2）一端双向固定方式　如图 4-96 所示，将右端轴承双向轴向固定，左端轴承可随轴作轴向游动。采用这种固定方式工作时不会发生轴向窜动现象，当受热时又能自由地向另一端伸长，轴不会出现卡死现象。

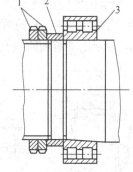

图 4-94　内圈为圆锥孔轴承的预紧

1—螺母　2—隔套　3—轴承内圈

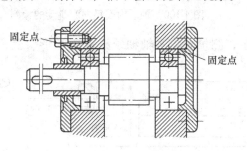

图 4-95　两端单向固定

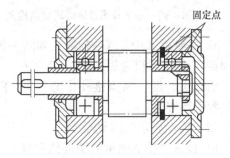

图 4-96　一端双向固定

　　如图 4-97 所示，若游动端用内、外圈可分的圆柱滚子轴承，此时，轴承内、外圈均需采取双向轴向固定。当轴受热伸长时，轴随着内圈相对外圈游动。

　　如图 4-98 所示，如游动端采用内、外圈不可分离型深沟球轴承或调心球轴承，此时，只需要轴承内圈双向固定，外圈可在轴承座孔内游动，轴承外圈与座孔之间采取间隙配合。

图 4-97　用圆柱滚子轴承

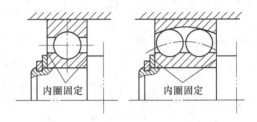

图 4-98　用深沟球轴承和调心球轴承

2. 滚动轴承的定向装配

　　对精度要求较高的主轴部件，为了提高主轴的回转精度，轴承内圈与主轴装配及轴承外圈与箱体孔装配时，常采用定向装配的方法。定向装配就是人为地控制各装配件径向圆跳动的方向，合理组合，采用误差相互抵消来提高装配精度的一种方法。装配前需对主轴轴端锥孔中心线偏差及轴承的内、外圈径向圆跳动进行测量，确定误差方向并做好标记。

　　（1）装配件误差的检测方法

　　1）轴承外圈径向圆跳动的检测。如图 4-99 所示，测量时，转动外圈并沿百分表方向压迫外圈，百分表的最大读数值则为外圈最大径向圆跳动量。

　　2）轴承内圈径向圆跳动检测。如图 4-100 所示，测量时外圈固定不动，内圈端面上施以均匀的测量负荷 F，F 的数值大小根据轴承类型及直径变化而变化，然后使内圈旋转一周以上，即可测出轴承内圈内孔表面的径向圆跳动量及其方向。

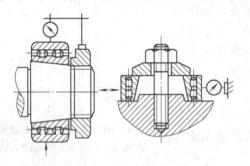

图 4-99　轴承外圈径向圆跳动的检测

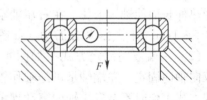

图 4-100　轴承内圈径向圆跳动的检测

　　3）主轴锥孔中心线的检测。如图 4-101 所示，测量时将主轴轴颈放置在 V 形架上，在主轴锥孔中放入测量用心轴，转动主轴一周以上，即可测得锥孔中心线的偏差数值及方向。

　　（2）滚动轴承定向装配要点

　　1）机床主轴前轴承的精度比后轴承的精度高一级。

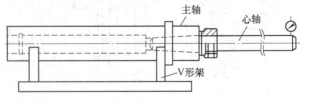

图 4-101　主轴锥孔中心线检测

2）前、后两个轴承内圈径向圆跳动量最大的方向放置于同一轴向截面内，并且位于旋转中心线的同一侧。

3）前后两端轴承内圈径向圆跳动量最大的方向与主轴锥孔中心线的偏差方向相反。

任务实施

一、C630 主轴轴组的装配

如图 4-102 所示为 C630 型车床主轴部件。装配顺序如下：

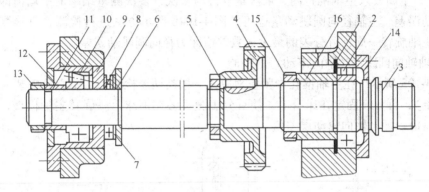

图 4-102　C630 型车床主轴部件

1—卡环　2—滚动轴承　3—主轴　4—大齿轮　5—螺母　6—垫圈　7—开口垫圈
8—推力球轴承　9—轴承座　10—圆锥滚子轴承　11—衬套　12—盖板
13—圆螺母　14—法兰　15—调整螺母　16—调整套

1）将卡环 1 和滚动轴承 2 的外圈装入主轴箱体前端轴承孔中。

2）按定向装配法将滚动轴承 2 的内圈从主轴的后端套上，并依次装入调整套 16 和调整螺母 15（图 4-103a）。适当预紧调整螺母 15，以防轴承内圈改变方向。

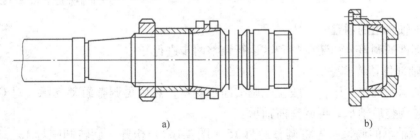

a)　　　　　　　　　　　　　　　b)

图 4-103　主轴组件和后轴承壳体分组件
a）主轴组件　b）后轴承壳体分组件

3）将主轴组件从箱体前轴承孔中穿入，在此，依次将键、大齿轮 4、螺母 5、垫圈 6、开口垫圈 7 和推力球轴承 8 装在主轴上，然后将主轴穿至要求的位置，如图 4-103a 所示。

4）从箱体后端将后轴承壳体分组件装入箱体，并且拧紧螺钉，如图 4-103b 所示。

5）按定向装配法将圆锥滚子轴承 10 的内圈装在主轴上，敲击时用力不宜过大，以免主轴移动。

6）依次装入衬套 11、盖板 12、圆螺母 13 及法兰 14，并按顺序拧紧所有螺钉。

7）对主轴装配情况进行全面检查，防止漏装。

二、主轴轴组的精度检验

1. 主轴径向圆跳动的检验

如图 4-104a 所示。在莫氏锥孔中紧密地放入一根锥柄检验棒，将百分表固定在车床上，使百分表测头触在检验棒表面上，旋转主轴，分别在靠近主轴端部的 a、b 点检测，两点距离约为 300mm。a、b 点的误差要分别进行计算，主轴转一转，百分表读数的最大差值即是主轴的径向圆跳动误差。为避免检验棒锥柄配合不良造成的影响，可以拔出检验棒，相对主轴旋转 90°，重新放入主轴锥孔内，依次重复检验多次，多次测量结果的平均值即为主轴的径向圆跳动误差。主轴径向圆跳动量也可按图 4-104b 所示方法进行检测，直接测量主轴定位轴颈。主轴旋转一周，百分表的最大读数差值即为径向圆跳动误差。

2. 主轴轴向圆跳动（轴向窜动）的检验

如图 4-105 所示，在主轴锥孔中紧密地放入一根锥柄短检验棒，中心孔中装入钢球（可用黄油粘上），百分表固定在床身上，使百分表测头触在钢球上。旋转主轴检查，百分表读数的最大差值，即是轴向窜动误差值。

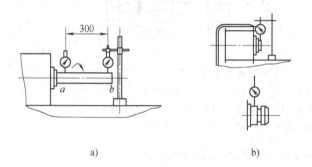

a)　　　　　b)

图 4-104　径向圆跳动的检验

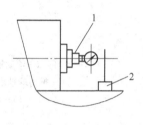

图 4-105　主轴轴向圆跳动的检验
1—锥柄短检验棒　2—磁力表架

三、主轴轴组的调整

主轴部件的调整分预装调整和试运行调整两步进行。

1. 主轴部件预装调整

主轴轴承的调整顺序，一般应先调整固定支承，然后再调整游动支承。对 C630 型车床而言，应先调整后轴承，再调整前轴承。

（1）后轴承的调整　先将调整螺母 15（图 4-102）松开，旋转圆螺母 13，逐渐收紧圆锥滚子轴承和推力球轴承。使百分表触在主轴前端面，用适当的力，前后推动主轴，以保证轴向间隙在 0.01mm 之内。同时用手转动大齿轮 4，若感觉不太灵活，有可能是圆锥滚子轴承内、外圈没有装正，采用铜棒在主轴前后端敲击，直到用手感觉主轴旋转灵活为止，最后将圆螺母 13 进行锁紧。

（2）前轴承的调整　拧紧调整螺母 15，通过调整套 16，使轴承内圈做轴向移动，迫使内圆胀大。将百分表测头触在主轴前端轴颈处（如图 4-106 所示），撬动杠杆使主轴承受适当的径向压力，保证轴

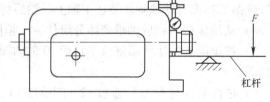

图 4-106　前轴承调整

承径向间隙在 0.005mm 之内，且用手转动大齿轮，应感觉灵活自如，最后将调整螺母 15 进行锁紧。

装配轴承内圈时，应先对内锥面与主轴锥面的接触面积进行检查，一般应大于 50%。如果接触不良，收紧轴承时，轴承内滚道会发生变形，破坏轴承精度，减少轴承使用寿命。

2. 主轴的试运行调整

主轴的实际理想工作间隙，是机床温升稳定后所调整的间隙。调整方法如下：

按照要求在主轴箱内加入润滑油，用划针或记号笔在螺母边缘和主轴上作出标记，记住原始位置。适当拧松圆螺母 13 和调整螺母 15（图 4-102），用铜棒在主轴前后端适当振击，使轴承回松，保持间隙在 0 ~ 0.02mm 之间。主轴从低速到高速空转时间不超过 2h，在最高速的运转时间不少于 30min，一般油温不超过 60°C。停机后对圆螺母 13 和调整螺母 15 进行锁紧。

👍 **评价反馈**

操作完毕，按照表 4-10 进行评分。

表 4-10　C630 型机床主轴轴组装配评分表

总得分_____

序号	项目与技术要求	配分	检测标准	实测记录	得分
1	安装前各零件不清除带轮的污物和毛刺	5	不清除扣 5 分		
2	准备工具不齐全	5	工具不齐全扣 5 分		
3	主轴部件安装	20	安装顺序一次不正确扣 3 分		
4	主轴径向圆跳动	10	不检查扣 10 分 检查方法不正确扣 5 分		
5	主轴轴向圆跳动	10	不检查扣 10 分 检查方法不正确扣 5 分		
6	主轴后轴承调整	10	不调整扣 10 分 调整方法不正确扣 5 分		
7	前轴后轴承调整	10	不调整扣 10 分 调整方法不正确扣 5 分		
8	主轴试运行与调整	20	安装后不试运行扣 10 分 试运行后不调整扣 10 分		
9	文明安全操作	10	违反规定酌情扣分		
	合计	100			

abc **考证要点**

1. 剖分式轴瓦一般多用（　　）来研点。

A. 心轴　　　　　　B. 铜棒　　　　　　C. 与其相配的轴　　　　D. 橡胶棒

2. 用衬垫对轴承进行预紧，必须先测出轴承在给定预紧力下，轴承内外圈的错位，测量时应测（　　）点。

A. 2   B. 3   C. 4   D. 6

3. 推力球轴承有松紧圈之分，装配时一定要使紧圈靠在（   ）零件表面上。

A. 静止   B. 转动   C. 移动   D. 随意

4. 滚动轴承内孔为基准孔，即基本偏差为零，公差带在零线的（   ）。

A. 上方   B. 下方   C. 上下对称   D. 随使用要求定

5. 滑动轴承主要特点是平稳，无噪声，能承受（   ）。

A. 高速度   B. 大转矩   C. 较大冲击载荷   D. 较大

子任务 2   减速器的装配

学习目标

1. 了解减速器传动机构的特点。
2. 了解减速器传动机构的装配技术要求。
3. 熟练填写减速器装配工艺卡片。
4. 熟练进行减速器传动机构的装配。

建议学时   6 学时

任务描述

完成图 4-107 减速器的装配工作，并达到技术要求。

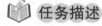

任务分析

减速器是由封闭在箱体内的由齿轮传动或蜗杆传动所组成的独立部件，为了提高电动机的效率，原动机提供的回转速度一般比工作机械所需的转速高，因此齿轮减速器、蜗杆减速器常安装在机械的原动机与工作机之间，用以降低输入的转速并相应地增大输出转矩，在机器设备中被广泛采用。

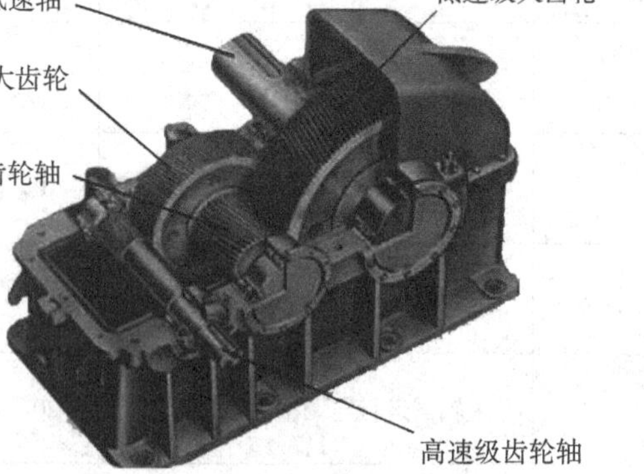

低速轴   低速级大齿轮

高速级大齿轮

低速级齿轮轴

高速级齿轮轴

图 4-107   二级斜齿圆柱齿轮减速器（展开式）

相关知识

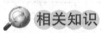

一、装配工艺规程的制定

在装配过程中，要保证装配的质量，提高装配效率，减轻劳动强度，降低生产成本，必须按规则进行产品的装配，装配工艺规程就是指导装配生产的技术性文件。

1. 制定装配工艺规程时应遵循的基本原则

为使装配工艺规程能有效地指导生产，应满足以下要求。

1）要达到产品的装配精度及产品预定的使用寿命。

2）提高生产率、降低成本。

3）最大限度地利用已有的装配设备、工具，合理地安排装配顺序，避免过多的钳工装配量，提高装配的自动化程度，达到高效、低成本。

2. 制订装配工艺规程的准备工作

（1）相关的原始资料 相关的原始资料主要有产品的装配图和产品验收的技术标准。其中装配图要给出全部零件的明细表、各零件间的相对位置关系和装配时要获得的精度要求。产品的验收标准包括产品的验收技术条件、检验的内容和方法等。必要时还可配备一些重要的零件图，方便对某些零件机械加工方法的了解和核算装配尺寸链。

（2）产品的生产纲领 产品的装配和机械加工一样，也可分为大批大量生产、成批生产与单件、小批量生产三个类型。不同的生产类型选用不同的装配组织形式、工艺方法、工艺装备，适当地划分工艺过程，可实现在保证较高的装配精度的同时获得好的经济效益。

（3）现有的生产条件 工艺规程作为实际生产的指导性文件，应在实际装配条件的基础上制定相应的工艺规程，如：装配工艺设备和装备、工人技术水平、装配场地的大小等，使装配工艺规程更能适应生产实际，而不增加额外的、不必要的生产成本。

3. 制订装配工艺规程的步骤

（1）研究产品的原始材料 制订装配工艺规程前，要充分研究原始资料，分析产品的结构特征、尺寸和装配的验收技术要求。并结合产品的生产批量，确定可以达到装配精度的装配方法。

（2）确定装配方法及组织形式 综合考虑产品的结构特征、生产纲领以及实际的生产条件，在选择装配的组织形式后，相应地确定装配方式、工作点的布置、工序的分散与集中以及每道工序的具体内容。

（3）划分装配单元 划分装配单元是制定装配工艺规程的一个重要步骤，是合理安排工序的重要前提，特别是对于大批量生产、结构复杂的产品装配更为重要。具体划分要从装配工艺角度出发，将产品分解为可独立装配的零件、套件、部件等单元参与产品的总装，这样的单元称为装配单元。

（4）确定装配顺序 划分装配单元后，即可在此基础上合理地安排装配顺序。安排装配的顺序时，通常考虑零部件清洗、除锈、去毛刺等工作先进行，然后选择一个装配的基准件，一般选择体积、重量较大，有足够支承面，并能保证装配时稳定的零件或部件。基准件最先进入装配，随后根据从下到上、从内到外、从重到轻、从大到小、从精密到一般、从难到易、从复杂到简单、具有破坏性的工序先行、电线电路与相应工序同步、中间穿插必要的检验工序等原则综合地安排装配。

为清晰地表示出装配顺序，通常将装配系统图画出，以方便指导装配工作。

（5）确定装配工序 根据工序集中或分散的原则，在已经确定好的装配顺序基础上，将装配工艺过程划分为若干装配工序，并确定各工序的内容、工装设备、操作规程以及时间定额等；装配工序还应该包括检验工序，制定出各工序装配质量的要求和检测项目、检测方法。

（6）编制装配工艺文件 装配工艺文件包括装配工艺卡和装配工序卡。单件小批量生产时，一般只编写装配工艺过程卡，有时还可用装配工艺流程图代替。成批生产中，通常制订出部件及总装的装配工艺卡，见表4-11。生产批量较大时，除编写装配工艺卡外，还需编写详细的工序卡及工艺规程，用以直接指导工人进行装配作业。

表 4-11 装配工艺卡

G25a

装 配 工 艺 卡	产品工号	产品代号	部、组（整）件代号	部、组（整）件名称	工艺文件编号
	单套产品中装配件数量	本批装配件生产总数	1	交往何处	

车间	工序号	工序名称	工序内容	辅助材料	专用仪器、仪表及工艺装备	工时定额 h		
						准结	单件	总计

	编制	审核	阶段标记
	校对	标检	C
		批准	

更改标记	更改单号	签名	日期		共 2 页 第 1 页
会签					第 页

（7）制定产品的试验、验收规范　产品装配完成后，均要进行相应的试验或验收的工作。应根据产品的要求和验收标准制定出验收的规范，内容包括试验验收的项目、质量标准、检测方法、检测环境、所需检测工具装备、质量分析方法和处理方法等。

二、减速器的结构

减速器是由封闭在箱体内的齿轮传动或蜗杆传动所组成的传动装置，装在原动机和工作机之间，用来降低转速和增大转矩。减速器具有结构紧凑、外廓尺寸较小、降速比大、工作平稳和噪声小等特点，应用较广泛。

减速器的结构随其类型和要求不同而异，但减速器一般均由齿轮、轴、轴承、箱体和附件等组成。箱体一般由箱盖和箱座组成，用紧固螺栓连接。箱体必须有足够的刚度，为保证箱体的刚度及散热，常在箱体外壁上制有肋板。为方便减速器的制造、装配及使用，还在减速器上设置一系列附件，如检查孔、透气孔、油标尺或油面指示器、吊钩及起盖螺钉等。图4-108所示为常用的二级圆柱齿轮减速器结构。

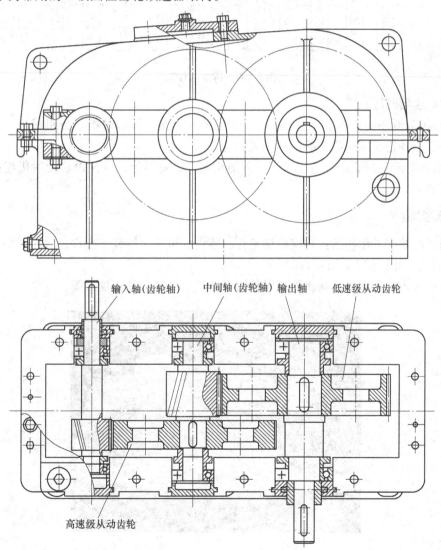

图 4-108　二级圆柱齿轮减速器结构

三、减速器装配的主要技术要求

1）所有零件和组件必须正确安装在规定位置。

2）齿轮副须正确啮合，必须符合图样上规定的相应技术要求。

3）装配后，必须严格保证各轴线之间的相互位置精度（如平行度、垂直度）等。

4）装配后，回转件运转要灵活。滚动轴承游隙合适，润滑良好，不漏油。

四、减速器的拆卸基本常识

进行减速器的拆卸时，须先仔细观察减速器的外形与箱体附件，了解附件的功能、结构特点和位置，分析工作情况、装配关系，画机构简图。

拆卸的流程如图 4-109 所示。

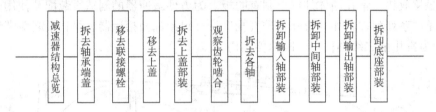

减速器结构总览 → 拆去轴承端盖 → 移去联接螺栓 → 移去上盖 → 拆去上盖部装 → 观察齿轮啮合 → 拆去各轴 → 拆卸输入轴部装 → 拆卸中间轴部装 → 拆卸输出轴部装 → 拆卸底座部装

图 4-109　拆卸流程图

拆卸减速器时注意：

1）按拆卸顺序给所有零部件编号，登记名称和数量，然后分类、分组保管，避免产生混乱和丢失，并记录减速器零部件的相关内容。

2）拆卸时避免随意敲打造成破坏，并防止碰伤、变形等，以便再装配时仍能保证减速器正常运转。

⚠ 任务实施

减速器的装配工作包括：装配前期工作、零件的试装、组装、部件总装、调整等。

1. 装配前期工作（见图 4-110）

检查箱体内有无零件或杂物，对零件进行清洗、整形和补充加工等。

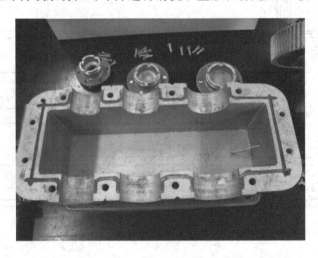

图 4-110　装配前期工作

2. 零件的试装（见图 4-111）

为了保证装配精度，某些相配合的零件需要进行试装，例如键的联接必须进行试配。对未满足装配要求的，须进行调整或更换零件。

图 4-111 零件试装

3. 轴系组件装配

减速器的轴系零部件通常有齿轮、轴承、轴套、密封圈等。装配时按从内到外的顺序进行装配，如图 4-112 所示。

1）选配好键，轻打装配在轴上。

2）从右端压装入齿轮，装上挡油环，压装右轴承。

3）在轴的左端装上挡油环，压装左轴承。

4）装入轴套。

5）在左轴承盖槽中放入毡封油圈，并将其套在轴上。

输入轴为齿轮轴，只需要在轴上装配挡油环、轴承等零件，装配顺序与输出轴组件装配基本一致。

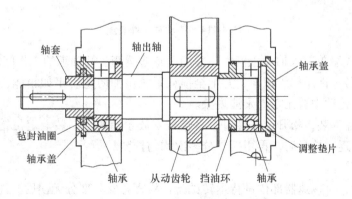

图 4-112 轴系组件装配

4. 减速器部件总装和调整

减速器部件总装的基准件是箱体。

1）先将箱座的附件装入箱座，如图 4-113 所示。

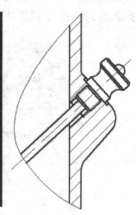

吊钩

油标

放油螺塞

图 4-113　箱座装配

2）将各传动轴的组件装入箱体孔内，如图 4-114 所示。

图 4-114　传动轴组件装配

3）将嵌入式端盖装入轴承压槽内，并用调整垫圈调整好轴承的工作间隙。

4）将箱内各零件用棉纱擦净，并上全损耗系统用油防锈后正如箱体，再用手转动高速轴，观察各齿轮传动中有无零件干涉现象。

5）安装箱盖部装，松开起盖螺钉。将箱盖安放于箱座上，装上定位销，并打紧；装上螺栓、螺母用手逐一拧紧后，再用扳手分多次均匀拧紧。

6）运转试验。

总装完成后，对减速器部件进行运转试验，检查各安装部分无误后，注入润滑油，使各部位均匀润滑，连接电动机，并用手回转减速器，在一切符合要求后，接通电源进行空载试车。运转中齿轮应无明显噪声，传动性能符合规定要求，运转 30min 后检查轴承温度应不超过规定要求。

👍 **评价反馈**

操作完毕，按照表4-12进行评分。

表4-12　减速器装配评分表

总得分_____

序号	项目与技术要求	配分	检 测 标 准	实 测 记 录	得分
1	清除带轮的污物和毛刺	5	不清除扣5分		
2	技术文件、准备工具、量具	5	不合理齐全扣5分		
3	输入轴组件安装	15	安装不正确扣10分 检查方法不正确扣5分		
4	中间轴组件安装	15	安装不正确扣10分 检查方法不正确扣5分		
5	输出轴组件安装	15	安装不正确扣10分 检查方法不正确扣5分		
6	传动轴组件装入箱体孔内	15	不正确全扣		
7	安装箱盖部装	10	不达要求全扣		
8	运转试验	10	不达要求全扣		
9	安全文明操作	10	安装后不清理场所扣2分 违反管理规定扣8分		

📖 **考证要点**

1. 轴系找中大都采用百分表为测量工具，只有在百分表绕轴颈旋转（　　）时，才采用塞尺测量。

A. 有径向圆跳动　　　B. 有端面摆动　　　C. 不能通过　　　D. 有振动

2. 轴组的装配要求是：轴和其上零件装配后（　　）。

A. 固定不动　　　B. 相对运动　　　C. 运转平稳　　　D. 提高转速

3. 通过改变轴承盖与壳体端面间垫片厚度来调整轴承轴向游隙的方法叫（　　）法。

A. 调整游隙　　　B. 调整垫片　　　C. 螺钉调整　　　D. 调整螺钉

4. 单列圆锥滚子轴承在装配使用过程中，可通过调整内外套圈的轴向位置来获得合适的（　　）。

A. 轴向游隙　　　B. 径向游隙　　　C. 轴向移动　　　D. 径向位移

5. 相同精度的前后滚动轴承采用定向装配时，其主轴径向圆跳动量（　　）。

A. 增大　　　　　　　　　　　B. 减小

C. 不变　　　　　　　　　　　D. 可能增大，也可能减小

项目5　CA6140型车床的装配

5

任务 1　金属切削机床简介

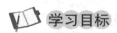 **学习目标**

> 1. 正确叙述 CA6140 型车床的作用、组成、运动形式及技术参数。
> 2. 了解金属切削机床型号各组成要素的含义。
> 3. 掌握 CA6140 型车床的传动原理、传动系统及传动结构表达式。

建议学时　6 学时

任务描述

　　到工厂观察金属切削机床，能够分清各种机床，并能解释其型号和作用。观察车床的整个运动过程，结合传动原理及传动原理图，能够掌握传动结构表达式。

任务分析

　　熟练掌握车床的传动系统图，了解车床的整个运动过程，仔细体会车床的工作原理，分清主运动、进给运动与辅助运动。

相关知识

一、金属切削机床型号

　　机床型号是机床产品的代号，用以表明机床的类型、通用特性、结构特性、主要技术参数等。我国的金属切削机床型号由汉语拼音字母和阿拉伯数字按一定规律组合而成的，根据 GB/T 15375—2008《金属切削机床　型号编制方法》进行编制。

　　通用机床型号的构成如下：

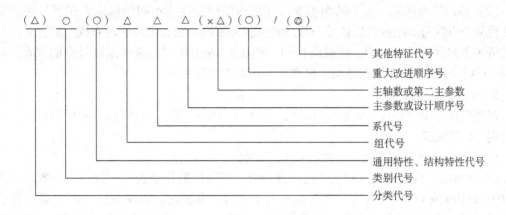

（△）○（○）△ △ △（×△）（○）/（⊘）

- 其他特征代号
- 重大改进顺序号
- 主轴数或第二主参数
- 主参数或设计顺序号
- 系代号
- 组代号
- 通用特性、结构特性代号
- 类别代号
- 分类代号

注：①有"（ ）"的代号或数字，当无内容时不表示。若有内容则不带括号；②"○"符号表示大写的汉语拼音字母；③"△"符号表示阿拉伯数字；④"⊘"符号表示大写的汉语拼音字母、阿拉伯数字或两者都有。

1. 机床的类别代号

用大写的汉语拼音字母代表机床的类别。例如，用"C"表示"车床"，读"车"。有的机床（如磨床）又由若干分类组成，分类代号用阿拉伯数字表示，置于类别代号之前，但第一分类代号不予表示，见表5-1。

表5-1 类别代号

类别	车床	钻床	镗床	磨		床	齿轮加工机床	螺纹加工机床	铣床	刨插床	拉床	锯床	其他机床
代号	C	Z	T	M	2M	3M	Y	S	X	B	L	G	Q
读音	车	钻	镗	磨	二磨	三磨	牙	丝	铣	刨	拉	割	其

2. 机床的特性代号

机床的特性代号包括通用特性代号和结构特性代号，也用汉语拼音字母表示。

（1）通用特性代号 当某类机床，除有普通型式外还有各种通用特性时，则应在类别代号之后加上相应的通用特性代号，如 CM6132 型号中"M"表示"精密"之意，是精密卧式车床。通用特性代号见表5-2。

表5-2 通用特性代号

通 用 特 性	代 号	通 用 特 性	代 号
高精度	G	仿形	F
精密	M	轻型	Q
自动	Z	加重型	C
半自动	B	柔性加工单元	R
数控	K	数显	X
加工中心（自动换刀）	H	高速	S

（2）结构特性代号　为了区别主参数相同而结构、性能不同的机床，在型号中加结构特性代号予以区分。结构特性代号与通用特性代号不同，它在型号中没有统一的含义，只在同类机床中起区分机床机构、性能的作用。例如，CA6140 型普通车床型号中的"A"可理解为：CA6140 型普通车床在结构上区别于 C6140 型普通车床。

3. 组别、系别代号

每类机床分 10 组（0～9 组），每组又分 10 系（0～9 型）。例如 CA6140 型普通车床，6 为组别，1 为系别。

4. 主参数、设计顺序号、主轴数和第二参数

1）主参数：代表机床规格大小的一种参数，用阿拉伯数字表示，常用主参数的折算值（1/10、1/100 或 1/1）来表示。当折算值大于 1 时，取整数，前面不加"0"；当折算值小于 1 时，则取小数点后第一位数，并在前面加"0"，一般常用折算值采用 1/10，如 G4250、Y3150 等，最大直径均是 500mm。

2）设计顺序号：对于某些通用机床，当无法用一个主参数表示时，则在型号中用设计顺序号表示。设计顺序号由 1 起始，当设计顺序号小于 10 时，由 01 开始编写。

3）主轴数：对于多轴车床、多轴钻床等机床，其主轴数应以实际数值列入型号，置于主参数之后，用"×"分开，读作"乘"。对于单轴，可省略不予表示。

4）第二参数（多轴机床的主轴数除外）：一般是不予表示，如遇特殊情况，需在型号中表示。

5. 重大改进顺序号

当机床的结构、性能有更高的要求，并需按新产品重新设计、试制和鉴定时，才按改进的先后顺序选用 A、B、C 等汉语拼音字母（"I"、"O"两个字母不得选用），加在型号基本部分的尾部，以区别原机床型号。例如 Y7132A 和 Z3040A 都表明是第一次重大改进。

6. 其他特性代号

用汉语拼音字母或阿拉伯数字或二者的组合来表示，主要用以反映各类机床的特性，如对数控机床，可反映不同的数控系统；对于一般机床可反映同一型号机床的变型等。

二、CA6140 型卧式车床

CA6140 型卧式车床是一种机械结构比较复杂而电气系统简单的机电设备，是用来进行车削加工的机床。在加工时，通过主轴和刀架运动的相互配合来完成对工件的车削加工。

1. 作用

车床主要用于加工各种回转表面，如内外圆柱表面、内外圆锥表面、成形回转面和回转体端面等，有些车床还能加工螺纹面。由于大多数机器零件都具有回转表面，车床的通用特性又较多，因此车床的应用极为广泛，在金属切削机床中所占的比重最大，约占机床总数的 20%～35%。卧式车床所能完成的典型加工表面如图 5-1 所示。

2. 车床的运动

1）车床的表面成形运动有：主轴带动工件的旋转运动和刀具的进给运动。

车床的主运动为主轴的旋转运动，其转速以 n（单位为 r/min）表示。进给运动有几种情况：刀具既可做平行于工件旋转轴线的纵向进给运动（车圆柱面），又可做垂直于工件旋转轴线的横向进给运动（车端面），还可做与工件旋转轴线方向倾斜的运动（车削圆锥面），

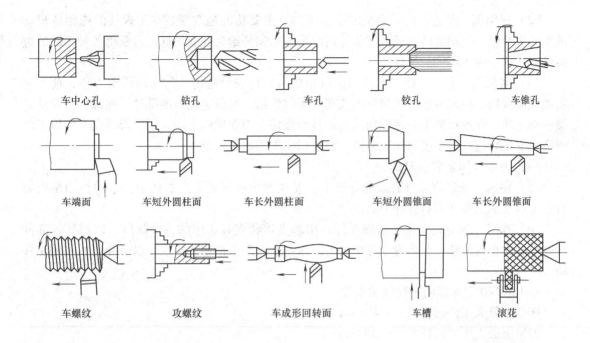

车中心孔　　钻孔　　车孔　　铰孔　　车锥孔

车端面　　车短外圆柱面　　车长外圆柱面　　车短外圆锥面　　车长外圆锥面

车螺纹　　攻螺纹　　车成形回转面　　车槽　　滚花

图 5-1　卧式车床典型加工表面

或做曲线运动（车成形回转面）。进给运动速度以 f（mm/r）表示。车削螺纹时，工件的旋转运动和刀具的直线移动形成复合的成形运动——螺旋运动。

2）车床的辅助运动。有的车床还有刀架纵、横向的快移运动。

3. 车床的组成

CA6140 型卧式车床外形如图 5-2 所示。

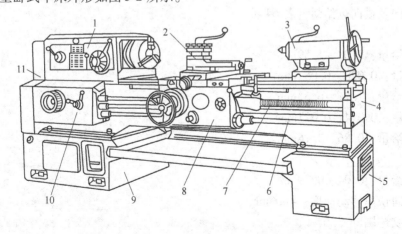

图 5-2　CA6140 型卧式车床外形图

1—主轴箱　2—刀架　3—尾座　4—床身　5、9—床脚
6—光杠　7—丝杠　8—溜板箱　10—进给箱　11—变速箱

（1）主轴箱　用来支承主轴并通过变换主轴箱外部手柄的位置（变速机构），使主轴获得多种转速。装在主轴箱里的主轴是一空心件，用来通过棒料。主轴通过装在其端部的卡盘或其他夹具带动工件旋转。

（2）进给箱　是进给传动系统的变速机构，主要功能是改变被加工螺纹的螺距或机动进给的进给量。主轴的转动通过进给箱内的齿轮机构传给光杠或丝杠，可获得各种不同的进给量，并用于加工不同的螺纹。

（3）溜板箱　它靠光杠、丝杠和进给箱联系，把进给箱传来的运动传给刀架，使刀架实现纵向进给、横向进给、快速移动或车削螺纹进给。它固定在刀架部件的底部，可带动刀架一起运动。纵滑板使车刀做纵向运动，横滑板使车刀做横向运动，斜滑板纵向车削短工件或绕横滑板转过一定角度来加工锥体，也可以实现刀具的微调。

（4）刀架　用来装夹刀具。

（5）尾座　安装在床身右端的导轨上，其位置可根据需要左右调节。它的作用是安装后顶尖以支承工件和安装各种刀具。

（6）床身　床身是车床的基础零件，用来支承和安装车床的各个部件，以保证各部件间有准确的相对位置，并承受全部切削力。床身上有四条精密的导轨，以引导溜板和尾座移动。

4. CA6140 型车床的主要技术参数

床身上最大工件回转直径：400mm

刀架上最大工件回转直径：210mm

最大工件长度：750mm、1000mm、1500mm

主轴中心至床身平面导轨的距离：205mm

最大车削长度：650mm、900mm、1400mm

主轴孔径：48mm

主轴正转转速（24 级）：10～1400r/min

主轴反转转速（12 级）：14～1580r/min

刀架纵向及横向进给量：各 64 种

纵向

一般进给量：0.08～1.59mm

小进给量：0.028～0.054mm

加大进给量：1.71～6.33mm

小进给量：0.014～0.027mm

加大进给量：0.86～3.16mm

横向

一般进给量：0.04～0.79mm

刀架纵向快速移动速度：4m/min

车削螺纹范围

米制螺纹（44 种）：1～192mm

寸制螺纹（20 种）：2～24 牙/in

模数螺纹（39 种）：0.25～48mm

径节螺纹（37 种）：1～96 牙/in

主电动机

功率：7.5kW

转速：1450r/min

快速电动机

功率：250kW

转速：2800r/min

三、CA6140 型卧式车床传动系统分析

1. 传动原理图

从传动原理上来分析，机床加工过程中所需要的各种运动，是通过运动源、传动装置和执行件并以一定规律所组成的传动链来实现的。

为了便于研究机床的传动链，常用一些简明的符号把传动原理和传动路线表示出来，这就构成传动原理图。图 5-3 所示为 CA6140 型卧式车床传动原理图。

2. CA6140 型车床传动系统图

CA6140 型车床传动系统如图 5-4 所示。机床的加工过程中，有多少个运动就应该有多少条传动链。这些传动链和它们之间的相互联系就组成了一台机床的传动系统。分析传动系统也就是分析各传动链。分析各传动链时，应按下述步骤进行：

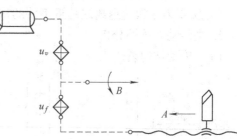

图 5-3　CA6140 型卧式车床传动原理图

1）根据机床所具有的运动，确定各传动链两端件。

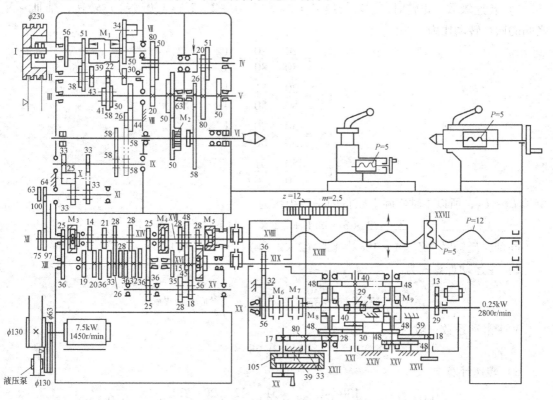

图 5-4　CA6140 型车床传动系统图

2）根据传动链两端件的运动关系，确定计算位移量。

3）根据计算位移量及传动链中各传动副的传动比，列出运动平衡式。

4）根据运动平衡式，推导出传动链的换置公式。

传动链中换置机构的传动比一经确定，就可根据运动平衡式计算出机床执行件的运动速度或位移量。要实现机床所需的运动，CA6140 型卧式车床的传动系统需具备以下传动链：

1）实现主运动的主传动链。

2）实现螺纹进给运动的螺纹进给传动链。

3）实现纵向进给运动的纵向进给传动链。

4）实现横向进给运动的横向进给传动链。

5）实现刀架快速退离或趋近工件的快速空行程传动链。

3. 主传动系统的分析

（1）传动结构表达式

$$
电动机 - \frac{\phi130}{\phi230} - I - \left\{ \begin{array}{c} M_1 左（正转） - \left\{ \begin{array}{c} \frac{56}{38} \\ \frac{51}{43} \end{array} \right\} - \\ M_1 右（反转） - \frac{50}{34} - VII - \frac{34}{30} \end{array} \right\} - II - \left\{ \begin{array}{c} \frac{39}{41} \\ \frac{30}{50} \\ \frac{22}{58} \end{array} \right\} - III - \left\{ \begin{array}{c} \left\{ \begin{array}{c} \frac{20}{80} \\ \frac{50}{50} \end{array} \right\} - IV - \left\{ \begin{array}{c} \frac{20}{80} \\ \frac{51}{50} \end{array} \right\} - V - \frac{26}{58} \\ - - - - - \frac{63}{50} - - - - - \end{array} \right\} - VI（主轴）
$$

（2）主轴的转速级数与转速值计算

1）转速级数。正转时，主轴转速 $Z = 2 \times 3 \times (1 + 2 \times 2) = 30$（级）转速，轴 III ~ V 之间的四种转动比为

$$U_1 = \frac{20}{80} \times \frac{20}{80} = \frac{1}{16}$$

$$U_2 = \frac{20}{80} \times \frac{51}{50} \approx \frac{1}{4}$$

$$U_3 = \frac{50}{50} \times \frac{20}{80} = \frac{1}{4}$$

$$U_4 = \frac{50}{50} \times \frac{51}{50} \approx 1$$

由于 $U_2 \approx U_3$，所以主轴实际上获得的正转级数为

$$Z_1 = 2 \times 3 \times [1 + (2 \times 2 - 1)] = 24（级）$$

同理，反转时，$Z_2 = 1 \times 3 \times [1 + (2 \times 2 - 1)] = 12$（级）。

2）主运动计算式为

$$n_主 = n_{电动机} \times \frac{130}{230} \times \varepsilon \times u_{I-II} \times u_{II-III} \times u_{III-VI}$$

V 带滑动系数一般为

$$\varepsilon = 0.98$$

3）转速计算。

$$n_{min} = 1450r/min \times \frac{130}{230} \times 0.98 \times \frac{51}{43} \times \frac{22}{58} \times \frac{20}{80} \times \frac{20}{80} \times \frac{26}{58} \approx 10r/min$$

$$n_{\max} = 1450\text{r/min} \times \frac{130}{230} \times 0.98 \times \frac{56}{38} \times \frac{39}{41} \times \frac{63}{50} \approx 1417\text{r/min}$$

4. 进给传动系统的分析

车削螺纹包括车削米制、寸制、模数和径节四种螺纹，无论车削哪一种螺纹，主轴与刀具之间必须保持严格的运动关系，即主轴每转一转，刀具应移动一个导程（S）的距离。

$$S = uP_{\text{ms}}$$

式中　u——从主轴到丝杠之间全部运动副的总传动比；

　　　P_{ms}——车床丝杠螺距（$P_{\text{ms}} = 12\text{mm}$）。

1）米制螺纹加工。

① 传动路线表达式。

$$\text{主轴 VI} - \frac{58}{58} - \text{IX} - \left\{ \begin{array}{l} \frac{33}{33} \text{（右旋螺纹）} \\[2mm] \frac{33}{25} - \text{X} - \frac{25}{33} \text{（左旋螺纹）} \end{array} \right\} - \text{XI} - \frac{63}{100} \times \frac{100}{75} - \text{XII} - \frac{25}{36} - \text{XIII}$$

$$- u_{\text{j}} - \text{XIV} - \frac{25}{36} \times \frac{36}{25} - \text{XV} - u_{\text{b}} - \text{XVII} - \text{M}_5 \text{（啮合）} - \text{XVIII（丝杠）} - \text{刀架}$$

进给箱内轴XIII和XIV间8级滑移齿轮变速机构能得到8种近似等差数列的传动比。改变轴XIII和XIV间的传动比就能车削出等差数列排列的导程值，称之为基本组，用传动比 u_{j} 表示。轴XV和XVII之间的两个双联滑移齿轮有4种不同的传动比，将传动比成倍数排列，把基本组传来的转速分别扩大1、1/2、1/4、1/8后传出，可以增加工件导程的数量，这个传动组称为增倍组，用传动比 u_{b} 表示。

② 传动路线计算式为

$$P = 1_{\text{（主轴）}} \times \frac{58}{58} \times \frac{33}{33} \times \frac{63}{100} \times \frac{100}{75} \times \frac{25}{36} \times u_{\text{j}} \times \frac{25}{36} \times \frac{36}{25} \times u_{\text{b}} \times 12\text{mm}$$

③ 扩大导程路线表达式为

$$\text{主轴 VI} - \left\{ \begin{array}{l} \text{（扩大导程）} \frac{58}{26} - \text{V} - \frac{80}{20} - \text{IV} - \left\{ \begin{array}{l} \frac{50}{50} \\[2mm] \frac{80}{20} \end{array} \right\} - \text{III} - \frac{44}{44} \times \frac{26}{58} \times \frac{58}{58} \\[6mm] \text{（正常导程）} - - - - - \frac{58}{58} - - - - - - - \end{array} \right\} - \text{IX} - \text{（接正常导程传动路线）}$$

车削多线螺纹和油槽等，要求主轴转一转，刀架移动一个较大的距离，这时使用扩大导程机构。VI轴至III轴经 $\frac{80}{20} \times \frac{80}{20}$，传动比扩大了16倍，VI轴至III轴经 $\frac{50}{50} \times \frac{80}{20}$，传动比扩大了4倍。

2）寸制螺纹加工。传动路线计算式为

$$P_{\alpha} = 1_{\text{（主轴）}} \times \frac{58}{58} \times \frac{33}{33} \times \frac{63}{100} \times \frac{100}{75} \times \frac{1}{u_{\text{j}}} \times \frac{36}{25} \times u_{\text{b}} \times 12\text{mm}$$

$$= \frac{4}{7} \times 25.4 \times \frac{1}{u_{\text{j}}} \times u_{\text{b}}$$

5. 机动进给传动系统

实现一般车削时刀架机动进给的纵向和横向进给传动链，由主轴至进给箱中轴ⅩⅦ的传动路线与车常用米制或寸制螺纹的传动路线相同，其后运动经齿轮副传至光杠ⅩⅨ（此时离合器 M5 脱开，齿轮 Z28 与轴ⅩⅨ上的齿轮 Z56 啮合），再由光杠经溜板箱中的传动机构，分别传至光杠的齿轮齿条机构和横向进给丝杠ⅩⅩⅦ，使刀架作纵向或横向机动进给，其纵向机动进给传动路线表达式如下：

$$\text{Ⅵ（主轴）} - \begin{bmatrix} \text{米制螺纹传动路线} \\ \text{寸制螺纹传动路线} \end{bmatrix} - \text{ⅩⅦ} - \frac{28}{56} - \text{ⅩⅨ（光杠）} - \frac{36}{32} \times \frac{32}{56} -$$

$$- M_6 - M_7 - \text{ⅩⅩ} - \frac{4}{29} - \text{ⅩⅪ} - \begin{bmatrix} M_8 \uparrow - \dfrac{40}{48} \\ M_8 \downarrow - \dfrac{40}{30} \times \dfrac{30}{48} \end{bmatrix} - \text{ⅩⅫ} - \frac{28}{80} -$$

$$- \text{ⅩⅩⅢ} - z12 - \text{齿条} - \text{刀架}$$

（1）纵向机动进给

$$f_{\text{纵}} = 1_{\text{主轴}} \times \frac{58}{58} \times \frac{33}{33} \times \frac{63}{100} \times \frac{100}{75} \times \frac{25}{36} \times u_j \times \frac{25}{36} \times \frac{36}{25} \times u_b \times \frac{28}{56} \times \frac{36}{32} \times \frac{32}{56} \times$$

$$\frac{4}{29} \times \frac{40}{48} \times \frac{28}{80} \times \pi \times 2.5 \times 12$$

化简得 $f_{\text{纵}} = 0.711 u_j u_b$。

（2）横向机动进给　溜板箱中的双向牙嵌离合器 M8、M9 和齿轮副组成的两个换向机构，分别用于变换纵向和横向进给运动的方向。利用进给箱中的基本组和增倍组，以及进给传动链的不同传动路线，可获得纵向和横向进给量各 64 种。

纵向和横向进给传动链两端件的计算位移为：

纵向进给：主轴转一转，刀架纵向移动 $f_{\text{纵}}$（单位为 mm）。

横向进给：主轴转一转，刀架横向移动 $f_{\text{横}}$（单位为 mm）。

由传动分析可知，横向机动进给在其与纵向机动进给传动路线一致时，所得的横向进给量是纵向进给量的一半。

（3）刀架快速机动移动　刀架的快速移动是使刀具机动快速退离或接近加工部位，以减轻工人的劳动强度和缩短辅助时间。当需要快速移动时，可按下快速移动按钮，装在溜板箱中的快速电动机（0.25kW，2800r/min）的运动便经齿轮副传至轴ⅩⅩ，然后再按照溜板箱中与机动进给相同的传动路线传至刀架，使其实现纵向和横向的快速移动。

为了节省辅助时间及简化操作，在刀架快速移动过程中光杠仍可继续传动，不必脱开进给传动链。这时，为了避免光杠和快速电动机同时传动至轴ⅩⅩ而导致其损坏，在齿轮 $z56$ 及轴ⅩⅩ之间装有超越离合器，即可避免二者之间的矛盾。

任务实施

◇　做好防护措施，穿好工作服，戴好工作帽。

◇　指导教师下达任务，并对学生进行分组。

◇　学生每两人一组，进行任务实施。

1）叙述机床型号各组成部分的含义。

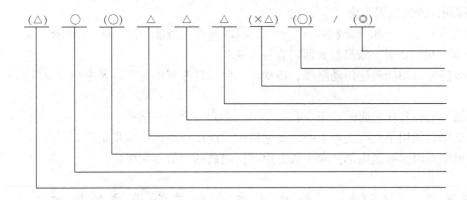

2）按照图 5-4 所示 CA6140 型车床传动系统图叙述机床主轴各传动链的传动路线、进给箱各传动链的传动路线、溜板箱各传动链的传动路线。

评价反馈

操作完毕，按照表 5-3 进行评分。

表 5-3　机床评价表

班级：_____　　姓名：_____　　学号：_____　　成绩：_____

序号	要　求	配分	评 分 标 准	自 评 得 分	教 师 评 分
1	遵守实习纪律	5	被批评一次扣 5 分		
2	安全文明生产	10	违者每次扣 2 分		
3	机床型号组成叙述正确	10	错一处扣 5 分		
4	正确叙述 CA6140 型机床主轴各级传动链	30	酌情扣分		
5	正确叙述实现螺纹进给运动的螺纹进给传动链	10	酌情扣分		
6	正确叙述实现纵向进给运动的纵向进给传动链	20	酌情扣分		
7	正确叙述实现刀架快速退离或趋近工件的快速空行程传动链	15	酌情扣分		

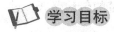 **考证要点**

1. Z3040 型摇臂钻床型号的含义：Z 表示 _____；30 表示 _____；40 表示 _____。

2. CA6140 型车床可车削 _____、_____、_____、_____四种标准的常用螺纹。

3. 在传动链中，中间每个传动件的制造误差都对末端件的运动精度有影响，如果是升速运动，则传动件的制造误差将（　　）。

A. 被放大　　　　B. 被减小　　　　C. 可能大可能小　　　D. 无影响

4. CA6140 中的 40 表示床身最大回转直径为 400mm。（　　）

5. 主轴转速分布图能表达传动路线、传动比、传动件布置的位置以及主轴变速范围。（　　）

6. 机床加工某一具体表面时，至少有一个主运动和一个进给运动。（　　）

7. 自动机床只能用于大批大量生产，普通机床只能用于单件小批量生产。（　　）

8. 组合机床是由多数通用部件和少数专用部件组成的高效专用机床。（　　）

任务 2　CA6140 型卧式车床主轴箱和尾座的装配

学习目标

1. 正确识读主轴箱装配图。
2. 熟悉主轴箱装配方案和编写装配工艺过程。
3. 掌握装配方法，对主轴箱机构进行正确的装配。
4. 正确使用工具、量具。

建议学时　40 学时

任务描述

随着社会对技术应用型人才的大量需求，要求学生必须掌握一定的理论基础知识，必须具备较强的技术应用能力，强调对学生实践能力和创造能力的培养。车床装配实训课是提高学生动手能力的重要途径，是帮助学生巩固理论知识、拓宽知识面、提高分析问题与解决问题能力的重要手段，为后续的专业课程学习打下坚实的基础。教师带领学生观看车床主轴箱的工作过程，以便了解主轴箱内各零部件的运动过程，为装配打好基础。在教师指导下或小组协作下完成对主轴箱的装配。

任务分析

本任务主要针对 CA6140 型车床主轴箱和尾座进行装配，使同学们对 CA6140 型车床主轴箱有一个比较全面的理解。能根据机械设备的结构特点，制定机械设备装配工艺规程，选择正确的装配方法，对固定连接、传动部分，轴承和轴组等进行正确的装配。

🔍 **相关知识**

主轴箱中通常包含主轴及其轴承、传动机构、开动、停止以及换向装置，操纵机构和润滑机构等。由于受到结构的限制，箱体内各轴并不是都在一个水平面内，为了直观地表示主轴箱内各部件的传动关系，主轴箱通常以展开图的形式绘出。

如图5-5所示是沿轴Ⅳ—Ⅰ—Ⅱ—Ⅲ（Ⅴ）—Ⅵ—Ⅺ—Ⅹ的轴线剖切面展开的。展开图把立体展开在一个平面上，因而其中有些轴之间的距离拉开了。轴Ⅳ与轴Ⅴ较远，因而使原来相互啮合的齿轮副分开了。读展开图时，首先应弄清楚传动关系。

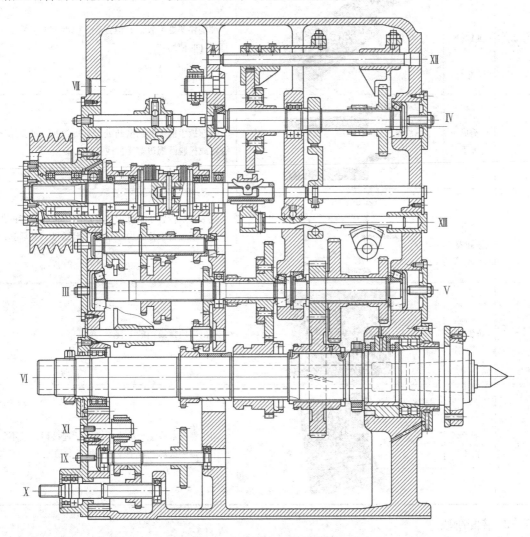

图5-5 CA6140型卧式车床主轴箱展开图

一、装配工艺过程制定

装配工艺过程包括以下三个阶段：

1. 装配前的准备工作

熟悉图样，了解主轴箱的结构、零件的相互关系及作用。同时确定装配方法、顺序和准备装配时所用的工具。拆装主轴箱常用工具见表5-4。

表5-4 拆装主轴箱常用工具

序号	名称	部分图示	说明
1	卡簧钳	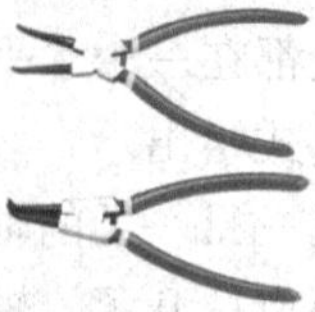	卡簧钳有孔用和轴用两种，都是用来把卡在孔间或者轴上的，用来防止机件轴向窜动的定位卡簧取出或者安装时使用的专用工具。 常态时钳口打开的是孔用卡簧钳 常态时钳口闭合的是轴用卡簧钳
2	纯铜棒		纯铜棒塑性都较好，但强度、硬度较差，用于击打工件时使用
3	钩形扳手	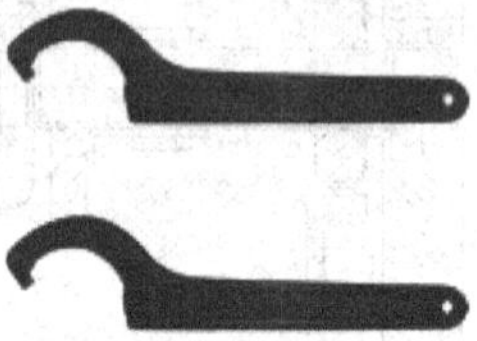	钩形扳手前部的内壁凸处设有一钩块，主要用于旋紧或松脱圆螺母等零件或其他工具
4	轴承拔卸器	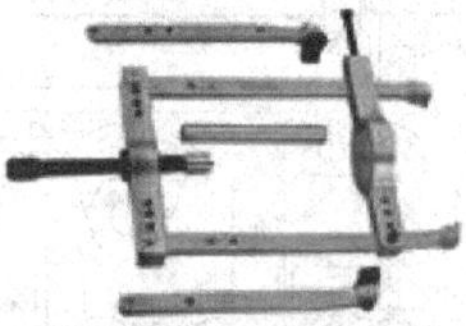	是一种对设置于机件内孔处的轴承进行取卸的工具。主要包含本体、中心轴、一组螺母、支承套筒等构件
5	拔销器		取出带内螺纹销的工具
6	套筒扳手		用于螺母端或螺栓端完全低于被连接面，且不能使用呆扳手或活动扳手及梅花扳手的情况

2. 装配阶段

CA6140型卧式车床主轴箱装配工艺如下：

1）部件的装配（双向摩擦式离合器箱体外的装配）。

2）安装Ⅸ、Ⅹ、Ⅺ轴及惰轮齿轮轴Ⅶ。

3）安装变向齿轮轴。

4）安装离合器操纵机构Ⅷ。

5）安装螺距手柄及主轴变速操纵机构。

6）安装Ⅴ轴及主轴变速拨叉轴。

7）安装Ⅱ、Ⅲ、Ⅳ轴。

8）安装Ⅲ轴和Ⅳ轴的拨叉轴和拨叉。

9）安装主轴。

10）安装Ⅰ轴。

11）安装液压泵和过滤装置。

3．调整、检验阶段

调节零件或各机构的配合情况和相互位置，如：轴承间隙调整、双向摩擦离合器和变速操纵机构的调整等。对重要部件进行几何精度检验和工作精度检验。

主轴箱装配工艺要点如下：

1）了解主轴箱内部各机构的相互关系、工作原理及装配要求。

2）对装配前的各组件做好清洗和清理。

3）对不能直接进入总装的部件进行预装。

4）装配顺序一般应由内向外、由下往上，以不影响下一步的装配工作为原则。

5）滑移齿轮装配后，应操纵灵活，轴向定位准确、可靠。

6）各传动轴的轴向定位，各齿轮相互啮合接触宽度位置的调整，轴Ⅰ摩擦片接触松紧的调整、制动带松紧的调整，主轴前、后轴承间隙的调整等。

二、主轴箱重要部件

1．双向摩擦式离合器

为了控制主轴的起动、停止及换向，Ⅰ轴上装有双向摩擦式离合器，摩擦式离合器是靠内摩擦片与外摩擦片之间的摩擦力传递运动的，如图5-6所示。

1）离合器的内摩擦片与轴以花键孔相连接，随轴一起转动，外摩擦片空套在轴上，其外圆有四个凸缘，分别卡在正、反转齿轮的四个缺口中。内外摩擦片相间排列，正转摩擦片数多一些，反转摩擦片数少一些。

2）当操纵手柄处于中间位置时，滑套也处于中间位置，正、反转摩擦片均处于自由状态，主轴停转，当操纵手柄向上抬起时，经连杆使扇形齿轮顺时针转动，带动齿条向右移动，经拨叉带动滑环向右移动，压迫摆杆绕支点销摆动，下端则拨动拉杆向左移动，使正转摩擦片被压进，主轴正转。

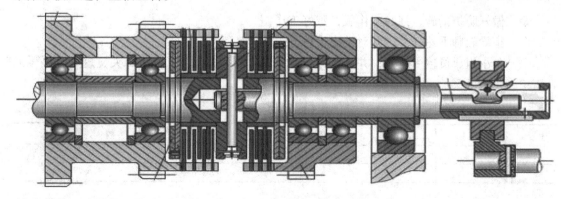

图5-6　双向摩擦式离合器

3）当操纵杆向下压时，使反转摩擦片被压紧，主轴反转。

2. 制动装置

当双向摩擦式离合器停止工作时，为了克服运动件惯性力作用，使主轴迅速停止，在箱体内Ⅳ轴上装有制动装置，如图5-7所示。

1）制动器由制动轮、制动带、杠杆以及调整螺钉装置等组成，制动轮与Ⅳ轴属于花键联接。

2）制动带一端通过调节螺钉与箱体连接，另一端与杠杆固定。当杠杆向上运动时，拉动制动带，使其压紧在制动轮上，通过带与轮轴之间摩擦力的作用，使主轴迅速停止。

3）为使制动带承受较大力矩，在带内侧装有一层钢丝石棉，同时力矩的大小可用调节装置中的螺钉进行调整。

三、安全文明生产常识

1）工作开始前先检查电源、气源是否断开。在装拆侧面机件时，如齿轮箱盖，应先拆下部螺钉，装配时应先装离重心近的螺钉。装拆弹簧时应注意弹簧崩出伤人。

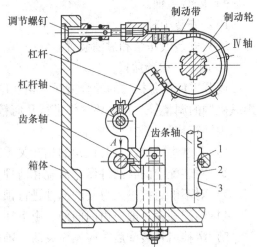

图5-7　闸带式制动器
1、3—齿条轴凹槽　2—齿条轴中间凸起部位

2）设备部件安装前，要清洗干净，各油孔畅通无阻。开机前注意齿轮咬手，对孔时严禁将手指插入孔内。

3）使用工、夹、量具时应分类依次排列整齐，常用的放在工作位置附近，但不要置于钳台的边缘处。精密量具要轻拿轻放，工、夹、量具在工具箱内应放在固定位置，并整齐安放。

4）工作地点要保持清洁，油液污水不得流在地上，以防滑倒伤人。

5）工作时必须穿戴防护用品，否则不准上岗。不得擅自使用不熟悉的设备和工具。

6）多人作业时，必须有专人指挥调度，密切配合。抬轴杆、螺杆、管子和大梁时，必须同肩。要稳起、稳放、稳步前进。搬运机床或吊运大型、重型机件时，应遵守起重工、搬运工的安全操作规程。

任务实施

◇　做好防护措施，穿好工作服，戴好工作帽。

◇　指导教师下达任务，并对学生进行分组。

◇　各小组成员接受任务，并进行分析，制订计划和分工。领取工、夹、量具，填写工具清单（见表5-5）。

表5-5　工具清单

序号	名　　称	规　　格	数　　量
1			
2			
3			
4			

一、CA6140 型车床Ⅱ、Ⅲ轴的装配与调整

1. Ⅱ轴装配图如图 5-8 所示，Ⅲ轴装配图如图 5-9 所示，Ⅱ、Ⅲ轴展开图如图 5-10 所示。

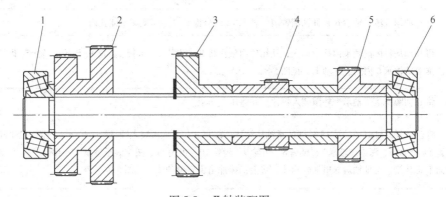

图 5-8　Ⅱ轴装配图

1、6—圆锥滚子轴承　2、3、4、5—齿轮

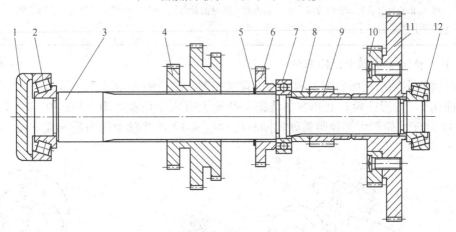

图 5-9　Ⅲ轴装配图

1—轴承盖　2、12—圆锥滚子轴承　3—Ⅲ轴　4、6、9、10、11—齿轮

5—卡簧　7—深沟球轴承　8—轴套

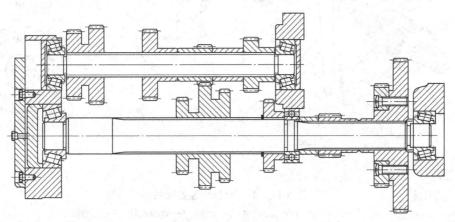

图 5-10　Ⅱ、Ⅲ轴展开图

2. Ⅱ、Ⅲ轴装配步骤（见表5-6）

表5-6　Ⅱ、Ⅲ轴装配步骤

步骤	操 作 内 容
1	将Ⅱ轴圆锥滚子轴承6和Ⅲ轴圆锥滚子轴承12的外圈装在中间支撑箱体孔内
2	将Ⅱ轴从箱体前轴承内孔中插入，从箱体内依次将Ⅱ轴齿轮2、卡簧、齿轮3、齿轮4、轴套、齿轮5、垫圈、圆锥滚子轴承6内圈装在轴上，见图5-8
3	将Ⅱ轴圆锥滚子轴承1外圈装入箱体，并将压盖压上
4	将已装好圆锥滚子轴承12外圈的Ⅲ轴从箱体后部穿入，并依次装入圆锥滚子轴承2内圈、三联齿轮4、卡簧5、齿轮6、深沟球轴承7、轴套8、齿轮9、齿轮10、齿轮11、圆锥滚子轴承12内圈，注意齿轮凸台的方向不要装错，将Ⅲ轴对准里端轴承孔，垫上铜棒冲击，安装到位，见图5-9
5	再安装圆锥滚子轴承2外圈，并击打到位
6	装入Ⅱ轴的轴承盖和Ⅲ轴的轴承盖（盖内放入适量的黄油），用扳手调整法兰顶丝，使轴承间隙合适为止。检查整体安装情况并进行检查，防止丢件、少件

3. Ⅱ、Ⅲ轴变速操纵机构调整

通过改变主轴箱正面右侧手柄9的位置来控制。链条经传动轴7，传动轴7上有盘形凸轮6和曲柄5。盘形凸轮6上开有曲线槽，凸轮上有六个位置。图5-11b中，1、2、3位置使杠杆11处于凸轮最大半径圆弧处，同时带动拨叉12使Ⅱ轴上的齿轮向左移动。图5-11b

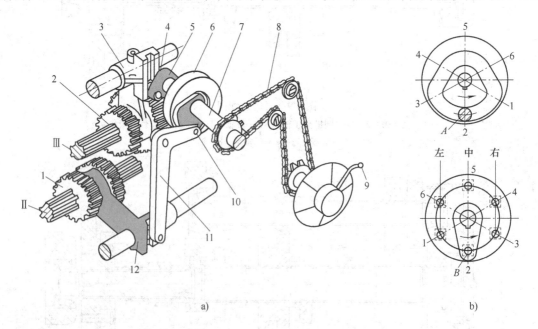

a)　　　　　　　　　　　　　　　　b)

图5-11　Ⅱ、Ⅲ轴变速操纵机构

1、2—齿轮　3、12—拨叉　4、5—曲柄　6—盘形凸轮　7—传动轴

8—链条　9—手柄　10—圆柱销　11—杠杆

中，位置4、5、6将带动齿轮向右移动。通过传动轴7带动曲柄5连同拨叉将Ⅲ轴上的齿轮得到左、中、右三个位置。通过转动手柄不同的变速位置就可以实现滑移齿轮的六种不同形式组合，最后达到六种转速。

4. 学生完成任务后填表（见表5-7）

表5-7　Ⅱ、Ⅲ轴各零件的名称及作用

序　号	名　称	件　数	作　用

二、CA6140型车床主轴的装配与调整

1. 主轴的装配

CA6140型车床主轴部件如图5-12所示。主轴部件装配步骤见表5-8。

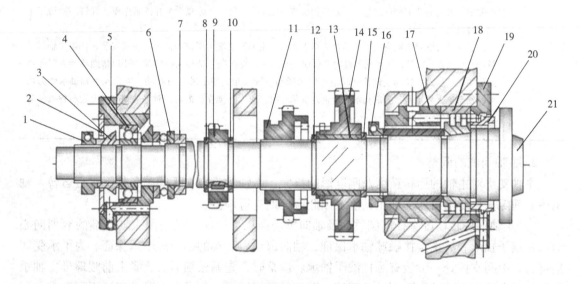

图5-12　CA6140型车床主轴部件

1、16—圆螺母　2—盖板　3—锁紧套　4—角接触球轴承　5、19—法兰体　6—推力球轴承
7—轴承座　8、10、12、15—开口垫圈　9—齿轮　11—滑移齿轮　13—衬套　14—斜齿轮
17—阻尼套筒　18—双列短圆柱滚子轴承　20—密封垫　21—主轴

表5-8　主轴部件装配步骤

步　骤	操作内容及注意事项
1	安装主轴前，应在箱体外将主轴分组件前轴承内圈套入1:12的锥度处，同时套上阻尼套筒内套和密封垫 注意事项：轴承内环涂上润滑油
2	将主轴前轴孔擦干净，依次将阻尼套筒外套和双列滚子轴承外环用铜棒打入前轴承孔中，再将法兰盖装入，并用螺钉固定在箱体上

（续）

步　骤	操作内容及注意事项
3	在主轴后轴承孔中装人法兰体和角接触球轴承外圈并用螺钉固定 注意事项：放置右端斜齿轮时，也要注意齿轮的方向，不要放错，放置中间滑移齿轮时，应使齿轮靠着右端斜齿轮，同时调整正常螺母手柄，使滑块放在齿轮上的滑块槽中
4	安装主轴时，一名同学从主轴孔后部穿一铁棒，按照零件装配图的顺序，将主轴后推力球轴承的松环、轴承架、紧环、轴承座、开口垫圈8、齿轮（平键）、开口垫圈10组合在一起套在铁棒上。完成后将铁棒穿过隔墙，套上滑移齿轮、开口垫圈12、衬套、斜齿轮、开口垫圈15和圆螺母16，安装时要注意齿轮的方向 注意事项：在安装推力球轴承时，要确定出松环和紧环，用卡尺测量两环尺寸，松环的内径尺寸比紧环的内径尺寸大。装配时，先装紧环后装松环。如果将轴承环的位置装反，就失去了推力轴承的作用，将严重地影响主轴的回转精度
5	将主轴由前轴孔中穿入箱体，一边向里穿，一边将铁棒上的零件套在主轴上。再将角接触球轴承内圈按照定向装配的要求装在主轴上。之后依次装入锁紧套、盖板和圆螺母1并拧紧盖板上螺钉。最后把主轴安装到位 注意事项：安装主轴到位可借助拉力器工具。从主轴箱后端，用拉力器进行主轴安装，扶正主轴，学员拧动拉力器、螺母，使主轴慢慢向里移动。操作中，要根据主轴移动的情况，开口垫圈移动，以免垫圈将主轴拉伤，在拉动主轴移动时应用铜棒撬动主轴齿轮，使主轴同时转动，以达到主轴轴承受力均匀，便于进入轴承孔，当前轴承完全进入轴承孔时，应停止操作。最后，对整体装配情况进行检查，防止遗漏和错装

2. 主轴间隙的调整

主轴支承对主轴的运转精度及刚度影响很大，主轴轴承应在无间隙条件下进行运转，轴承中的间隙直接影响机床的加工精度，因此应定期进行调整。

1）主轴的旋转精度有径向圆跳动及轴向窜动两项，径向圆跳动由主轴前端的双列向心短圆柱滚子轴承和后端角接触球轴承保证，轴向窜动由后端的推力球轴承保证。为了承受切削抗力，中间支撑处一般装有圆柱滚子轴承。调整时，先调松锁紧套，紧上前圆螺母。轴承内圈相对主轴向右移动消除主轴承间隙，调松后再紧螺母，如径向圆跳动仍达不到要求，就要对后轴承进行同样的调整。

2）调整后应进行一小时的高速空运转试验，主轴承温度不得超过70℃，否则应稍松开一些圆螺母。注意前后圆螺母调整固定完毕后将螺钉拧紧。

3. 完成任务后填表（见表5-9）

表5-9　主轴各零件的名称及作用

序　号	名　　称	件　　数	作　　用

三、CA6140 型车床摩擦式离合器部件装配和调整

1. 摩擦式离合器部件（见图5-13）

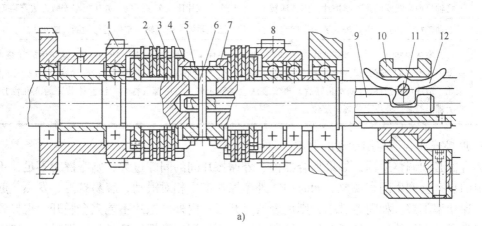

a)

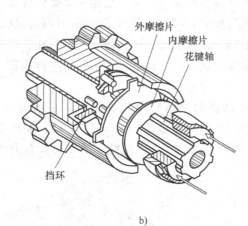

b)

图 5-13　摩擦式离合器部件

1—双联齿轮　2—内摩擦片　3—外摩擦片　4、7—圆螺母　5—压紧环　6、11—圆柱销
8—齿轮　9—拉杆　10—结合子　12—元宝键

2. 摩擦式离合器部件装配步骤（见表5-10）

表 5-10　摩擦式离合器部件装配步骤

步骤	操 作 内 容
1	首先将压紧环套入花键轴中部，再将拉杆穿入花键轴轴孔中，用圆柱销将压紧环定位，同时旋入两端圆螺母并固定
2	将内、外摩擦片依次装入 I 轴正车方向（先内片、后外片），并检查间隙，安装一对挡环，注意第一片挡环旋转一定的角度（轴向定位作用），最后用螺钉锁紧。将滚动轴承卡簧、轴套依次装在花键轴轴上，并用卡簧锁紧
3	用销子穿过元宝键并固定在反车一端，并将平键嵌入轴上，拉动元宝键检查拉杆是否滑动自如

（续）

步骤	操 作 内 容
4	将轴反向竖起安装正车摩擦片，因传递转矩大，正车摩擦片比反车多一些，并按反车安装方法安装正车
5	滚动轴承、轴套、卡簧按安装顺序依次安装，并注意锁紧配合。对轴组整体进行检测，防止丢件、少件
6	进入箱体安装时，先将滑环装在拨叉环上，并使键槽向上，然后将I轴元宝键向上，从箱体后部穿入和拨叉轴上的滑环配合好，用铜棒冲击轴端，使I轴向前移动，同时应注意观察调整齿轮的啮合情况，防止齿轮顶死，造成齿轮损坏，I轴安装好后，再安装法兰体到箱体上，用螺钉拧紧，法兰体装完后，再装上带轮，拧上螺母打紧，并用定位螺钉定位

3. 摩擦式离合器与制动器的调整

离合器必须调整适当，如果离合器内、外摩擦片间的间隙过大，则摩擦力不足，不能传递额定的功率会产生闷车现象。同时内、外摩擦片产生相对滑动，容易打滑、发热、起动不灵，传递功率不够。如间隙过小，则离合器松开后，内外摩擦片不能完全脱开，也导致摩擦片间产生滑动而发热，而且还会使主轴制动不灵，可用一字螺钉旋具从圆螺母的缺口中压下定位销来调整。然后转动圆螺母使其在圆筒上作少量的轴向位移，从而使离合器的摩擦片间隙得到调整。调整后定位销重新卡入圆螺母口中，防止圆螺母在转动时松动。

制动装置制动带的松紧程度应适当，可以通过调节螺钉进行调整。能达到停机时，主轴能迅速制动；开机时，制动带应完全松开。

摩擦式离合器与闸带式制动器都是由操纵装置（如图5-14所示）控制的。当抬起或压下光杠下面操纵杆上的手柄11时，通过曲柄12、拉杆13，曲柄14及扇形齿轮10，使齿条轴15向右或向左移动，再通过元宝键5、拉杆3使左边或右边离合器结合，从而使主

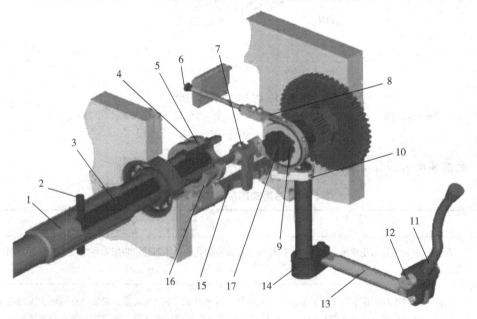

图5-14　摩擦式离合器与闸带式制动器的操纵装置

1—花键轴　2—圆柱销　3—拉杆　4—结合子　5—元宝键　6—调节螺钉　7—杠杆　8—制动带
9—制动轮　10—扇形齿轮　11—手柄　12、14—曲柄　13—拉杆　15—齿条轴　16—拨叉　17—IV轴

轴正转或反转。此时杠杆 7 下端正好位于齿条轴左或右侧圆弧形凹槽内，制动带处于松开状态。当操纵手柄 11 处于中间位置时，齿条轴 15 带动拨叉 16 上的结合子 4 也处于中间位置，双向摩擦式离合器内、外摩擦片组都松开，此时 I 轴空转，主轴与动力源断开。这时，杠杆 7 的下端正好被齿条轴两凹槽中间的凸起部分顶起，从而拉紧制动带，使主轴迅速制动。

4. 完成任务后填表（见表 5-11）

表 5-11　摩擦式离合器各零件的名称及作用

序　号	名　　称	件　　数	作　　用

四、尾座的装配

1. 车床尾座装配图（见图 5-15）

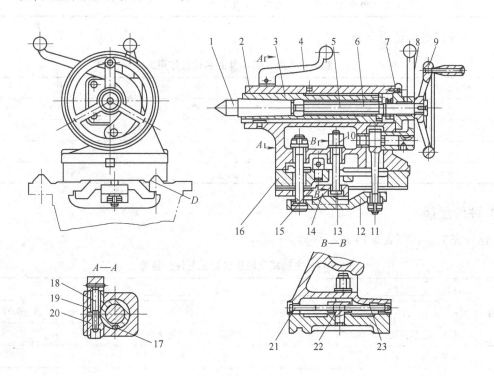

图 5-15　车床尾座装配图

1—顶尖　2—尾座体　3—顶尖套　4、8—手柄　5—丝杠　6—螺母　7—法兰体　9—手轮
10—螺母　11、13、15、21、23—螺钉　12、14—压板　16—尾座底板　17—平键
18—螺杆　19、20—套筒　22—调心螺母

2. 尾座装配步骤（见表5-12）

表5-12　尾座装配步骤

步骤	操作内容及注意事项
1	首先将轴套入偏心轴孔内，手柄分组件（半圆键，定位销，轴，套）连同偏心轴，穿入拉杆，安装在尾座后端小孔内
2	调心螺母装入床尾底座，用螺杆将床尾底座固定在床尾底面，并用螺母锁紧 注意事项：调整螺钉21和23用于调整尾座体2的横向位置，调整后顶尖中心线在水平面内的位置，使它与主轴中心线重合，车削圆柱面，或使它与主轴中心线相交，工件由前后顶尖支承，用以车削锥度较小的锥面
3	将压板右端穿入拉杆内，用螺钉连接压板和床尾整体定位销锁紧，并在拉杆端加入球面垫圈用螺母锁紧
4	将床尾主轴穿入尾座体，并用键装入主轴键槽内，同时把螺母穿入主轴扣上顶尖套盖，螺钉锁紧 注意事项：在卧式车床上，也可将钻头等孔加工刀具装在尾座顶尖套的锥孔中，这时，转动手轮9，借助于丝杠5和螺母6的传动，可使尾座顶尖套3带动钻头等孔加工刀具纵向移动，进行孔加工
5	将丝杠分组件（螺钉、垫片、半圆键、法兰体、推力球）旋入主轴内，并用螺钉锁紧法兰体。顶尖1安装在尾座顶尖套3的锥孔中，尾座顶尖套装在尾座体2的孔中，并由平键17导向，使它只能轴向移动，不能转动 注意事项：摇动手轮9，可使尾座顶尖套3纵向移动，当尾座顶尖套移到所需位置时，可用手柄4转动螺杆18以拉紧套筒19和20，从而将尾座顶尖套3夹紧

3. 完成任务后填表（表5-13）

表5-13　尾座各零件的名称及作用

序　　号	名　　称	件　　数	作　　用

👍 评价反馈

操作完毕，按照表5-14进行评分。

表5-14　主轴箱及尾座装配工艺评分标准

班级：_____　　姓名：_____　　学号：_____　　成绩：_____

序号	要　　求	配分	评分标准	自评得分	教师评分
1	工具的正确使用	5	每发现一次错误扣2分		
2	实习纪律	5	被批评一次扣5分		
3	安全文明生产	10	违者每次扣2分		
4	主轴的装配工艺	10	错一个轴扣5分		
5	摩擦式离合器的装配工艺	10	错一个零件扣2分		
6	II轴和III轴的装配工艺	10	错一个零件扣2分		

（续）

序号	要　　求	配分	评分标准	自评得分	教师评分
7	尾座的装配工艺	10	错一个零件扣2分		
8	主轴的轴向间隙是否达到0.02mm	10	间隙超差扣10分		
9	制动装置是否灵活、无阻滞现象	10	运转不灵活扣10分		
10	操纵装置是否灵活、无阻滞现象	10	运转不灵活扣10分		
11	摩擦片间隙调整是否良好	10	一处间隙调整不好扣5分		

abc 考证要点

1. 车床主轴及其轴承间的间隙过大或松动，加工时使被加工零件发生振动而产生（　　）误差。

A. 直线度　　　　　B. 圆度　　　　　　C. 垂直度　　　　　D. 平行度

2. 定向装配的目的是提高主轴的（　　）。

A. 装配精度　　　　B. 回转精度　　　　C. 工作精度　　　　D. 形状精度

3. 车床受迫振动主要是（　　）和传动系统振动，只有在高速时表现才明显。

A. 刀架　　　　　　B. 尾座　　　　　　C. 丝杠　　　　　　D. 主轴

4. 装配图主要表达机器或部件中各零件的（　　）、工作原理和主要零件的结构特点。

A. 运动路线　　　　B. 装配关系　　　　C. 技术要求　　　　D. 尺寸大小

5. 以主轴为基准，配制内柱外锥式轴承内孔，后轴承以工艺套支承，以保证前后轴承的（　　）。

A. 平行度　　　　　B. 对称度　　　　　C. 圆柱度　　　　　D. 同轴度

6. 一般精度的车床主轴承，其间隙为（　　）mm。

A. 0.015～0.03　　B. 0.004～0.07　　C. 0.07～0.075　　D. 0.03～0.04

7. 偏移车床尾座可以切削（　　）。

A. 长圆锥体　　　　B. 长圆柱体　　　　C. 长方体　　　　　D. 椭圆柱

8. 人为地控制主轴及轴承内外圈径向圆跳动量及方向，合理组合，以提高装配精度的方法是（　　）。

A. 定向装配　　　　B. 轴向装配　　　　C. 主轴装配　　　　D. 间隙调整

9. 车床主轴与轴承间隙过大或松动，被加工零件产生圆度误差。　　　　　　　（　　）

10. 离合器的任务是传递扭矩，有时也可用作安全装置。　　　　　　　　　　　（　　）

11. 离合器装配后，要求接合或分开时动作要灵敏，能传递足够的转矩，工作平稳而可靠。　　　　　　　　　　　　　　　　　　　　　　　　　　　　　　　　　　（　　）

12. 高速旋转机械联轴器的内、外圈的同轴度，端面与轴心线的垂直度，要求十分精确，误差必须控制在0.02mm之内。　　　　　　　　　　　　　　　　　　　　（　　）

13. 装配前根据装配图了解主要机构的工作原理，零部件之间相互关系，以保证装配要求。　　　　　　　　　　　　　　　　　　　　　　　　　　　　　　　　　　（　　）

14. 主轴后轴承调整螺母未紧固，螺母退出，主轴后端失去支承，使前轴承卡死，将造成主轴突然停止转动。　　　　　　　　　　　　　　　　　　　　　　　　　（　　）

任务3　进给箱、溜板箱的装配

 学习目标

1. 熟练掌握装配工具及测量工具的使用方法。
2. 掌握进给箱和溜板箱的装配工艺。
3. 了解进给箱和溜板箱在车床中的整体作用，并通过观察图样和实物掌握其内部结构的作用和工作原理。

建议学时　18 学时

任务描述

首先，要对进给箱和溜板箱内的结构有一个初步的了解，包括进给箱内的基本组和增倍组，溜板箱内的互锁机构、牙嵌离合器、超越离合器等，然后根据图样对进给箱和溜板箱进行装配，装配时，注意装配方法的运用和各种量具的使用。

任务分析

进给箱和溜板箱是车床的重要组成部分，其内部结构和零件比较复杂，因此，学生需要认真分析图样，配合完成进给箱和溜板箱的装配任务。在实际操作过程中，不但要认真了解其内部结构、作用和原理，而且还要能够熟练掌握装配方法和技术，这样才能达到预期的要求和目标。

 相关知识

一、互锁机构的作用

为了避免机床受损，在接通机动进给或快速移动时，开合螺母不应合上；反之，当合上开合螺母时，就不允许接通机动进给和快速移动。因此，在对开螺母操纵手柄与刀架进给及快速移动手柄之间设置了一个互锁机构，如图 5-16 所示。

当开合螺母合上时，只能是丝杠转动，光杠不转，可进行螺纹的加工。而开合螺母松开时，则机动进给（或快速进给）可以进行，光杠转动，丝杠不转，可进行外圆及端面的加工。

二、互锁机构的工作原理

在接通机动进给时，开合螺母不能闭合；合上开合螺母时，就不许接通机动进给。因此，开合螺母和机动进给的操纵机构必须互锁。图 5-17 所示是互锁机构的工作原理图。

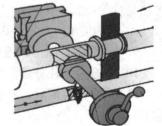

图 5-16　互锁机构

图 5-17a 所示是中间位置，这时机动进给未接通，开合螺母也处于脱开状态，所以可任意地扳动开合螺母操纵手柄或机动进给操纵手柄。

　　图 5-17b 所示是合上开合螺母时的情况。这时轴 4 转了一个角度，它的凸肩转入轴 1 的槽中，将轴 1 卡住，使其不能转动。凸肩又将销子 5 的一半压入轴 3 的孔中，销子 5 的另一半尚留在固定套 2 中，使轴 3 不能轴向移动。因此，如合上开合螺母，机动进给的手柄就被锁在中间位置上而不能扳动，也就不能再接通机动进给。

　　图 5-17c 所示是向左扳机动进给手柄接横纵向进给时的情况。这时轴 3 向右移动，销 5 被轴 3 的表面顶住，不能往下移动。销 5 的圆柱段处在固定套 2 的圆孔中，上端则卡在轴 4 的 V 形槽中，将轴 4 锁住，开合螺母操纵手柄不能转动，开合螺母不能闭合。

　　图 5-17d 所示是向前扳手柄接通横向进给时的情况。这时，轴 1 转动，轴 4 上的凸肩被轴 1 顶住，使轴 4 不能转动，开合螺母也就不能闭合。

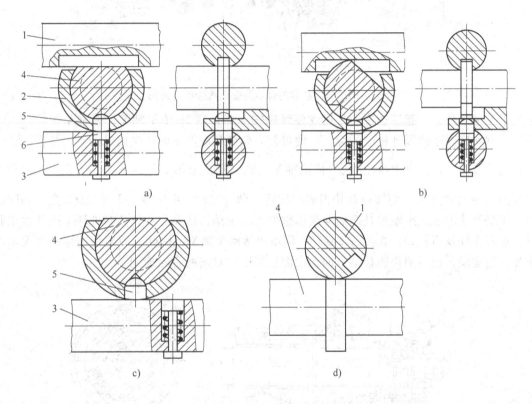

图 5-17　互锁机构的工作原理图

1、3、4—轴　2—固定套　5—销　6—弹簧销

三、单向超越离合器的作用

　　单向超越离合器的作用是为了避免光杠和快速电动机同时转动，这样在刀架快速移动的过程中光杠仍可继续传动，不必脱开进给运动传动链。如图 5-18 所示，M_6 以左的部分为超越离合器。

四、单向超越离合器的结构及工作原理

　　如图 5-19 所示，当刀架机动进给时，由光杠传来的运动通过超越离合器传给溜板箱。这时齿轮 $z56$（即外环 1）按图示的逆时针方向旋转，短圆柱滚子 3 在弹簧 5 的弹力及短圆柱滚子 3 与外环 1 间的摩擦力作用下，楔紧在外环 1 和星形体 2 之间，外环 1 通过短圆柱滚

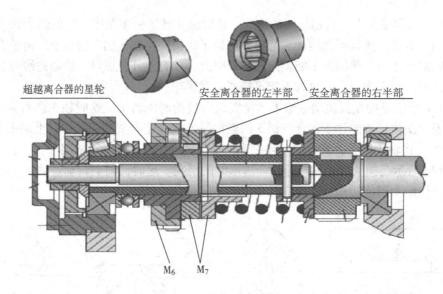

超越离合器的星轮　安全离合器的左半部　安全离合器的右半部

M_6　M_7

图 5-18　单向超越离合器及安全离合器机构图

子 3 带动星形体 2 一起转动，于是运动便经过安全离合器 M_7 传至轴 V，使轴 V 旋转。这时将进给方向操纵手柄扳到相应的位置，便可使刀架做相应的纵向或横向进给。当按下快速电动机起动按钮时，运动由齿轮副 $\frac{18}{24}$ 传至轴 V，轴 V 及星形体 2 得到一个与齿轮 z56 转动方向相同（逆时针方向）而转速却快得多的旋转运动。这时，由于滚子 3 与 1 及 2 之间的摩擦力，于是就使滚子 3 压缩弹簧 5 而向楔形槽的大端滚动，从而星形体 2 与外环 1 脱开运动联系。这时光杠及齿轮 z56 虽然仍在旋转，但不再传动至轴 V，因此，刀架快速移动时无须停止光杠的运动，但刀架快速移动方向仍由溜板箱中的双向离合器控制。

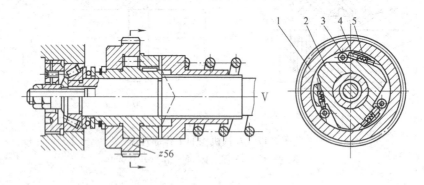

图 5-19　单向超越离合器工作原理图

1—外环　2—星形体　3—短圆柱滚子　4—圆柱　5—弹簧

五、安全离合器的作用

安全离合器机动进给时，如进给力过大或刀架移动受阻，则可能损坏机件。为此，在进给链中设置安全离舍器来自动地停止进给。如图 5-18 所示，M_7 向右的部分为安全离合器。

机床过载或发生事故时，为防止机床损坏而自动断开，起安全保护作用。当载荷消失后，可自动恢复正常工作。

六、安全离合器的结构及工作原理

安全离合器（图5-20）运动的传递如下：由光杠传来的运动经齿轮10（$z56$）及超越离合器传至安全离合器的左半部8，然后再通过螺旋形端面齿传至安全离合器的右半部7，安全离合器右半部7的运动经外花键传至轴Ⅴ（在安全离合器右半部7的后端装有弹簧6，弹簧6的压力使安全离合器的右半部7与安全离合器左半部8相啮合，克服安全离合器在传递转矩过程中所产生的轴向分力）。

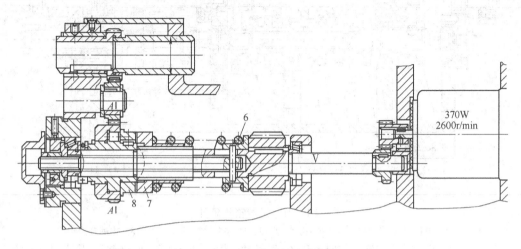

图5-20　安全离合器的工作原理

6—弹簧　7—安全离合器右半部　8—安全离合器左半部

当出现过载时。蜗杆轴的转矩增大并超过允许值，这时通过安全离合器端面螺旋齿传递的转矩也同时增加，直至使端面螺旋齿处的轴向推力超过弹簧6的压力，于是便将安全离合器右半部7推开，这时安全离合器左半部8继续旋转，而安全离合器右半部7却不能被带动，两者之间产生打滑现象，将运动链断开，避免了因传动机过载而损坏。

当过载现象消失时。由于弹簧6的弹力，安全离合器即自动地恢复到原来的正常进给状态。

🔺 任务实施

一、准备工作

1）教师下达任务，并对学生进行分组。

2）各小组成员接受任务，并进行分析，制订计划和分工。领取工、夹、量具。工具清单见表5-15。

表5-15　工具清单表

序号	名　称	规　格	数　量
1			
2			
3			
4			
5			
6			

二、操作步骤

1. 进给箱的装配（见图 5-21 和表 5-16）

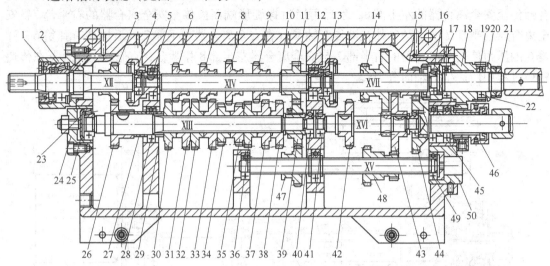

图 5-21　进给箱装配图

1—开槽螺母　2、18、24、46—法兰盘　3、11、14、15—齿轮　4、13—内啮合齿轮

5、12、28、45、49—深沟球轴承　6、7、8、9—齿轮　10—卡簧　16—内啮合齿轮轴

17、23、40、41—圆锥滚子轴承　19—密封环　20—压紧环　21—圆螺母

22—推力球轴承　25—盖　26、30、31、32、33、34、35、36、37、38、39—齿轮

27、29—套　42、43、47、48—齿轮　44—齿轮轴　50—法兰盖

表 5-16　进给箱装配工艺

序号	进给箱的装配步骤及装配注意事项
1	对箱体及各部分零件进行检查，对零件进行清理和清洗 注意事项：检查箱体孔是否合格，对零件进行清理和清洗的时候检查零件是否有损坏
2	根据图 5-21，在箱体外进行试装 注意事项：试装时检查零件是否有损坏、缺件现象，轴与轴承和零件配合时是否有阻滞现象，轴与箱体配合时是否有阻滞现象，发现后应及时更换或修复
3	将轴ⅩⅣ装入箱体，与此同时将轴上零件（齿轮 6、7、8、9，卡簧 10，齿轮 11）依次装在轴上，最后将两侧的内啮合齿轮 4、13 及深沟球轴承 5、12 装入箱体内 注意事项： 1）齿轮 6、7、8、9 的位置和方向是否正确 2）此轴上齿轮的形状相似，因此要注意不要丢件、漏件和错装 3）将内啮合齿轮打入箱体时必须垫软金属，例如纯铜棒，严禁用锤子直接敲击工件
4	将连接光杠的齿轮轴 44 及其轴上零件装入箱体 注意事项：可先将轴承及套装入箱体，然后再将轴装入
5	将轴ⅩⅥ上的零件（两个圆锥滚子轴承，齿轮 42、43，卡簧，垫圈）在箱体外装在轴上，然后轴ⅩⅥ及其轴上零件可直接放入箱体
6	将轴Ⅻ及轴上零件装入箱体，之后将开槽螺母 1 拧入法兰盖 2 内，并将法兰盖 2 和开槽螺母 1 装在箱体上，最后调整轴Ⅻ的轴向间隙 注意事项：轴向间隙的调整是靠法兰盖内的开槽螺母来调整的
7	将轴ⅩⅦ上的零件（圆锥滚子轴承，齿轮 14、15）在箱体外装轴上，然后轴ⅩⅦ及其轴上零件可直接放入箱体

（续）

序号	进给箱的装配步骤及装配注意事项
8	在箱体外，将连接丝杠的内啮合齿轮轴16及其轴上零件（推力球轴承22、法兰盘18、密封环19、压紧环20、两个圆螺母15）按装配图装上，然后将其整体装入箱体内，并用内六角螺钉锁紧 注意事项：检查推力球轴承的装配是否正确
9	将轴XIII及其轴上零件（圆锥滚子轴承13，齿轮26，套27，深沟球轴承28，套29，齿轮30、31、32、33、34、35、36、37、38、39，圆锥滚子轴承40）装入箱体，然后将盖25和法兰盖24装上，用内六角螺钉锁紧 注意事项： 1）法兰盖31上的螺钉是用来调整轴向间隙的，螺母是用来锁紧螺钉的 2）装配时，根据装配图可先将左侧的圆锥滚子轴承装在轴上，深沟球轴承装在箱体内 3）要保证齿轮30、31、32、33、34、35、36、37、38的位置及装配方向正确无误 4）此轴上的零件较多，齿轮的形状相似，因此要注意不要丢件、漏件和错装
10	将轴XV及其轴上零件（深沟球轴承，齿轮47、48，卡簧）装入箱体，然后将法兰盖50装入 注意事项：根据装配图，可先将左侧的深沟球轴承装在轴上，有卡簧处的深沟球轴承装入箱体

2. 溜板箱的装配（见图5-22和表5-17）

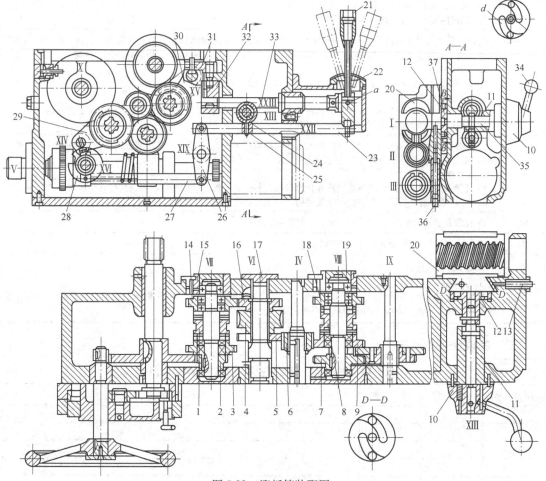

图5-22 溜板箱装配图

1、8—结合子 2、5、6、7、16—齿轮 3、9、14、18—结合子齿轮 4—蜗轮 10、21—手柄 11—套
12—鸳鸯轮 13—长顶丝 15、17、19—法兰盖 20—开合螺母 22—支架 23、33—轴 24—销 25—弹簧销
26、31—杠杆 27—连杆 28、32—凸轮 29、30—拨叉 34—手柄杆 35—鸳鸯轮轴 36—螺钉 37—圆柱销

表 5-17　互锁机构和横纵向操纵机构的装配步骤

序号	溜板箱内互锁机构和横纵向操纵机构的装配步骤及装配注意事项
1	对箱体及各部分零件进行检查，对零件进行清理和清洗 注意事项：检查箱体孔是否合格，对零件进行清理和清洗的时候检查零件是否有损坏
2	根据图5-22，在箱体外对每一根轴进行试装 注意事项：试装时检查零件是否有损坏、缺件现象，轴与轴承和零件配合时是否有阻滞现象，轴与箱体配合时是否有阻滞现象，发现后应及时更换或修复
3	将轴XXII及轴内零件（弹簧销25）装入箱体中
4	将杠杆26及轴XIX装入箱体
5	将连杆27、轴XVI和凸轮28装入箱体
6	将轴XIV及拨叉29装入箱体
7	先将轴VI及轴上零件（蜗轮4，齿轮5、16）装入箱体中，再将盖17装上，并用内六角螺钉固定，之后通过盖17上的顶丝来调节其轴向间隙 注意事项： 1）轴的装入方向和蜗轮和齿轮的装配方向相同 2）轴向间隙可等装完蜗杆后一起调整
8	将带有牙嵌离合器的两轴（轴VII和轴VIII）及轴上的零件（深沟球轴承，结合子齿轮3、14、9、18，齿轮2、7，两个结合子1、8）装入箱体中，然后在箱体上装入盖15和开槽螺母19，并用内六角螺钉固定 注意事项： 1）牙嵌式离合器的结合子是否与结合子齿轮啮合良好 2）注意整根轴的安装方向是否正确 3）装配时可先将下侧的深沟球轴承装在轴上，结合子齿轮内的深沟球轴承可先装在结合子齿轮内 4）轴向间隙的调整是靠开槽螺母来完成的
9	将轴XIII及轴上零件（套11，销24）装入箱体，然后将鸳鸯轮12装入，并用圆锥销连接，再将手柄10和手柄杆34装上，最后将开合螺母20和长顶丝13装上 注意事项： 1）装配时，轴XIII的位置应该是能使开合螺母始终打开的位置，装配好后也要保持好这个位置 2）开合螺母是靠长顶丝来进行间隙调整的，长顶丝是靠螺母来固定的
10	将轴XIII及其轴上零件（凸轮32，套，卡簧）装入箱体
11	将杠杆31、拨叉30及轴XV装入箱体内
12	将轴V装入箱体内 注意事项： V轴上带有蜗杆、超越离合器和安全离合器。要使蜗杆的轴线位于蜗轮轮齿的对称中心平面内，只能通过改变调整垫片厚度的方法，调整蜗轮的轴向位置

三、完成任务后填表（见表5-18）

表 5-18　进给箱、溜板箱主要零件的名称及作用

序　号	名　　称	件　数	作　　用

评价反馈

操作完毕，按照表5-19进行评分。

表5-19　进给箱、溜板箱评分标准

班级：_____　姓名：_____　学号：_____　成绩：_____

序号	要　求	配分	评 分 标 准	自 评 得 分	教 师 评 分
1	工具的正确使用	10	每发现一次错误扣2分		
2	工具、量具的正确摆放	10	一处不合理扣2分		
3	实习纪律	10	被批评一次扣5分		
4	安全文明生产	10	违者每次扣2分		
5	进给箱整体装配工艺	20	错一个轴扣5分		
6	进给箱内XIII轴的装配工艺	10	错一个零件扣2分		
7	互锁机构的装配工艺	10	错一个零件扣2分		
8	牙嵌离合器的装配工艺	10	错一个零件扣2分		
9	蜗轮蜗杆的装配工艺	10	错一个零件扣2分		

考证要点

1. 检验蜗杆箱轴线间的垂直度要用（　　）。

A. 千分尺　　　　B. 游标卡尺　　　　C. 百分表　　　　D. 量角器

2. 蜗杆传动齿侧间隙一般用（　　）测量。

A. 铅线　　　　B. 百分表　　　　C. 塞尺　　　　D. 千分尺

3. 装配图的读法，首先是看（　　），并了解部件的名称。

A. 明细栏　　　　B. 零件图　　　　C. 标题栏　　　　D. 技术文件

4. 固定式联轴器安装时，对两轴的同轴度要求（　　）。

A. 较高　　　　B. 一般　　　　C. 较低　　　　D. 无要求

5. 对于不重要的蜗杆机构，也可以用（　　）的方法，根据空程量大小判断侧隙。

A. 转动蜗杆　　　　B. 游标卡尺测量　　　　C. 传动蜗轮　　　　D. 塞尺

6. 在轴的两端支承点，用轴承盖单向固定是为了避免轴受热伸长而使轴承卡住，在右轴承外圈与端盖间留有间隙，其间隙为（　　）mm。

A. 0～0.5　　　　B. 0.5～1　　　　C. 1～1.5　　　　D. 2

7. 过盈连接的配合表面其表面粗糙度值一般要求达到（　　）μm。

A. $Ra0.8$　　　　B. $Ra1.6$　　　　C. $Ra3.2$　　　　D. $Ra6.3$

8. 右端轴承双向轴向固定，左端轴承可随轴游动，工作时不会发生（　　）。

A. 轴向窜动　　　　B. 径向移动　　　　C. 热伸长　　　　D. 振动

9. 推力滚动轴承主要承受（　　）力。

A. 轴向　　　　B. 径向和轴向　　　　C. 径向　　　　D. 任一方向

10. 要车削螺距为2mm的螺纹，但实际却车削成螺距为1.5mm，检查后交换齿轮没问题，那么问题出在（　　）。

A. 进给箱　　　　B. 溜板箱　　　　C. 主轴箱　　　　D. 增大螺纹机构

11. CA6140 型车床其增大螺距机构在（　　）里。

A. 进给箱　　　　　　B. 溜板箱　　　　　　C. 主轴箱　　　　　　D. 增大螺纹机构

12. 蜗杆传动机构装配时，通过改变调整垫片厚度的方法调整蜗轮的轴向位置。（　　）

13. 蜗杆蜗轮接触斑点的正确位置，应在蜗轮轮齿的中部稍偏于蜗杆旋出方向。（　　）

14. 装配前对蜗杆箱体上蜗杆孔轴线与蜗轮孔轴线间的垂直度和中心距的正确性，要进行检验。　　　　　　　　　　　　　　　　　　　　　　　　　　　　　　　　（　　）

任务 4　卧式车床的总装配

学习目标

1. 掌握卧式车床总装配的方法
2. 掌握床身导轨测量工具的使用方法以及床身导轨的刮削方法
3. 掌握车床试运行的全过程，了解车床精度的检测标准及检验方法
4. 熟练掌握车床几何精度检验的内容、原理、方法和步骤

建议学时　12 学时

任务描述

完成车床各个部件的装配后，要对车床进行整体的装配，并且对装配完成的车床进行试运转。

在装配的过程中，学会各种检测量仪的使用方法及各种精度的检验方法，并且熟练掌握整个车床的装配工艺过程。试运行时，要详细了解静态试验、空运转试验、负荷试验的内容及过程。

任务分析

车床在总装配时，有许多精度要求，包括床身导轨、床鞍、主轴箱、进给箱、溜板箱等的精度要求，可以将学生分成若干组，每组学生完成一部分的装配任务，最后进行试运行时再细致分析每组学生装配质量的好坏。

相关知识

一、车床床身导轨的技术要求

表 5-20　床身导轨技术要求

序号	项　目	技　术　要　求
1	床身导轨的几何精度	各导轨在垂直平面与水平面内的直线度应符合技术要求。且在垂直平面内只许中凸，各导轨和床身齿条安装面应平行于床鞍导轨
2	接触精度	刮削导轨每 25mm × 25mm 范围内接触点不少于 10 点。磨削导轨则以接触面积大小来评定接触精度的高低

（续）

序号	项　目	技　术　要　求
3	表面粗糙度	刮削导轨表面粗糙度值一般在 $Ra1.6\mu m$ 以下；磨削导轨表面粗糙度值在 $Ra0.8\mu m$ 以下
4	硬度	一般导轨表面硬度应在170HB以上，并且全长范围硬度一致。与之相配的配合件的硬度应比导轨硬度稍低
5	导轨稳定性	导轨在使用中应不变形。除采用刚度大的结构外，还应进行良好的时效处理，以消除内应力，减少变形

二、检测机床导轨常用工具量仪（见表5-21）

表5-21　检测机床导轨常用工具量仪

序号	名称	部　分　图　示	说　　明
1	桥板		检测桥板主要配合水平仪、光学平直仪、电子水平仪用来检测平板、平尺、机床工作台、导轨和精密工件的平面度
2	检验棒		莫氏锥柄检验棒用于检查工具圆锥的精确性，高精度的莫氏锥柄检验棒适用于机床和精密仪器主轴与孔的锥度检查
3	水平仪		用于测量相对于水平位置的倾斜角、机床类设备导轨的平面度和直线度、设备安装的水平位置和垂直位置等
4	百分表		是将被测尺寸引起的测杆微小直线移动，经过齿轮传动放大，变为指示在刻度盘上的转动，从而读出被测尺寸的大小
5	垫铁		垫铁是一种检验导轨精度的通用工具。主要用作水平仪及百分表架等测量工具的垫铁。材料多为铸铁，根据使用目的和导轨形状的不同，可做成多种形状

（续）

序号	名称	部 分 图 示	说　明
6	平尺	a)　　b)　　c)	平尺主要用作导轨刮研和测量的基准。左图 a 所示为桥形平尺，左图 b 所示为平行平尺，左图 c 所示为角形平尺，桥形平尺上表面为工作面，用来刮研或测量机床导轨；平行平尺有两个互相平行的工作面；角形平尺用来检验燕尾槽导轨

三、水平仪读数原理及读数方法

1. 水平仪的读数原理

如图 5-23 所示，假定平板处于自然水平，在平板上放一根 1m 长的平行平尺，平尺水平仪的读数为零，即处于水平状态。如将平尺右端抬起 0.02mm，相当于使平尺与平板平面形成 4″ 的角度。如果此时水平仪的气泡向右移动一格，则该水平仪读数精度规定为每格 0.02/1000，读作千分之零点零二。

2. 水平仪的读数方法

1）绝对读数法。气泡在中间位置时，读作 0。以零线为基准，气泡向任意一端偏离零线的格数，即为实际偏差的格数。偏离起端为 " + "，偏向起端为 " – "。一般习惯由左向右测量，也可以把气泡向右移作为 " + "，向左移作为 " – "。如图 5-24a 所示为 +2 格。

2）平均值读数法。以两长刻线（零线）为基准，向同一方向分别读出气泡停止的格数，再把两数相加除以 2，即为其读数值。如图 5-24b 所示，气泡偏离右端"零线" 3 个格，偏离左端"零线" 2 个格，实际读数为 +2.5 格，即右端比左端高 2.5 格。平均值读数法不受环境温度的影响，读数精度高。

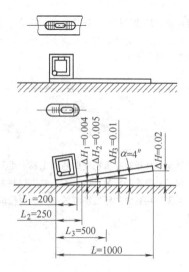

图 5-23　水平仪的读数原理

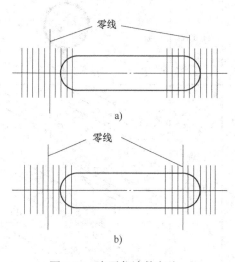

图 5-24　水平仪读数方法

a）绝对读数法　b）平均值读数法

3. 用水平仪测量导轨铅垂平面内直线度的方法

1）用一定长度（*l*）的垫铁安放水平仪，不能直接将水平仪置于被测表面上。

2）将水平仪置于导轨中间，调平导轨。

3）将导轨分段，其长度与垫铁长度相适应。依次首尾相接逐段测量导轨，取得各段高度差读数。根据气泡移动方向来评定导轨倾斜方向，当假定气泡移动方向与水平仪移动方向一致时为"＋"，反之为"－"，如图5-25所示。

4）把各段测量读数逐点积累，画出导轨直线度曲线图。作图时导轨的长度为横坐标，水平仪读数为纵坐标。根据水平仪读数依次画出各折线段，每一段的起点与前一段的终点重合。

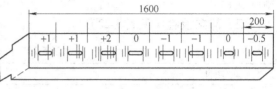

图5-25 导轨分段测量

5）用两端点连线法或最小区域法确定最大误差格数及误差曲线形状。

① 两端点连线法。当导轨直线度误差曲线成单凸（或单凹）时，如图5-26所示，作首尾两端点连线Ⅰ—Ⅰ，并过曲线最高点（或最低点），作Ⅱ—Ⅱ直线与Ⅰ—Ⅰ平行。两包容线间最大纵坐标值即为最大误差值。

② 最小区域法。在直线度误差曲线有凸有凹呈波折状时采用，如图5-27所示。过曲线上两个最低点（或两个最高点），作一条包容线Ⅰ—Ⅰ；过曲线上的最高点（或最低点）作平行于Ⅰ—Ⅰ线的另一条包容线Ⅱ—Ⅱ，将误差曲线全部包容在两平行线之间，两平行线之间沿纵轴方向的最大坐标值即为最大误差。

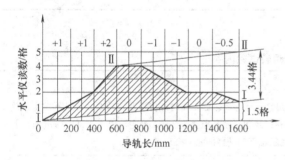

图5-26 用两端点连线法确定导轨曲线误差   图5-27 用最小区域法确定导轨曲线误差

6）将误差格数换算为导轨直线度误差值时一般按下式换算：

$$V = nil$$

式中　　V——导轨直线度误差数值（mm）；

n——曲线图中最大误差格数；

i——水平仪的读数精度；

l——每段测量长度（mm）。

例5-1　用精度为0.02/1000的框式水平仪测量长为1600mm的导轨在铅垂平面内的直线度误差。水平仪测量长度为200mm，分8段测量。用绝对读数法，每段读数依次为：＋1，＋1，＋2，0，－1，－1，0，－0.5，试计算导轨在铅垂平面内的直线度误差值。

解：

1）画出导轨直线度误差曲线图，如图5-26所示。

2）由图 5-26 可见，最大误差在导轨长为 600mm 处。曲线右端点坐标值为 1.5 格，按相似三角形解法，导轨 600mm 处最大误差格数为：$n = 4 - (600 \times 1.5)/1600 = 4 - 0.56 = 3.44$ 格。

所以，$V = nil = 3.44 \times (0.02/1000) \times 200mm = 0.014mm$

卧式车床总装以后，必须进行试机检查，一般包括静态检查、空运转试验、负荷试验、精度试验。

四、静态检验（见表 5-22）

表 5-22　静态检验内容

项目		检 查 内 容
静态检验	1	带轮带动各运动部件，应转动灵活
	2	变速手柄和换向手柄应操纵灵活，定位准确。手轮或手柄转动力应小于 80N
	3	移动机构反向空行程不应过大，丝杠螺母直接传动不得超过 1/30r；间接传动丝杠不得超过 1/20r
	4	尾座、溜板、刀架等滑动导轨面在行程范围内移动时，应轻便、均匀和平稳
	5	顶尖套在尾座孔中伸缩应灵活自如，锁紧机构灵敏，无卡滞现象
	6	溜板箱内开合螺母机构运动灵敏，无阻滞和过松现象
	7	安全离合器应灵活可靠，在超负荷运动时能够及时断开运动
	8	交换齿轮架的交换齿轮之间侧隙适当，固定装置可靠
	9	根据润滑图表检查系统各油孔、油路畅通，各出油管应油量充足
	10	电器设备启动、停止应安全可靠

五、空运转试验（见表 5-23）

表 5-23　空运转试验内容

项目		试 验 内 容
空运转试验	1	变速手柄变速操纵应灵活、定位准确可靠。摩擦离合器工作时能传递额定功率，并且不发生过热现象。离合器断开时主轴能迅速停止转动；制动器松紧程度应合适，当主轴转速为 300r/min 时，制动以后的主轴转动不超过 2～3r，非制动状态下制动器能完全松开
	2	从最低转速开始依次调整至主轴的所有转速挡，并保证运转试验时间不少于 5min。最高转速的运转时间不少于 30min。在最高速下运转时主轴轴承温度应保证：滑动轴承不超过 60℃，温升不超过 30℃；滚动轴承不超过 70℃，温升不超过 40℃；其他机构的轴承温度不超过 50℃。在整个试验过程中润滑系统应畅通、正常并无泄漏现象
	3	进给箱变速手柄定位是否可靠，输出的各种进给量与转换手柄标牌指示的数值是否相符；每对齿轮传动副运转是否平稳
	4	溜板箱各操纵手柄操纵灵活，互锁准确可靠，无阻卡现象。丝杠开合螺母控制灵活，安全离合器弹簧调节松紧合适，传力可靠，脱开迅速
	5	大、小滑板，床鞍与刀架部件在床身燕尾导轨上移动平稳，尾座部件的顶尖套筒由套筒孔内端伸出至最大长度时无不正常的间隙和阻滞现象，手轮转动灵活，夹紧装置操作灵活可靠
	6	带传动装置、安全防护装置调整适当，安全可靠
	7	电动机转向正确，各个电器设备控制准确可靠

六、负荷试验项目（见表 5-24）

表 5-24　负荷试验项目

项　目		试　验　内　容
负荷试验	1. 精车外圆的圆度和圆柱度	取易切钢或铸铁试件，其直径大于或等于床身上最大回转直径的 1/8，用卡盘夹持，在机床达到稳定温度的条件下，用单刃刀车削三段直径，用圆度仪或千分尺检验圆度和圆柱度。最大加工直径≤800mm 的卧式车床，圆度公差为 0.01mm，圆柱度公差为 0.04mm；最大加工直径≤500mm、最大工件长度≤1500mm 的精密车床，圆度公差为 0.007mm，圆柱度公差为 0.02mm
	2. 精车端面的平面度	取易切钢或铸铁试件，其直径大于或等于床身上最大回转直径的 1/2，用卡盘夹持，在机床达到稳定温度的条件下，精车垂直于主轴的平面，用平尺和量块或指示器检验。卧式车床上 300mm 直径的平面度公差为 0.025mm
	3. 精车螺纹的螺距累积误差	取直径尽可能接近于丝杠直径的易切钢或铸铁试件，精车和丝杠螺距相等的三角形螺纹，螺纹部分长度 $L=300$mm。要求螺纹洁净，无注陷或振纹。用专用检验工具检验螺距积误差。对于卧式车床，测量长度在 300mm（工件最大长度≤2000mm）上公差为 0.04mm；任意 60mm 测量长度上公差为 0.015mm。精密车床在 300mm 测量长度上公差为 0.03mm；任意 60mm 测量长度上公差为 0.01mm

任务实施

一、准备工作

1）教师下达任务，并对学生进行分组。

2）各小组成员接受任务，并进行分析，制订计划和分工。领取工、夹、量具，填写工具清单（见表 5-25）。

表 5-25　工具清单

序　号	名　称	规　格	数　量
1			
2			
3			
4			
5			

二、操作步骤

1. 床身与床脚的装配

床身与床脚用螺钉连接，它们是车床的基础，也是车床总装配的基准部件。床身装到床脚上先将结合面的毛刺清除并倒角。结合面间加入 1~2mm 厚纸垫，在床身、地脚联接螺钉下垫厚平垫圈，以保证结合面平整贴合，防止床身紧固时发生变形，同时可防止漏油。

（1）床身导轨的刮削　床身导轨的刮研是导轨修理的最基本方法，刮研的表面精度高，但劳动强度大，技术性强，并且刮研工作量大，其刮研过程如下：

1）机床的安置与测量。按机床说明书中的规定调整垫铁数量和位置，将床身置于调整垫铁上。在自然状态下，按图 5-28 所示的方法调整机床床身并测量床身导轨面在垂直平面内的直线度误差和相互的平行度误差，并按一定的比例绘制床身导轨的直线度误差曲线，通过误差曲线了解床身导轨的磨损情况，从而拟订刮研方案。

2）粗刮表面1、2、3，如图5-30所示。刮研前首先测量导轨面2、3对齿条安装面7的平行度误差，测量方法如图5-29所示，分析该项误差与床身导轨直线度误差之间的相互关系，从而确定刮研量及刮研部位。然后用平尺拖研及刮研表面2、3。在刮研时，随时测量导轨面2、3对齿条安装面7之间的平行度误差，并按导轨形状修刮好角度底座。粗刮后导轨全长上的直线度误差应不大于0.1mm（需呈中凸状），并且接触点应均匀分布，使

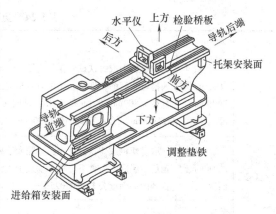

图5-28　卧式车床的安置与测量

其在精刮过程中保持连续表面。在V形导轨初步刮研至要求后，用检验桥板和水平仪测量导轨在垂直平面内的直线度误差和导轨的平行度误差，如图5-28所示。在同时考虑这两项精度的前提下，用平尺拖研并粗刮表面1，表面1的中凸应低于V形导轨。

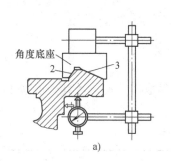
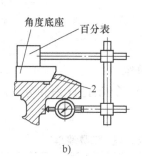

图5-29　导轨对齿条安装面平行度的测量

a）测量V形导轨面对齿条安装面的平行度
b）测量导轨面2对齿条安装面的平行度

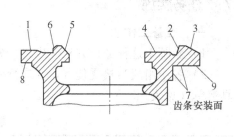

图5-30　卧式车床导轨截面图

1、2、3—床鞍导轨　4、5、6—尾座导轨
7—齿条安装面　8、9—压板面

3）精刮表面1、2、3，如图5-30所示。利用配刮好的床鞍（床鞍可先按床身导轨精度最佳的一段配刮）与粗刮后的床身相互配研，精刮导轨面1、2、3，精刮时按图5-30所示测量导轨在垂直面内的直线度误差和导轨的平行度误差，按图5-31所示测量导轨水平面内的直线度误差。

4）刮研尾座导轨面4、5、6，如图5-30所示。用平行平尺拖研及刮研表面4、5、6，粗刮时按图5-32所示测量每条导轨面对床鞍导轨的平行度误差。在表面4、5、6粗刮达到全长上平行度误差为0.05mm要求后，用尾座底板作为研具进行精刮，接触点在全部表面上要均匀分布，使导轨面4、5、6在刮研后达到修理要求。精刮时测量方法如图5-33所示。

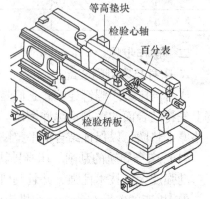

图5-31　测量导轨在水平面内的
直线度误差

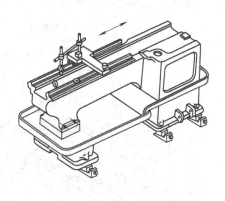

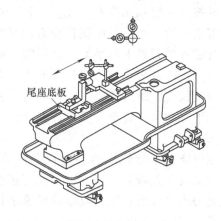

尾座底板

图 5-32　测量尾座单条导轨对床鞍的平行度　　　图 5-33　测量尾座导轨对床鞍的平行度

（2）床鞍配刮与床身装配　床鞍部件是保证刀架直线运动的关键。床鞍上、下导轨面分别与床身导轨和刀架下滑座（中滑板）配刮完成。床鞍配刮步骤如下：

1）配刮横向燕尾导轨

① 将床鞍放在床身导轨上，可减少刮削时的床鞍变形。以刀架下滑座的表面2、3为基准（刀架下滑座各面已刮削或磨削好），配刮床鞍横向燕尾导轨表面5、6，如图5-34所示。推研时，手握工艺心棒，以保证安全。表面5和6刮后应满足对横向丝杠 A 孔的平行度要求。

② 修刮燕尾导轨面7，保证其与表面6的平行度，以保证刀架横向移动的顺利。如图5-35所示。

2）配镶条。配镶条的目的是使刀架横向进给时有准确间隙，并能在使用过程中不断调整间隙，保证足够寿命。镶条按中滑板燕尾导轨和下滑座配刮，使刀架下滑座在中滑板燕尾导轨全长上移动时，无明显

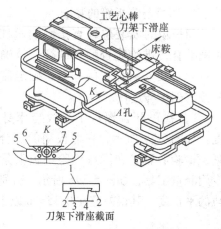

工艺心棒
刀架下滑座
床鞍
K
A孔

刀架下滑座截面

图 5-34　刮削床鞍上导轨面

轻重或松紧不均匀的现象，并保证镶条大端有 10～15mm 的调整余量。燕尾导轨与刀架下滑座配合表面之间用0.03mm塞尺检查，插入深度不大于20mm，如图5-36所示。

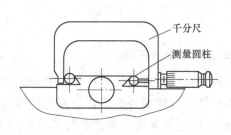

千分尺
测量圆柱

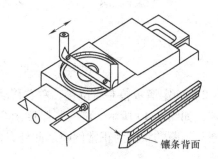

镶条背面

图 5-35　测量燕尾导轨面的平行度　　　　图 5-36　配刮燕尾导轨面的镶条

3）配刮床鞍下导轨面。以床身导轨为基准，刮研床鞍与床身配合的表面至接触点要

求，并按图 5-37 所示检查床鞍上、下导轨的垂直度。测量时，先纵向移动床鞍，找正床头

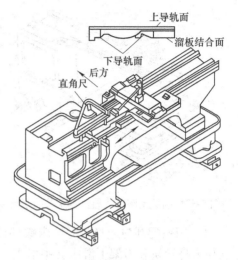

放的直角尺的一个边与床鞍移动方向平行，然后将百分表放到刀架下滑座上，沿燕尾导轨全长移动，百分表的最大读数值就是床鞍上、下导轨面的垂直度误差。超过公差时，应刮研床鞍与床身结合的下导轨面，直至合格，且本项精度只许偏向床头。

图 5-37　检查床鞍上下导轨的垂直度

刮研床鞍下导轨面达到垂直度要求的同时，还要保证其上溜板箱安装面在横向与进给箱、托架安装面垂直以及在纵向与床身导轨平行两项刮削要求。

配刮完成后如图 5-38 所示，装上两侧压板并调整好适当的配合间隙，以保证全部螺钉调整紧固后，推动床鞍在导轨全长上移动应无阻滞现象。

2. 床身与溜板箱的装配

溜板箱的安装位置直接影响丝杠、螺母能否正确啮合，进给能否顺利进行，是确定进给箱和丝杠后支架安装位置的基准。确定溜板箱位置时应按下列步骤进行：

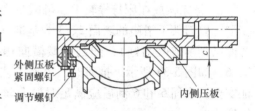

图 5-38　两侧压板调整

1）找正开合螺母中心线与床身导轨的平行度。如图 5-39 所示，在溜板箱的开合螺母体内卡紧一检验心轴，在床身检验桥板上紧固丝杠中心专用测量工具，如图 5-39b 所示。分别在左、右两端校正检验心轴上素线和侧素线与床身导轨的平行度。其误差应在 0.15mm 以下。

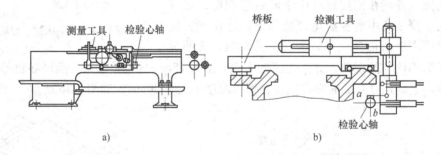

图 5-39　找正开合螺母中心线与床身导轨的平行度

2）确定溜板箱左右位置。左右移动溜板箱，使床鞍横向进给传动齿轮副有合适的齿侧间隙，如图 5-40 所示。将一张厚度为 0.08mm 的纸放在齿轮啮合处，转动齿轮使印痕呈现将断与不断的状态为正常侧隙。此外，侧隙也可通过控制横向进给手轮空转量不超过 1/30r 来检查。

3）溜板箱的最后定位。溜板箱预装精度找正后，应等到进给箱和丝杠后支架的位置找正后才能钻、铰溜板箱定位销孔，配作锥销实现最后定位。

3. 安装齿条

溜板箱位置找正后，即可安装齿条，主要是保证纵向进给小齿轮与齿条的啮合间隙。

齿条拼装时，应用标准齿条进行跨接找正，如图5-41示。找正后，两根相接齿条的接合端面之间，须留有0.5mm左右的间隙。

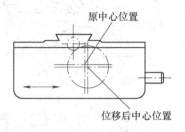

图5-40　溜板箱左右位置的确定

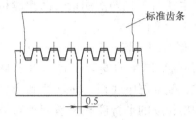

图5-41　齿条跨接找正

齿条安装后，必须在床鞍行程的全长上检查纵向进给小齿轮与齿条的啮合间隙，间隙要一致。齿条位置调好后，每根齿条都配有两个定位销钉，以确定其安装位置。

4. 安装进给箱和丝杠后托架

安装进给箱和丝杠后托架主要是保证进给箱、溜板箱、后托架三者丝杠安装孔的同轴度，并保证丝杠与床身导轨的平行度。如图5-42所示，先调整进给箱和后托架安装孔中心线与床身导轨的平行度，再调整进给箱、溜板箱和后托架三者丝杠安装孔的同轴度。调整合格后，进给箱、溜板箱和后托架即配作定位销钉，以确保精度不变。

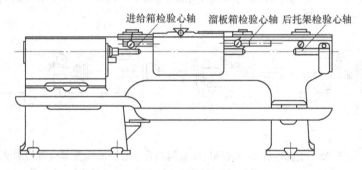

图5-42　安装进给箱和丝杠后托架

5. 主轴箱的安装

主轴箱以底平面和凸块侧面与床身接触来保证正确的安装位置。底面用来控制主轴轴线与床身导轨在垂直平面内的平行度；凸块侧面用来控制主轴轴线在水平面内与床身导轨的平行度。主轴箱的安装主要是保证这两个方向的平行度。安装时进行测量和调整，如图5-43所示。主轴孔插入检验心轴，百分表座吸在床鞍刀架下滑座上，分别在上素线和侧素线上测量，百分表在全长（300mm）范围内的读数差就是平行度误差值。

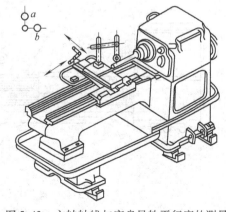

图5-43　主轴轴线与床身导轨平行度的测量

安装要求是：上素线为 0.03mm/300mm，只允许检验心轴外端向上抬起（俗称"抬头"），若超差，则刮削结合面；侧素线为 0.015mm/300mm，只允许检验心轴偏向操作者方向（俗称"里勾"），若超差，可通过刮削凸块侧面来满足要求。

为消除检验心轴本身误差对测量的影响，测量时旋转主轴180°做两次测量，两次测量结果的平均值就是平行度误差。

6. 尾座的安装

1）调整尾座的安装位置。以床身上尾座导轨为基准，配刮尾座底板，使其达到床鞍移动对尾座套筒伸出长度的平行度和床鞍移动对尾座套筒锥孔中心线的平行度两项精度要求，如图 5-44 所示。

2）调整主轴锥孔中心线和尾座套筒锥孔中心线对床身的等高度。如图 5-45 所示，此项误差允许尾座方向高 0.06mm，若超差，可通过修刮尾座底板来达到要求。

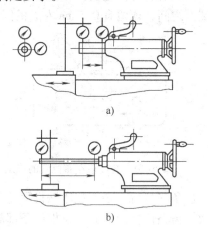

图 5-44　尾座套筒轴线对床身导轨
平行度的测量
a）床鞍移动对尾座套筒伸出长度的平行度测量
b）床鞍移动对尾座锥孔中心线的平行度测量

7. 安装丝杠、光杠

溜板箱、进给箱、后托架的三支承孔同轴度找正后，就能装入丝杠、光杠。丝杠装入后应检验丝杠两轴承中心线和开合螺母中心线对床身导轨的等距度（图 5-46a）和丝杠的轴向窜动两项精度要求，如图 5-46b 所示。

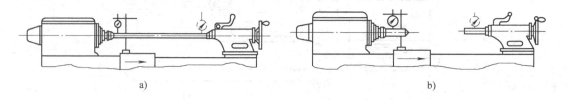

a）　　　　　　　　　　　　b）

图 5-45　主轴锥孔中心线和尾座套筒锥孔中心线对床身等高度的调整
a）用两顶尖和标准检验心轴测量　b）用两标准检验心轴测量，经计算求得

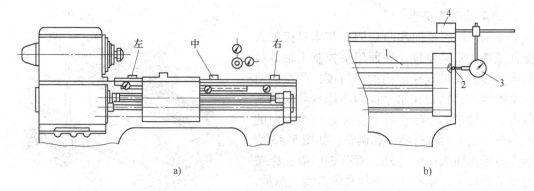

a）　　　　　　　　　　　　b）

图 5-46　丝杠与导轨等距度及轴向窜动的测量
1—丝杠　2—钢球　3—平头百分表　4—磁力表座

丝杠两轴承中心线和开合螺母中心线对床身导轨的等距度测量可用图 5-29b 所示的专用工具。在图 5-46a 左、中、右 3 处测量，测量时开合螺母应是闭合状态，3 个位置中对导轨相对距离的最大差值，就是等距度误差。

8. 安装刀架

小刀架部件装配在刀架下滑座上，按图 5-47 所示方法测量小滑板移动对主轴中心线的平行度。若超差，通过刮削小滑板与刀架下滑座的结合面来修整。

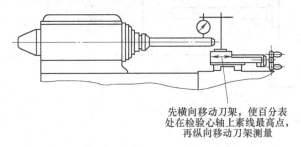

先横向移动刀架，使百分表
处在检验心轴上素线最高点，
再纵向移动刀架测量

图 5-47 小滑板移动对主轴中心线的平行度测量

9. 安装其他部件

1）安装电动机，调整好两带轮中心平面的位置精度及 V 带的预紧程度。

2）安装交换齿轮架及其安全防护装置。

3）完成操纵杆与主轴箱的传动连接系统。

10. 机床几何精度检验（见表 5-26）

机床几何精度检验是指检验机床在不运动（如主轴不转、工作台不移动等）或运动速度较低时的精度。一切机床都有一定的几何精度要求，对于常用机床已经制定了这方面的标准，GB/T4020—1997《卧式机床　精度检验》规定，车床精度包括车床导轨的直线度、平行度，车端面的平面度，主轴回转精度等。

表 5-26 几何精度检验项目

检 查 项 目	图　　示	方　　法
溜板移动在水平面内的直线度	1—检验棒 2—百分表 3—溜板	将长圆柱检验棒用前后顶尖顶紧，将百分表固定在溜板上使其测头触及检验棒的侧素线（测头尽可能在两顶尖间轴线和刀尖所确定的平面内）。调整尾座，使指示器在检验棒两端的读数相等。移动溜板在全部行程上检验。读数的最大代数差值即直线度误差≤0.03mm
纵向导轨在垂直平面内直线度的检验	专用桥板 a)　　　b) 1、2、3—水平仪 4—溜板 5—导轨	在溜板上靠近刀架的地方，放置与纵向导轨平行的水平仪。移动溜板在全部行程上分段检验。每隔250mm记录一次水平仪的读数。然后将水平仪读数依次排列，画出导轨的误差曲线。导轨全长的直线度误差≤004mm

（续）

检查项目	图　示	方　法
主轴锥孔中心线的径向圆跳动	 1—百分表　2—检验棒	将300mm锥度检验棒插入主轴孔中，用百分表分别在 a、b 处检验，主轴 a 处允许误差为0.01mm，b 处允许误差为0.02mm
主轴轴肩支撑面的跳动	 1—百分表　2—检验棒	百分表吸持在导轨上，将表头垂直打在主轴轴肩端面靠外侧处，平动旋转主轴两周以上，百分表读数的最大值为轴向圆跳动误差
主轴定心轴颈的径向圆跳动		百分表座吸持在导轨上，将表头打在主轴空心轴颈上，平动旋转主轴两周以上，百分表读数的最大差值为径向圆跳动误差
横向导轨平行度的检验	 1、2、3—水平仪　4—溜板　5—导轨	检验前后导轨在垂直平面内的平行度，检验时在溜板上横向放水平仪，等距离移动溜板检验，移动的距离等于局部误差的测量长度（250mm或500mm）。每隔250mm（或500mm）记录下水平仪读数。水平仪在全部测量长度上读数的最大代数差值就是导轨的平行度误差≤004mm，也可将水平仪放在专用桥板上，再将桥板放在前后导轨上进行检验
溜板移动对尾座套筒中心线的平行度		将300mm锥柄检验棒插入尾座套筒锥孔中，百分表安装磁力表座并吸在溜板上，百分表测头分别打在检棒的上素线和侧素线，移动溜板进行测量，上素线和侧素线公差为0.03mm

（续）

检查项目	图 示	方 法
主轴锥孔中心线和尾座套筒中心线对溜板移动的等高度	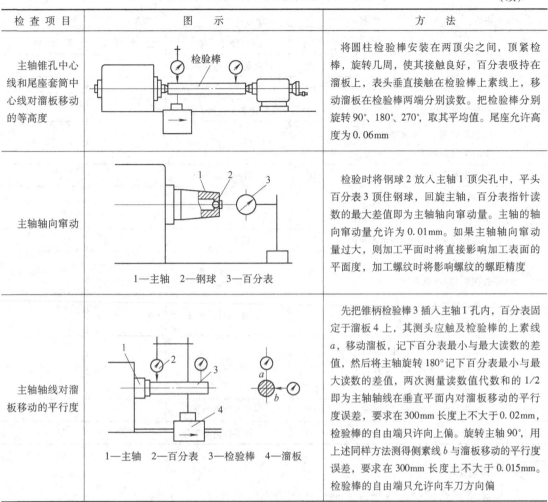	将圆柱检验棒安装在两顶尖之间，顶紧检棒，旋转几周，使其接触良好，百分表吸持在溜板上，表头垂直接触在检验棒上素线上，移动溜板在检验棒两端分别读数。把检验棒分别旋转90°、180°、270°，取其平均值。尾座允许高度为0.06mm
主轴轴向窜动	1—主轴　2—钢球　3—百分表	检验时将钢球2放入主轴1顶尖孔中，平头百分表3顶住钢球，回旋主轴，百分表指针读数的最大差值即为主轴轴向窜动量。主轴的轴向窜动量允许为0.01mm。如果主轴轴向窜动量过大，则加工平面时将直接影响加工表面的平面度，加工螺纹将影响螺纹的螺距精度
主轴轴线对溜板移动的平行度	1—主轴　2—百分表　3—检验棒　4—溜板	先把锥柄检验棒3插入主轴1孔内，百分表固定于溜板4上，其测头应触及检验棒的上素线a，移动溜板，记下百分表最小与最大读数的差值，然后将主轴旋转180°记下百分表最小与最大读数的差值，两次测量读数值代数和的1/2即为主轴轴线在垂直平面内对溜板移动的平行度误差，要求在300mm长度上不大于0.02mm，检验棒的自由端只许向上偏。旋转主轴90°，用上述同样方法测得侧素线b与溜板移动的平行度误差，要求在300mm长度上不大于0.015mm。检验棒的自由端只允许向车刀方向偏

三、完成任务后填表（见表5-27）

表5-27　车床总装配零部件的名称及作用

序　号	名　称	件　数	作　用

👍 评价反馈

操作完毕，按照表5-28进行评分。

表 5-28　车床总装配及试运行检验评分标准

班级：_____　姓名：_____　学号：_____　成绩：_____

序号	要　求	配分	评 分 标 准	自 评 得 分	教 师 评 分
1	工具、量仪的正确使用	10	每发现一次错误扣2分		
2	实习纪律	10	被批评一次扣5分		
3	安全文明生产	10	违者每次扣2分		
4	刮削导轨每25mm×25mm范围内接触点不少于10点	5	少一点扣1分		
5	刮削步骤是否正确	10	错一步扣3分		
6	床身导轨的各种平行度误差是否在规定范围内	10	超差一处扣2分		
7	主轴箱的安装是否达到精度要求	10	超差扣10分		
8	开合螺母中心线与床身导轨平行度是否在0.15mm以下	5	超差扣5分		
9	两根相接齿条的接合端面之间是否留有0.5mm左右的间隙	5	间隙不对扣5分		
10	主轴锥孔中心线和尾座套筒锥孔中心线对床身的等高度是否合格（允许有0.06mm误差）	5	超差扣5分		
11	试运行时空运转试验是否合格	10	一处不合格扣2分		
12	试运行时负荷试验是否合格	10	一处不合格扣2分		

考证要点

1. 机床空运行试验，各操纵手柄的操作力不应超过（　　）kg。

A. 5 　　　　　　B. 8 　　　　　　C. 16 　　　　　　D. 20

2. 机床试运行时，停机后主轴有自转现象，其故障原因是（　　）。

A. 惯性力　　　　B. 离合器调整过紧　　C. 主轴松　　　　D. 离合器松

3. 机床工作精度的试验，车床切断试验主要是检验（　　）。

A. 加工精度　　　B. 平面度　　　　　C. 锥度　　　　　D. 振动及振痕

4. 机器运行中要检查各（　　）的状况，应符合传动机构的技术要求。

A. 蜗杆蜗轮机构　B. 螺旋机构　　　　C. 操作机构　　　D. 运动机构

5. 精车螺纹表面有波纹，其主要原因是（　　）。

A. 主轴轴向游隙　　　　　　　　　　B. 丝杠的轴向游隙过大

C. 方刀架不平　　　　　　　　　　　D. 主轴径向游隙

6. 为了达到装配后的验收要求，必须对（　　）提出技术措施和规定。

A. 装配形式　　　B. 装配顺序　　　　C. 装配单元　　　D. 装配工序

7. 直接影响丝杠螺母传动准确性的是（　　）。

A. 径向间隙　　　B. 同轴度　　　　　C. 径向圆跳动　　D. 轴向间隙

8. 刮削导轨时，对两条相邻且同等重要的导轨，应以（　　）的面为基准。

A. 原设计　　　　　B. 磨损量小　　　　　C. 面积大　　　　　D. 面积小

9. 丝杠轴线必须和基准面（　　）。

A. 平行　　　　　　B. 垂直　　　　　　　C. 倾斜　　　　　　D. 在同一平面内

10. 试运行内容很多，其中对空压机的压力实验属于（　　）。

A. 负荷实验　　　　B. 空运转实验　　　　C. 性能实验　　　　D. 破坏性实验

11. 试运行在起动过程中，当发现有严重的异常情况时，有时应采取（　　）。

A. 停机　　　　　　B. 减速　　　　　　　C. 加速　　　　　　D. 强行冲越

项目6　M1432B型外圆磨床部件 的装配

6

　　磨床是用砂轮对工件进行切削加工的一种机床，磨床可以磨削外圆、内孔、平面、成形表面、螺纹、齿轮和各种刀具等。磨床除了常用于精加工外，还用于磨削高硬度的特殊材料和淬火工件。

　　M1432B 型外圆磨床是目前应用范围较广的一种磨床，它结构简单、操作方便，适用于磨削内、外为圆柱形和圆锥形的工件，最适宜单件、小批量及成批生产的车间使用。

　　图 6-1 所示为 M1432B 型万能外圆磨床的外形图，床身 1 是磨床的支承件，使装在上面的部件工作时保持正确的相对位置；头架 2 用于安装和夹持工件，并带动工件转动；尾座 8 装有顶尖，与头架顶尖顶在一起，用于支承工件；砂轮架 7 用于支承并传动砂轮主轴；工作台由上工作台 9 和下工作台 10 组成，上工作台可绕下工作台的定位圆柱在水平面调整至某

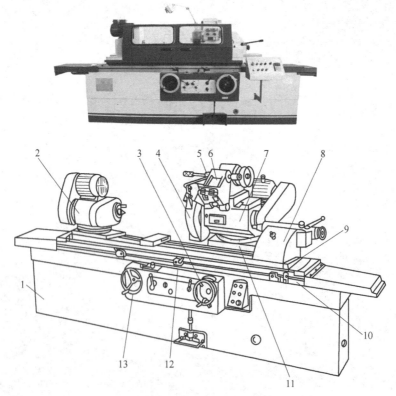

图 6-1　M1432B 型万能外圆磨床

1—床身　2—头架　3—横向进给手轮　　4—砂轮　5—内圆磨具　6—内圆磨具架　7—砂轮架
8—尾座　9—上工作台　10—下工作台　11—滑鞍　12—撞块　13—纵向进给手轮

一角度位置，用以磨削锥度较小的长圆锥面，它上面装有头架和尾座，这些部件和工作台一起能做纵向往复运动；滑鞍 11 与砂轮架一起，通过操纵横向进给手轮 3，能沿床身的横向导轨做横向运动。M1432B 型外圆磨床主要技术规格见表 6-1。

表 6-1　M1432B 型外圆磨床主要技术规格

项　目	规　格　参　数			
磨削工件长度/mm	500	1000	1500	2000
可磨削直径（外圆、内圆）/mm	8～320/30～100	8～320/30～100	8～320/30～100	8～320/30～100
可磨削长度（外圆、内圆）/mm	500/125	500/125	500/125	500/125
可磨削工件最大重量/kg	150	150	150	150
头架主轴转速（无级）/(r/min)	25～220	25～220	25～220	25～220
砂轮最大直径/mm	400	400	400	400
砂轮线速度/(m/min)	35	35	35	35
手轮-转砂轮移动量/mm	精为 0.5，粗为 2	精为 0.5，粗为 2	精为 0.5，粗为 2	精为 0.5，粗为 2
工作台液压移动速度/(m/min)	最大 >4，最小 <0.1	最大 >4，最小 <0.1	最大 >4，最小 <0.1	最大 >4，最小 <0.1
内圆磨具转速/(r/min)	10000	10000	10000	10000
电动机总功率/kW	10.97	10.97	10.97	10.97
机床重量/kg	3500	3700	4300	
外形尺寸（长/mm×宽/mm×高/mm）	2180×1810×1515	3180×1810×1515	4605×1810×1515	5680×1874×1665
工作精度				
磨削顶尖外圆圆度/mm	<0.0015	<0.0025	<0.0025	<0.0025
用卡盘磨削短圆柱圆度/mm	<0.0025	<0.0025	<0.0025	<0.0025
圆柱度/mm	0.005	0.008	0.008	0.008
磨削内圆圆度/mm	0.0025	0.0025	0.0025	0.0025
内圆圆柱度/mm	<0.01	<0.01	<0.01	<0.01
表面粗糙度/μm	<Ra0.2	<Ra0.2	<Ra0.2	<Ra0.2

任务 1　M1432B 型外圆磨床砂轮架的装配

学习目标

1. 熟悉 M1432B 型外圆磨床砂轮架各部件的结构与作用。
2. 掌握 M1432B 型外圆磨床砂轮架和内圆磨具的装配工艺与装配技巧。
3. 能够对装配的部件进行检测与评价。

建议学时 10 学时

任务描述

随着社会对技术应用型人才的大量需求，要求学生必须掌握一定的理论基础知识，必须具备较强的技术应用能力，强调对学生实践能力和创造能力的培养。磨床拆装实训课是提高学生动手能力的重要途径，是帮助学生巩固理论知识、拓宽知识面、提高分析问题与解决问题能力的重要手段，为后续的专业课程学习打下坚实的基础。教师带领学生观看磨床工作过程，以便了解 M1432B 型外圆磨床砂轮架的运动过程，为拆装打好基础。在教师指导下或小组协作下完成对 M1432B 型外圆磨床砂轮架的拆卸和装配。

任务分析

主要针对 M1432B 型外圆磨床砂轮架进行拆装。使同学们对 M1432B 型外圆磨床砂轮架有一个比较全面的理解。能根据机械设备的结构特点，制定机械设备拆卸与装配工艺规程，选择正确的拆装方法，对固定连接、传动部分、轴承和轴组等进行正确的拆卸与装配。

相关知识

一、砂轮架

砂轮架中的主轴及其轴承是磨床的关键部位，它直接影响磨削的精度和工件的表面质量。因此在结构上应具有很高的回转精度、耐磨性、刚性和抗震性。为了使砂轮的主轴具有较高的回转精度，在磨床上常常采用特殊结构的滑动轴承。

如图 6-2 所示为 M1432B 型外圆磨床砂轮架结构图，主轴 3 装在两个多瓦式自动调位动

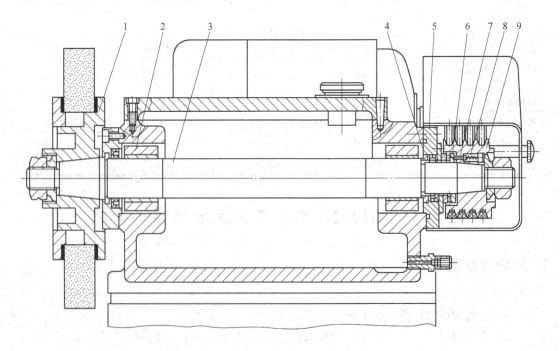

图 6-2　M1432B 型外圆磨床砂轮架

1—法兰盘　2—动压轴承　3—主轴　4—止推环　5—轴承盖　6—推力球轴承　7—圆柱　8—弹簧　9—带轮

压轴承2中，在主轴左右两端的锥体上，分别装着砂轮法兰盘1和带轮9，由装在砂轮架上的电动机经传动带直接传动旋转。

多瓦式自动调位动压轴承，因有三块扇形轴瓦均匀地分布在轴颈周围，主轴高速旋转时形成三个压力油膜，使主轴能自动定心。当负荷发生变化时，旋转中心的变动较小。主轴与轴瓦之间冷态时的间隙一般为0.015～0.025mm。

主轴右端的轴肩端面靠在止推环4上，推力球轴承6依靠六根弹簧8和六根圆柱7顶紧在轴承盖5上，使主轴在轴向得到定位，当止推环等磨损后，则依靠弹簧自动消除轴向间隙。

为提高主轴的旋转精度，主轴本身的制造精度较高。主轴轴颈圆度、圆柱度、前后轴颈的同轴度公差为0.002～0.003mm，而且轴颈与轴承之间的间隙为0.015～0.025mm。此外，为了提高主轴的抗震性，主轴的直径也较大，而且装在主轴上的零件，如V带轮、砂轮压紧盖等都经过静平衡，四根V带的长度也要求一致，以免引起主轴的振动而降低磨削质量。

另外，砂轮架上的电动机经过动平衡，并一起装在隔振垫上。

砂轮主轴轴承采用浸入式润滑，即主轴是浸在润滑油内的，一般用L-FD2轴承油。

二、装配工艺过程制定

装配工艺过程包括以下三个阶段：

1）工艺准备。

① 熟悉M1432B型外圆磨床砂轮架的结构和装配图。

② 熟悉M1432B型外圆磨床砂轮架轴承的精度、型号和作用。

③ 确定轴承间隙的调整方法。

④ 熟悉M1432B型外圆磨床砂轮架装配的精度要求（见产品技术说明书），准备需用的工具、量具。

2）装配阶段（根据制订的装配工艺进行装配）。M1432B型外圆磨床砂轮架装配工艺如下：

① 对法兰盘、带轮校静平衡。

② 刮研轴承与箱体孔的配合表面。

③ 按工艺装配并调整轴承与轴颈间隙。

④ 对主轴部件校动平衡。

3）调整、检验阶段。

① 砂轮主轴回转时的沿的跳动误差的检测。

② 轴承与轴颈间隙为0.015 ～0.025mm。

③ 主轴部件校动平衡，达到平衡精度G0.5 ～G1。

4）安全文明生产常识。

① 工作开始前先检查电源、气源是否断开。在装拆侧面机件（如齿轮箱盖）时，应先拆下部螺钉，装配时应先装离重心近的螺钉；装拆弹簧时应注意弹簧崩出伤人。

② 设备部件安装前，要清洗干净，各油孔畅通无阻。开车前注意齿轮咬手，对孔时严禁将手指插入孔内。

③ 工、夹、量具应分类依次排列整齐，常用的放在工作位置附近，但不要置于钳台的边缘处。精密量具要轻拿轻放，工、夹、量具在工具箱内应放在固定位置，并整齐安放。

④ 工作地点要保持清洁，油液污水不得流在地上，以防滑倒伤人。

⑤ 工作时必须穿戴防护用品，否则不准上岗。不得擅自使用不熟悉的设备和工具。

⑥ 多人作业，必须有专人指挥调度，密切配合。抬轴杆、螺杆、管子和大梁时，必须同肩。要稳起、稳放、稳步前进。搬运机床或吊运大型、重型机件，应遵守起重工、搬运工的安全操作规程。

任务实施

1）做好防护措施，穿好工作服，戴好工作帽。

2）指导教师下达任务，并对学生进行分组。

3）各小组成员接受任务，并进行分析，制订计划和分工。领取工、夹、量具，填写工具清单（见表6-2）。

表6-2 工具清单

序　号	名　　称	规　　格	数　量
1			
2			
3			
4			
5			
6			

4）砂轮架装配（见表6-3）。

表6-3 M1432B 型外圆磨床砂轮架装配

步骤	操作内容及注意事项
1	对法兰盘、带轮校静平衡
2	刮研轴承与箱体孔的配合表面
3	清洁主轴及轴承、齿轮、法兰盘、止推环、轴承盖、推力球轴承、圆柱、弹簧、带轮等零件
4	按工艺装配并调整轴承与轴颈间隙
5	1）检查砂轮主轴轴颈圆度、圆柱度、前后轴颈的同轴度公差为 $0.002 \sim 0.003$ mm 2）轴承与轴颈间隙为 $0.015 \sim 0.025$ mm 3）主轴部件校动平衡，达到平衡精度 G0.5 ～G1

M1432B 型外圆磨床砂轮架主要是砂轮主轴与滑动轴承的装配，砂轮主轴和轴承是磨床的重要零件，它的回转精度对被加工工件的精度和表面质量都有直接影响。此砂轮架是采用多瓦自动调位动压轴承。装配时，先刮研轴承与箱体孔的配合面，使其符合配合要求，然后用主轴着色研点将轴承刮至 $16 \sim 20$ 点/25mm × 25mm。轴承与轴颈之间的间隙调至 $0.015 \sim 0.025$mm。间隙不能太大或太小；间隙过大易振动，同时降低回转精度；过小，易磨损、发热严重，甚至会产生"抱轴"现象。

装配前，须对法兰盘、带轮校静平衡，装配后，须对主轴部件校动平衡。要求达到平衡精度为 G0.5 ～ G1，或符合图样要求。

5）学生完成任务后填写表6-4。

表 6-4　M1432B 型外圆磨床砂轮架各零件的名称及作用

序　号	名　　称	件　数	作　用

👍 **评价反馈**

操作完毕，按照表6-5进行评分。

表 6-5　M1432B 型外圆磨床砂轮架装配评分标准

班级：_____　姓名：_____　学号：_____　成绩：_____

序号	要　　求	配分	评 分 标 准	自 评 得 分	教 师 评 分
1	两表填写正确	10	每错一处扣3分		
2	工量具及设备的规范使用情况	10	每发现一个错误扣2分		
3	拆装工作的顺序是否正确	30	一处不合理扣5分		
4	装配质量能达到精度要求	30	一处不合理扣5分		
5	实习纪律	10	被批评一次扣5分		
6	安全文明生产	10	违者每次扣2分		

🔤 **考证要点**

1. 机床传动系统图能简明地表示出机床全部运动的传动路线，是分析机床内部（　　）的重要资料。

　　A. 传动规律和基本结构　　　　　　　　B. 传动规律

　　C. 运动　　　　　　　　　　　　　　　D. 基本结构

2. 当转子转速升高到一定数值时，振动的高点总要滞后重心某一（　　）。

　　A. 相间　　　　B. 相位　　　　　　C. 相数　　　　D. 相向

3. 机床和基础的（　　）必须与机床工作要求相符，防止因基础不当而引起机床变形。

　　A. 数量　　　　B. 性能　　　　　　C. 质量　　　　D. 大小

4. 工艺规程是企业保证产品（　　）、降低成本、提高生产率的依据。

　　A. 重量　　　　B. 精度　　　　　　C. 寿命　　　　D. 质量

5. 工艺卡是以（　　）为单位详细说明整个工艺过程的工艺文件。

　　A. 工布　　　　B. 工装　　　　　　C. 工序　　　　D. 工艺

6. 装配基准件可以是（　　），也可以是装配单元。

　　A. 部件　　　　B. 组件　　　　　　C. 分组件　　　　D. 一个零件

7. 工序内容设计包括各工序的（　　）及刀具、夹具、量具和辅具，确定加工余量，计算工序尺寸及确定切削用量及工时定额等。

　　A. 设备　　　　B. 人员　　　　　　C. 工时　　　　D. 厂房

8. 工艺规程分机械加工工艺规程和（　　）工艺规程。

A. 装配　　　　　　　B. 安装　　　　　　　C. 调整　　　　　　　D. 选配

9. 读传动系统图的第一步是（　　）。

A. 分析主运动系统　　　　　　　　　B. 找出动力的输入端

C. 找出动力的输出端　　　　　　　　D. 分析进给运动系统

10. 磨床除了常用于精加工外，还可以用作粗加工，磨削高硬度的特殊材料和淬火工件等。　　　　　　　　　　　　　　　　　　　　　　　　　　　　　　　　　　（　　）

11. 可磨削公差等级为 IT5 ~ IT6 级的外圆和内孔。　　　　　　　　　　　　　　（　　）

12. M1432B 型外圆磨床砂轮架的主轴是由电动机通过 V 带传动进行旋转的。（　　）

13. 为了使砂轮的主轴具有较高的回转精度，在磨床上经常采用特殊的滚动轴承。

（　　）

14. 为了保证砂轮架每次快速前进至终点的重复定位精度以及磨削时横向进给量的准确性，必须消除丝杠与半螺母之间的间隙。　　　　　　　　　　　　　　　　　（　　）

任务 2　M1432B 型外圆磨床内圆磨具的装配

📑 学习目标

1. 熟悉 M1432B 型外圆磨床内圆磨具各部件的结构与作用。
2. 掌握 M1432B 型外圆磨床内圆磨具的装配工艺与装配技巧。
3. 能够对装配内圆磨具的部件进行检测与评价。

📖 建议学时　8 学时

📖 任务描述

本任务要求能正确识读 M1432B 型外圆磨床内圆磨具的部件图，掌握内圆磨具的结构与工作原理，在教师指导下合理完成内圆磨具的拆装、调整与检测工作。

✒️ 任务分析

本任务主要针对 M1432B 型外圆磨床内圆磨具进行拆装。使同学们对精密滚动轴承的装配具有一个比较全面的理解，并能根据内圆磨具的结构特点，制订机械设备拆卸与装配工艺规程，选择正确的拆装方法；正确选择、合理使用相关工、量、夹具，完成内圆磨具的拆卸与装配任务。

🔍 相关知识

一、内圆磨具

因磨削内圆时砂轮要有足够的线速度，所以内圆磨具主轴必须具有很高的转速，同时也应有很高的旋转精度，否则会直接影响工件磨削质量、几何精度和磨削效率。由于受地位限制，内圆磨具主轴轴承一般都用滚动轴承。图6-3所示为M1432B型万能外圆磨床的内圆磨具，砂轮主轴5支承在前后两组滚动轴承6上，依靠圆周方向均布的八根弹簧3的推力，通过套筒2和4使前后滚动轴承的外圈互相顶紧，从而使前后轴承得到一个预加轴向负荷（即预紧力），消除了轴承中的原始游隙，以保证主轴有较高的回转精度与刚度。当砂轮主轴热胀伸长或轴承磨损后，弹簧能起自动补偿的作用。滚动轴承用锂基润滑脂润滑。

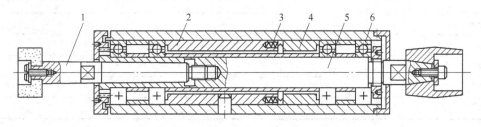

图6-3 M1432B型万能外圆磨床内圆磨具

1—长轴 2、4—套筒 3—弹簧 5—砂轮主轴 6—滚动轴承

砂轮接长轴1装在主轴前端的锥孔中，靠螺纹拉紧。装接长轴时，应注意不能拧得过紧，同时在锥面上加少量较稀的润滑油，以免拆卸时发生困难，甚至损坏磨具。

M1432B型外圆磨床内圆磨具转速极高，可达1100r/min。装配时主要是两端的精密滚动轴承的装配，运用主轴的定向装配和轴承的选配法来进行。装配后，主轴工作端面的径向圆跳动误差应在0.005mm之内。并保持前后迷宫密封的径向间隙为0.10～0.30mm，而轴向间隙在1.5mm之内。

二、装配工艺过程的制定

装配工艺过程包括以下三个阶段：

1. 工艺准备

1）熟悉M1432B型万能外圆磨床内圆磨具的结构和装配图。

2）熟悉M1432B型万能外圆磨床内圆磨具轴承的精度、型号和作用。

3）确定轴承间隙的调整方法。

4）熟悉M1432B型万能外圆磨床内圆磨具装配的精度要求（见产品技术说明书）及准备需用的工具、量具。

2. 装配阶段

M1432B型万能外圆磨床内圆磨具装配工艺如下：

1）运用主轴定向装配。

2）轴承采用选配法进行装配。

3）按工艺装配并调整轴承与轴颈间隙。

3. 调整、检验阶段

1）检查主轴工作端径向圆跳动。

2）检查前后迷宫密封的径向间隙和轴向间隙。

任务实施

1）做好防护措施，穿好工作服，戴好工作帽。

2）指导教师下达任务，并对学生进行分组。

3）各小组成员接受任务，并进行分析，制订计划和分工。领取工、夹、量具，填写工具清单，见表6-6。

表6-6　工具清单

序　号	名　称	规　格	数　量
1			
2			
3			
4			
5			
6			

4）磨具装配（见表6-7）。

表6-7　M1432B型万能外圆磨床内圆磨具装配

步骤	操作内容及注意事项
1	选配轴承组
2	清洁长轴及轴承、套筒、弹簧、砂轮主轴、滚动轴承等零件
3	按工艺装配并调整轴承与轴颈间隙
4	1）检查主轴工作端径向圆跳动 2）检查前后迷宫密封的径向间隙和轴向间隙

注意：如经挑选后的轴承组，其尺寸误差和形状误差不一致或装配后需要提高其回转精度，则可采用轴承的精度。即以专用夹具装夹好轴承，使其以130～180 r/min的转速旋转，用铸铁板和铸铁研磨棒研磨至如下要求：前轴承组的尺寸一致，与套筒的配合间隙为0.004～0.010mm；与轴颈的配合间隙为–0.003～0.003mm。后轴承组的尺寸一致，与套筒的配合间隙为0.006～0.012mm；与轴颈的配合间隙为–0.003～0.003mm。轴承的尺寸大，转速高，间隙应取大的数值，相反情况取小的数值。

5）完成任务后填写表6-8。

表6-8　M1432B型万能外圆磨床内圆磨具各零件的名称及作用

序　号	名　称	件　数	作　用

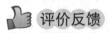 评价反馈

操作完毕，按照表6-9进行评分。

表 6-9　M1432B 型万能外圆磨床内圆磨具装配评分标准

班级：_____　姓名：_____　学号：_____　成绩：_____

序号	要 求	配分	评 分 标 准	自 评 得 分	教 师 评 分
1	两表填写正确	10	每错一处扣 3 分		
2	工、量具及设备的规范使用情况	10	每发现一个错误扣 2 分		
3	拆装工作的顺序是否正确	30	一处不合理扣 5 分		
4	装配质量能达到精度要求	30	一处不合理扣 5 分		
5	实习纪律	10	被批评一次扣 5 分		
6	安全文明生产	10	违者每次扣 2 分		

考证要点

1. 浇铸巴氏合金轴瓦时首先要清理轴瓦基体，然后对轴瓦基体浇铸表面（　　）。

A. 镀锡　　　　　B. 镀铬　　　　　C. 镀锌　　　　　D. 镀铜

2. 机床工作时的变形，会破坏机床原有的（　　）。

A. 装配精度　　　B. 性能　　　　　C. 结构　　　　　D. 床体

3. 导轨几何精度包括（　　）部分。

A. 两　　　　　　B. 三　　　　　　C. 四　　　　　　D. 五

4. 平衡（　　）就是指旋转体经平衡后，允许存在不平衡量的大小。

A. 误差　　　　　B. 公差　　　　　C. 精度　　　　　D. 速度

5. 齿转啮合时的冲击引起机床（　　）。

A. 松动　　　　　B. 振动　　　　　C. 变动　　　　　D. 转动

6. 离合器主要用于轴与轴之间在机器运转过程中的（　　）与接合。

A. 限制速度　　　　　　　　　　　B. 使两轴转向相同

C. 分离　　　　　　　　　　　　　D. 使一轴停止

7. 装配工艺规定文件有装配（　　）。

A. 零件图　　　B. 制造工艺　　　C. 生产设备　　　D. 时间定额单

8. 研磨圆柱孔用研磨剂的粒度为（　　）的微粉。

A. W7～W7.5　　B. W5～W5.5　　C. W4～W4.5　　D. W1.5～W2

9. 可以独立进行装配的部件称为（　　）。

A. 装配部件　　　B. 独立部件　　　C. 装配单元　　　D. 装配件

10. 引起机床振动的振源有（　　）。

A. 外因　　　　　B. 外部　　　　　C. 外力　　　　　D. 外面

11. 修配装配法应注意（　　）。

A. 增加零件测量　　　　　　　　　B. 同组零件互换

C. 正确选择修配数量　　　　　　　D. 备件充足

12. 表示装配单元的装配先后顺序的图称为（　　）单元系统图。

A. 加工　　　　　B. 制造　　　　　C. 调整　　　　　D. 装配

13. M1432B 型外圆磨床内圆磨具转速极高，极限可达 1100r/min。两端采用的是滑动轴承。   （　　）

14. 基准位移误差和基准不符误差构成工件的装夹误差。   （　　）

15. 随机误差不能决定测量的精密度。   （　　）

16. 运动精度就是指旋转体经平衡后，允许存在不平衡量的大小。 （　　）

17. 工艺系统受力总变形与系统刚度无关。   （　　）

项目7　X6132型铣床主要部件的装配

7

铣床是一种应用非常广泛的机床，其主运动是铣刀的旋转运动，进给运动一般是工作台带动工件的运动。铣床类型很多，包括卧式铣床、立式铣床、龙门铣床、工具铣床、键槽铣床等。

1. X6132 型铣床的主要部件（见图 7-1）

（1）床身　床身是机床的主体，大部分部件都安装在床身上，如主轴、主轴变速机构等装在床身的内部。床身的前壁有燕尾形的垂直导轨，供升降台上下移动用。床身的顶上有燕尾形的水平导轨，供横梁前后移动用。在床身的后面装有主电动机，提高安装在床身内部的变速机构，使主轴旋转。主轴转速的变换是由一个手柄和一个刻度盘来实现的，它们均装在床身的左上方。在变速时必须停机。在床身的左下方有电器柜。

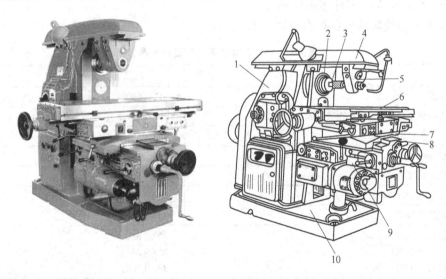

图 7-1　X6132 型铣床主要部件

1—床身（立柱）　2—主轴　3—刀杆　4—悬梁　5—支架　6—纵向工作台
7—回转盘　8—横向工作台　9—升降台　10—底座

（2）横梁　横梁可以借助齿轮、齿条前后移动，调整其伸出长度，并可由两套偏心螺栓来夹紧。在横梁上安装着支架，用来支承刀杆的悬出端，以增强刀杆的刚性。

（3）升降台　它是工作台的支座，在升降台上安装着铣床的纵向工作台、横向工作台和转台。进给电动机和进给变速机构是一个独立部件，安装在升降台的左前侧，使升降台、纵向工作台和横向工作台移动。变换进给速度由一个蘑菇形手柄控制，允许在开机的情况下进行变速。升降台可以沿床身的垂直导轨移动。在升降台的下面有一根垂直丝杆，它不仅使升降台升降，并且支撑着升降台。横向工作台和升降台的机动操纵是靠装在升降台左侧的手柄来控制，操纵手柄有两个，是联动的。手柄有五个位置：向上、向下、向前、向后及停止。五个位置是互锁的。

（4）纵向工作台　用来安装工件或夹具，并带着工件做纵向进给运动。纵向工作台的上面有三条 T 形槽，用来安装压板螺栓（T 形螺栓）。这三条 T 形槽中，当中一条精度较高，其余两条精度较低。工作台前侧面有一条小 T 形槽，用来安装行程挡铁。纵向工作台台面的宽度，是标志铣床大小的主要规格。

（5）横向工作台　它位于纵向工作台的下面，用以带动纵向工作台做前后移动。这样，有了纵向工作台、横向工作台和升降台，便可以使工件在三个互相垂直的坐标方向移动，以满足加工要求。万能铣床在纵向工作台和横向工作台之间，还有一层回转工作台，其唯一作用是能将纵向工作台在水平面内回转一个正、反不超过45°的角度，以便铣削螺旋槽。有无回转工作台是区分万能卧式铣床和一般卧式铣床的唯一标志。

（6）主轴　用于安装或通过刀杆来安装铣刀，并带动铣刀旋转。主轴是一根空心轴，前端是锥度为 7:24 的圆锥孔，用于装铣刀或铣刀杆，并用长螺栓穿过主轴通孔从后面将其紧固。

（7）底座　它是整个铣床的基础，承受铣床的全部重量，以及盛放切削液。

此外，还有吊架、刀杆等附属装置。

2. X6132 型铣床的主要技术参数（见表7-1）

表7-1　X6132 型铣床的主要技术参数

项　目	参　数
主轴孔锥度	7:24（ISO50）
主轴中心线至床身垂直导轨的距离/mm	30～350
主轴中心线至悬梁的距离/mm	155
主轴孔径/mm	29
工作台最大回转角度	±45°
主轴转速范围/（r/min）	30～1500（18级）
工作台面尺寸/mm	1325×320
工作台行程（纵向）/mm	700（680）
工作台行程（横向）/mm	255（240）
工作台行程（垂向）/mm	320（300）
工作台进给范围/（mm/min）	纵向：23.5～1180（18级） 横向：23.5～1180 垂向：8～394
工作台快速移动速度/（mm/min）	纵向：2300；横向：2300；垂向：770
工作台"T"型槽/mm	槽数：3；宽度：18；间距：70
主电动机功率/kW	7.5
进给电动机功率/kW	1.5
机床外形尺寸　长/mm×宽/mm×高/mm	2294×1770×1665
机床净重/kg	3200/3300

任务1　X6132 型铣床主轴部件的装配与调整

学习目标

1. 熟悉 X6132 型铣床主轴部件的结构与作用。
2. 掌握 X6132 型铣床主轴部件的装配工艺与装配技巧。
3. 能够对装配的部件进行检测与评价。

建议学时　16 学时

任务描述

首先要对 X6132 型铣床主轴变速箱和主轴变速操纵机构的结构有一个清晰的认识，包括弹性联轴器、电磁离合器、传动轴、主轴、操纵件、控制件等，然后根据图样对各部分进行装配，制订合理的装配方案，满足装配技术要求。

任务分析

主轴变速箱和和主轴变速操纵机构是铣床的重要组成部分，其内部结构和零件比较复杂，尤其是主轴，因此需要认真分析图样，在实际操作过程中，不但验认真了解其内部结构、作用和原理，而且还要能够熟练掌握装配方法和技术，提高自己分析问题和解决问题的能力。

相关知识

一、主轴变速箱的结构和装配

X6132 型铣床主轴变速箱位于床身内的上半部，其传动系统如图 7-2 所示。主电动机安装在床身的后面，通过弹性联轴器与轴 I 相连，从轴 I 到轴 V（主轴）均用滚动轴承支承。主轴箱的主要结构如下：

1）弹性联轴器与电磁离合器弹性联轴器的结构如图 7-3 所示。它由两半部分组成，即一半安装在电动机轴上，另一半安装在主轴箱的轴 I 上，分别用平键与轴固定连接。两半部分之间用螺钉 4（6 个）、垫圈 2、弹性橡胶圈 3 和螺母 1 连接并传递动力。由于中间有弹性橡胶圈，所以在装配时，两轴之间允许有少量的偏移和倾斜，且在运转时能吸收振动和承受冲击，使电动机轴转动平稳。联轴器上的弹性橡胶圈，因经常受到起动和停止的冲击而容易磨损，当磨损严重时，应及时更换。X6132 型铣床的主轴制动是用安装在轴Ⅲ上的速度控制继电器来实现的。

2）中间传动轴。由图 7-2 可见，主轴变速箱中的轴Ⅱ～轴Ⅳ都是外花键，轴Ⅱ的右边装有一个可沿轴向滑移的三联齿轮。轴Ⅲ上的齿轮之间用隔圈隔开，故不能做轴线移动。在轴Ⅲ的右端，装一带动柱塞式润滑液压泵的偏心轮，用以润滑变速箱内的轴承、齿轮等零件。在轴Ⅳ上装有可滑移的三联齿轮和双联齿轮各一个。由于轴Ⅳ比较长，为了加强其刚度，减少振动，采用 3 个单列深沟球轴承支承。

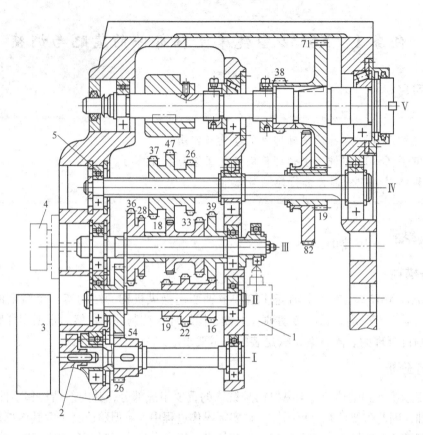

图 7-2 X6132 型铣床主轴变速箱传动系统

1—液压泵 2—弹性联轴器 3—电动机 4—转速控制继电器 5—弹性挡圈

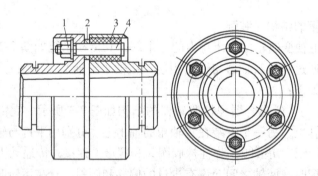

图 7-3 弹性联轴器

1—螺母 2—垫圈 3—弹性橡胶圈 4—螺钉

3）主轴。主轴部件是铣床的重要部件之一。它是由主轴、主轴轴承和安装在主轴上的齿轮及飞轮等零件组成，如图 7-4 所示。根据铣削的特点，铣床主轴应具有较高的刚性、抗振性、旋转精度、耐磨性和热稳定性。

主轴是精度较高的空心轴，前端有 7:24 的锥孔，用以安装铣刀刀杆或直接安装面铣刀。主轴前端有两个键槽，可装键传递转矩，带动刀杆和铣刀旋转进行铣削。

主轴由 3 个滚动轴承支承。由于轴承的间距短和主轴的直径较大，所以主轴的刚性和抗

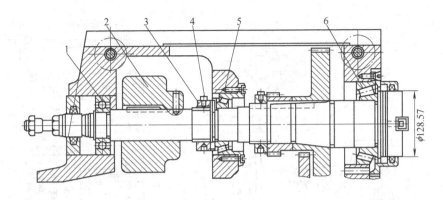

图7-4　X6132型铣床主轴结构图

1—后轴承　2—飞轮　3—调整螺母　4—螺钉　5—中间轴承　6—前轴承

震性较好。前轴承6是决定主轴几何精度和运动精度的主要轴承，采用P5级精度的圆锥滚子轴承，用以承受径向力和轴向力。中间轴承5是决定主轴工作平稳性的主要轴承，选用P6级精度的圆锥滚子轴承；后轴承1是一个P6X级精度的单列深沟球轴承，用以辅助支承，承受径向力。中间轴承和前轴承的间隙可通过调整螺母3进行调整，调整螺母由螺钉4紧固，主轴的全跳动量通常控制在0.01～0.03mm范围内，同时应保证主轴在1500r/min的转速下运转30min，轴承温度不能超过60℃。

在主轴后部通过平键与主轴连接的铸铁圆盘形飞轮2，主要作用是增加主轴的转动惯量，减少振动，使铣削工作平稳。尤其是在用齿数较少的铣刀铣削时，飞轮的作用就更加明显。

二、主轴变速操纵机构的结构和调整

1. 主轴变速操纵机构的结构

X6132型铣床是用孔盘集中变速操作机构，改变主轴箱中轴Ⅱ和轴Ⅳ上的3个滑移齿轮的位置使主轴获得18种不同转速的。主轴变速操纵机构位于床身左侧。

主轴变速操纵机构由操纵件、控制件、传动件及执行件组成。如图7-5所示，操纵件包括变速杆1和转速盘3，转速盘上刻有18种转速数值，用以选择转速，变速杆用以实现变速。控制件指变速孔盘5，根据18种不同转速的要求，在变速孔盘不同直径的圆周上钻有两种直径的小孔，利用这些孔来控制齿杆6、8、10及其拨叉7、9、11的位置。传动件包括齿轮、齿杆、轴等零件，传动件将操纵件的动作传递给各执行件。执行件由3个拨叉组成，由孔盘控制，并由变速杆带动，使之连同滑移齿轮移动到规定的轴向啮合位置，以实现变速要求。

此外，有一个与变速杆1和扇形齿轮2同轴的凸轮，当扳动变速杆1时，凸轮便撞击电动机的微动开关12，使电动机瞬时接通（又立即切断）。这时，各轴上的齿轮都会转动，使滑移齿轮能顺利地与固定齿轮啮合，使变速容易。变速时应注意，扳动变速杆1的动作，开始一定要迅速，以免电动机接通时间过长，使转速升高，容易打坏齿轮，而在接近最终位置时，应减慢速度，以利于齿轮啮合。

2. 主轴变速操纵机构的装配调整

① 变速操纵机构在拆卸时，为了避免以后装错，转速盘3轴上的锥齿轮与变速孔盘5轴上的锥齿轮的啮合位置应做好标记，防止装配时错位。在拆卸齿杆中的销子时，应注意每对销子长短不等，不能装错，否则会影响每对齿杆脱出变速孔盘的时间和拨动齿轮的次序。

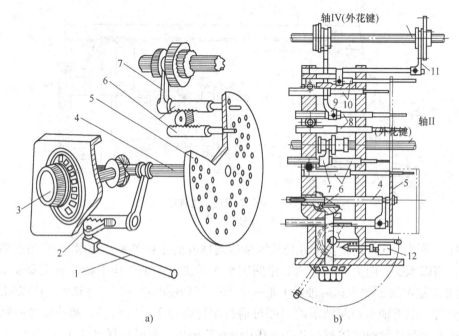

图 7-5　X6132 型铣床主轴变速操纵机构

a）结构示意图　b）展开示意图

1—变速杆　2—扇形齿轮　3—转速盘　4—轴　5—变速孔盘

6、8、10—齿杆　7、9、11—拨叉　12—微动开关

② 当变速操纵机构的手柄合上定位槽后，如发现齿杆上的拨叉有来回窜动或变速后齿轮有错位现象时，应检查与其相应的齿杆与齿轮的啮合位置是否正确，如有误差，可拆除该齿轮，用力推紧该组齿杆，使其顶端碰至变速孔盘端面，然后再装入齿轮。

三、装配工艺过程的制定

1. 工艺准备

1）熟悉 X6132 型铣床主轴部件结构和装配图。图 7-6 所示为 X6132 型铣床主轴。

2）熟悉 X6132 型铣床主轴轴承的精度、型号和作用。

3）确定轴承间隙的调整方法。

4）熟悉主轴的精度要求（见产品技术说明书）及准备需用的工具、量具。

2. 装配阶段

1）主轴部件的装配。

2）主轴变速操纵机构的装配。

3. 装配精度的检验

1）装配后主轴轴承间隙调整螺母的轴向圆跳动应在 0.05mm 范围内，否则对主轴的径向圆跳动会产生影响。

2）在主轴尾端用纯铜块衬垫，用锤子敲击数次，主轴即能转动，表面主轴轴承间隙较为理想。

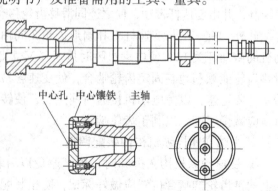

图 7-6　X6132 型铣床主轴

3）检验主轴锥孔轴线的径向圆跳动。如图7-7所示，检验时，在主轴锥孔中插入检验棒，固定百分表，使其测量头触及检验棒表面，a点靠近主轴端面，b点距a点为300mm，旋转主轴进行检验。为提高测量精度，可使检验棒按不同方位插入主轴重复进行检验。a、b两处的误差分别计算。对多次测量的结果取其算术平均值作为主轴径向圆跳动误差，a处公差为0.01mm，b处公差为0.02mm。

4）检验主轴的轴向窜动。如图7-8所示，检验时，固定百分表，使测量头触及插入主轴锥孔的专用检验棒的端面中心处，中心处粘上一钢球，旋转主轴检验。百分表读数的最大值作为主轴轴向窜动误差，公差为0.01mm。

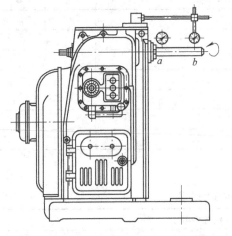 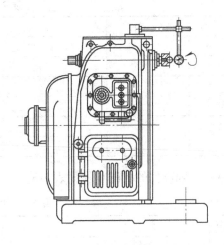

图7-7　主轴锥孔轴线径向圆跳动的检测　　　　　图7-8　主轴锥孔轴向窜动的检查

5）检验主轴轴肩支承面的轴向圆跳动。如图7-9所示，检验时，固定百分表，使测量头触及轴肩支承面端面a、b处，旋转主轴分别检验，百分表读数的最大值作为轴肩轴向圆跳动误差，a、b两处轴向圆跳动公差均为0.02mm。

6）检验主轴定心轴颈的径向圆跳动。如图7-10所示，检验时，固定百分表，使测量头

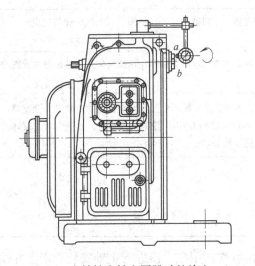 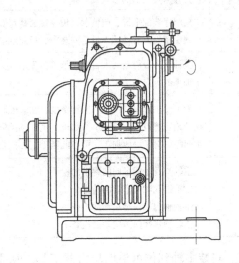

图7-9　主轴轴肩轴向圆跳动的检查　　　　　图7-10　主轴轴颈径向圆跳动的检查

触及定心轴颈表面，旋转主轴检验，百分表读数的最大值作为定心轴颈径向圆跳动误差，其公差为0 01mm。

任务实施

1）做好防护措施，穿好工作服，戴好工作帽。

2）指导教师下达任务，并对学生进行分组。

3）各小组成员接受任务，并进行分析，制订计划和分工。领取工、夹、量具，填写工具清单（见表7-2）。

表7-2　工具清单

序　号	名　　称	规　　格	数　　量
1			
2			
3			
4			
5			
6			

4）主轴部件的装配步骤见表7-3。

表7-3　主轴部件的装配步骤

步骤	操作内容及注意事项
1	清洁主轴及轴承、齿轮、平键、平行垫圈、调节螺母和锁定螺钉、飞轮及锁定螺钉、中间盖板、两端罩盖和轴封
2	复核各零件配合部位的尺寸，如轴承内孔与主轴轴颈的配合间隙；平键与轴上键槽和齿轮、飞轮内孔键槽的配合间隙；飞轮、齿轮内孔与轴颈的配合间隙；平行垫圈的平行度（公差为0.01mm）等
3	检测机床床身上与轴承配合的内孔精度
4	打开床身顶部的盖板
5	按顺序装配平键、前轴承、齿轮锁紧螺母、中间盖板、中间轴承、平行垫圈、调节螺母和锁定螺钉、飞轮和锁定螺钉、后轴承，最后安装前、后封油装置
6	主轴从床身前端套入，前轴承可预先装入主轴，其余零件通过床身顶部在箱板间装入。装配时注意圆锥滚子轴承的方向
7	为了使主轴得到预定的回转精度，在装配时应注意两圆锥滚子轴承的径向和轴向间隙的调整。调整时，先松开锁定螺钉，再旋紧调节螺母，消除轴承间隙，然后旋松约1/10r，拧紧锁定螺钉，此时可获得较好的轴承间隙。对于一般加工，可在此基础上再旋松调节螺母约1/20r
8	主轴锥孔轴线径向圆跳动的检测 主轴锥孔轴向窜动的检查 主轴轴肩轴向圆跳动的检查 主轴轴颈径向圆跳动的检查

安装主轴到位可借助拉力器工具。从主轴箱后端，用拉力器进行主轴安装，卡上并扶正主轴，学员拧动拉力器、螺母，使主轴慢慢向里移动。操作中，要根据主轴移动的情况，移

动开口垫圈,以免垫圈将主轴拉伤,在拉动主轴移动时应用铜棒撬动主轴齿轮,使主轴同时转动,以达到主轴轴承受力均匀,便于进入轴承孔,当前轴承完全进入轴承孔时,应停止操作。最后,对整体装配情况进行检查,防止遗漏和错装。

5) 学生完成任务后填写表7-4。

表7-4　X6132型铣床主轴主轴部件各零件的名称及作用

序　号	名　称	件　数	作　用

6) 主轴变速操纵机构的装配见表7-5。

表7-5　主轴变速操纵机构的装配

步骤	操作内容及注意事项
1	清洁各轴及轴承、齿轮、平键、平行垫圈、调节螺母和锁定螺钉和轴封等零件
2	复核各零件配合部位的尺寸,如轴承内孔与主轴轴颈的配合间隙;平键与轴上键槽和齿轮、飞轮内孔键槽的配合间隙等
3	检测机床床身上与轴承配合的内孔精度
4	打开床身顶部的盖板
5	按顺序装配齿杆、齿轮、轴、变速杆、扇形齿轮、转速盘、变速孔盘、拨叉、微动开关等
6	安装转速盘3轴上的锥齿轮与变速孔盘5轴上的锥齿轮,其啮合位置应安装准确
7	安装齿杆中的销子时,应注意每对销子长短不等,不能装错,否则会影响每对齿杆脱出变速孔盘的时间和拨动齿轮的次序
8	检查齿杆上的拨叉有来回窜动或变速后齿轮有错位现象,检查与其相应的齿杆与齿轮的啮合位置是否正确

👍 评价反馈

操作完毕,按照表7-6进行评分。

表7-6　X6132型铣床主轴部件装配评分标准

班级:_____　姓名:_____　学号:_____　成绩:_____

序号	要　求	配分	评分标准	自评得分	教师评分
1	两表填写正确	10	每错一处扣3分		
2	工、量具及设备规范使用	10	每发现一个错误扣2分		
3	拆装工作的顺序正确	30	一处不合理扣5分		
4	装配质量能达到精度要求	30	一处不合理扣5分		
5	实习纪律	10	被批评一次扣5分		
6	安全文明生产	10	违者每次扣2分		

考证要点

1. 保证装配精度的工艺之一有（　　）。

A. 过盈装配法　　　B. 间隙装配法　　　　C. 过渡装配法　　　　D. 互换装配法

2. （　　）工作面是两键沿斜面拼合后相互平行的两个窄面，靠工作面上挤压和轴与轮毂的摩擦力传递转矩。

A. 楔键　　　　　　B. 平键　　　　　　　C. 半圆键　　　　　　D. 切向键

3. 装配工艺规程必须具备内容之一是（　　）。

A. 确定生产工艺　　　　　　　　　　　B. 确定加工方法

C. 划分工序、确定工序内容　　　　　　D. 确定加工工艺

4. 调整法需要增加（　　）。

A. 调整件　　　　　B. 修配件　　　　　　C. 制造件　　　　　　D. 加工原材料

5. 可以单独进行装配的部件称为装配（　　）。

A. 单元　　　　　　B. 部件　　　　　　　C. 组件　　　　　　　D. 分组件

6. 互换装配法必须保证各有关零件公差值平方之和的平方根（　　）装配公差。

A. 大于　　　　　　B. 小于　　　　　　　C. 小于或等于　　　　D. 等于

7. 根据所受载荷不同，可分为（　　）、转轴和传动轴。

A. 固定轴　　　　　B. 曲轴　　　　　　　C. 心轴　　　　　　　D. 浮动轴

8. 表示装配单元的装配先后顺序的图称为（　　）。

A. 系统图　　　　　　　　　　　　　　　B. 部件装配系统图

C. 装配单元系统图　　　　　　　　　　　D. 组装图

9. 工艺系统在切削力、夹紧力、传动力、重力和惯性力作用下会产生（　　）。

A. 弹性　　　　　　B. 弹性变形　　　　　C. 破裂　　　　　　　D. 损坏

10. 对于转速较高的旋转件必须进行（　　）。

A. 静平衡　　　　　B. 动平衡　　　　　　C. 静不平衡　　　　　D. 动不平衡

11. 装配工艺规程必须具备内容之一是（　　）。

A. 确定加工工步　　　　　　　　　　　　B. 确定加工工序

C. 确定加工工艺　　　　　　　　　　　　D. 确定装配技术条件

12. 读传动系统图时首先找出动力的（　　）。

A. 输出端　　　　　　　　　　　　　　　B. 输入端

C. 辅助电动机　　　　　　　　　　　　　D. 输出端和辅助电动机

13. 修配装配法适合于（　　）。

A. 大量生产　　　　B. 大批量生产　　　　C. 成批生产　　　　　D. 单件小批量生产

14. 机床误差包括（　　）误差。

A. 机床刀具　　　　B. 机床夹具　　　　　C. 机床主轴　　　　　D. 机床量具

15. 普通铣床进给箱 I 轴齿轮与轴配合（　　），会造成进给箱传动系统噪声大的故障。

A. 移动　　　　　　B. 松动　　　　　　　C. 转动　　　　　　　D. 运动

16. X6132 型铣床主轴的制动是靠电磁离合器，而不是用速度控制继电器。　　（　　）

17. X6132 型铣床由于结构复杂，故主轴不能有效地立即制动。　　　　　　　（　　）

18. 读传动系统图的第二步是研究各传动轴与传动件的连结形式和各传动轴之间的传动联系及传动比。　　　　　　　　　　　　　　　　　　　　　　　　　　　（　　）

19. 消除主体运动系统所产生噪声的原因，同时也就排除了进给箱噪声大的故障。　　　　　　　　　　　　　　　　　　　　　　　　　　　　　　　　　　（　　）

20. 旋转机械工作转速不应等于临界转速，否则将带来严重后果。　　　　　　　（　　）

任务2　X6132型铣床进给变速箱及变速操纵机构的装配

学习目标

> 1. 了解 X6132 型铣床进给变速箱及变速操纵机构的结构与作用。
> 2. 掌握 X6132 型铣床进给变速箱及变速操纵机构的装配工艺与装配技巧。
> 3. 能够对装配 X6132 型铣床进给变速箱及变速操纵机构的部件进行检测与评价。

建议学时　12 学时

任务描述

本任务首先要求按 X6132 型铣床进给变速箱及变速操纵机构的装配图样，完成铣床进给变速箱及变速操纵机构零部件的装配，制订合理的装配方案，正确使用相关的装配工具。

任务分析

X6132 型铣床进给变速箱及变速操纵机构结构复杂，变速箱内传动轴采用半环状排列，装配空间小，要制订合理的装配方案，变速操纵机构装配要求高，有特殊装配要求的零部件要求严格执行技术要求，确保装配质量。

相关知识

一、进给变速箱的结构和变速操纵机构的装配调整

1. 进给变速箱的结构

X6132 型铣床的进给变速箱在升降台内的左边，为了结构紧凑，变速箱内的传动轴呈半环状排列，X6132 型铣床进给变速箱的结构展开图如图 7-11 所示。

轴 I 为电动机轴，轴 II 是一根悬臂短轴，其左端用过盈配合打入箱体孔中，右端装一双联空套齿轮，双联空套齿轮与轴 II 之间装有滚针轴承，这是因为双联齿轮的转速较高，并且小齿轮的直径较小，孔径受到限制。轴 III ~ 轴 V 的转速较低，均采用滑动轴承支承，轴 III 的左端固定一个带动液压泵的凸轮，以泵油润滑变速箱的轴承、齿轮等零部件。而轴 VI 的最高转速为 $1450\text{r/min} \times \dfrac{22}{44} \times \dfrac{44}{57} \times \dfrac{57}{43} = 877\text{r/min}$，转速较高，因此轴的左端采用单列深沟球轴承支承。轴的右端，由于结构比较复杂。且空间受到限制，所以采用圆头滚针轴承。轴的中间安装有安全离合器和片式摩擦离合器。

安全离合器是定转矩装置，用来防止工作进给超载时损坏传动零件。片式摩擦离合器用

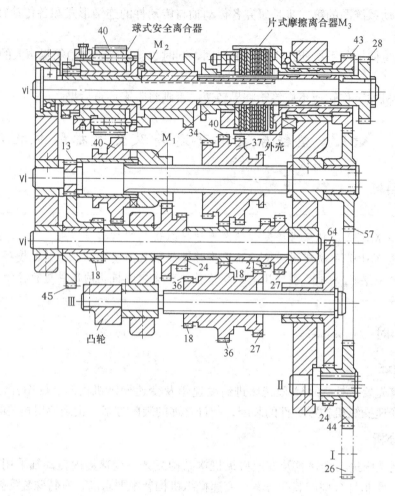

图7-11　X6132型铣床的进给变速箱结构展开图

来接通工作台的快速移动，安全离合器和片式离合器均安装在轴Ⅵ上，轴Ⅵ的结构如图7-12所示。

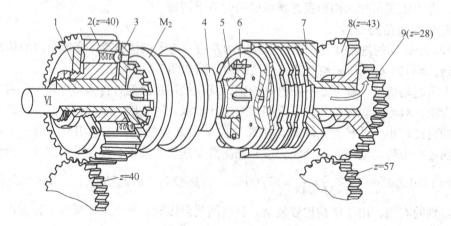

图7-12　X6132型铣床进给变速箱轴Ⅵ结构示意图

1、5—螺母　2—宽齿轮　3—半齿离合器　4—滑套　6—压环　7—外壳　8、9—齿轮

2. 安全离合器和片式离合器的工作原理和调整方法

1）安全离合器。安全离合器的半齿离合器3空套在轴Ⅵ的套筒上，其端面齿与离合器M_2的端面齿结合（常态结合），宽齿轮2空套在半齿离合器3上。宽齿轮和半齿离合器在半径的圆周上均匀地钻有12个通孔，螺母1与宽齿轮2左端的外螺纹配合，通过圆柱销、弹簧将钢球压紧在半齿离合器3较小孔的端面上。故宽齿轮2的转动，通过钢球传给半齿离合器3和离合器M_2，则M_2再通过花键套筒和平键传给轴Ⅵ，最后由齿轮9（$z=28$）传出。

以上是机床正常工作进给时安全离合器的动力传递情况。当机床工作进给超载时，即传递的转矩增大时，则半齿离合器3上的孔坑对钢球的反作用力也增大，当其轴向力大于弹簧压力时，钢球便从孔中滑出，这时宽齿轮2带动钢球在半齿离合器3的端面上打滑，发出"咯、咯、咯"的响声，进给运动中断，从而防止了传动部件的损坏。

安全离合器所传递的转矩大小可用螺母1调整。调整时，先拧松螺母1上的紧固螺钉，旋转螺母1，改变其在宽齿轮2外螺纹处的轴向位置，即调整弹簧对钢球的压力。螺母1右移，压力增大，则传递的转矩增大；螺母左移，压力减小，则传递的转矩小。其转矩一般宜为$160\sim200\text{N}\cdot\text{m}$。调整后，拧紧紧固螺钉，防止螺母1松动。

2）片式摩擦离合器。离合器外壳7用滚针支承在箱体压套内，齿轮8（$z=43$）用键与外壳7连接。离合器的内、外摩擦片有若干片，呈间隔排列。外摩擦片（即主动片）的外圆凸键卡在外壳7的槽内；内摩擦片（即从动片）的内花键与轴Ⅵ用键连接的花键轴套配合，用来接通片式摩擦离合器的滑套4的外螺纹处装有螺母5。在工作进给时，离合器M_2于左位结合状态（常合），轴Ⅵ连同内摩擦片以工作进给的速度旋转，动力由齿轮9（$z=28$）传出，从而可获得工作台的工作进给。而此时离合器外壳7，连同外摩擦片被齿轮8（$z=43$）带动做高速空转（内、外摩擦片二者相对转动）。当按下"快速按钮"时，在强力电磁铁和杠杆的作用下，拨动离合器M_2右移脱离，则宽齿轮2和半齿离合器3在轴Ⅵ上空转，离合器M_2右移推动滑套4、螺母5及压环6，压紧内、外摩擦片，使摩擦离合器接通（内、外摩擦片二者无相对转动），轴Ⅵ被带动快速旋转，从而可获得工作台的快速移动。

3）进给变速操作机构。X6132型铣床的进给变速操作机构见图7-13，进给变速箱采用的也是孔盘变速机构。其作用是用拨叉拨动轴Ⅲ和轴Ⅴ上的三联滑移齿轮，以及轴Ⅴ左边$z=40$的空套齿轮的轴向位置，改变其啮合状态，使工作台得到18种工作进给速度。其工作原理与主轴变速操纵机构相同，只是具体结构和操纵办法有所不同，主要的不同是手柄4、

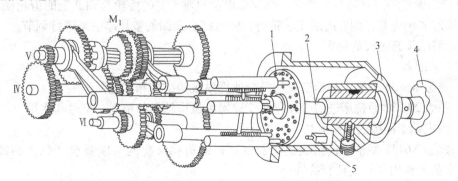

图7-13　X6132型铣床的进给变速操纵机构示意图

1—孔盘　2—轴　3—速度盘　4—手柄　5—微动开关

速度盘 3 和孔盘 1 均固定在轴 Ⅱ 上，故结构紧凑、操作方便。变速时，先把手柄 4、速度盘 3 和孔盘 1 向外拉动，使孔盘与各组的齿杆脱离；然后转动手柄 4，则速度盘和孔盘一起转动，转动至所需要的进给速度；最后将手柄 4 推回原位，则孔盘推动各组齿杆做轴向移动，拨叉推动 3 个滑移齿轮沿轴向向左或向右移动，改变其啮合状态，从而达到进给变速的目的。

当手柄 4 外拉或推回时，均会触动一下微动开关 5，使进给电动机瞬时接通和切断电路，以利于各滑移齿轮顺利进入啮合状态，使变速容易实现。进给变速允许在开机的情况下进行。这是因为，一方面微动开关可切断电动机电路的触点，切断外动力源；另一方面进给箱内的齿轮转速较低。

4）进给变速箱的装配要点

① 工作台快速移动是由轴 Ⅵ 直接输入，转速较高，较其他传动轴容易损坏，故装配必须达到技术要求。

② 摩擦片的平面度要求在 0.1mm 以内，若超差，应更换或修磨平面，装配时注意内外片间隔安装。

③ 在装配轴 Ⅵ 上安全离合器时，应先调整螺母，使离合器的端面与齿轮的端面之间的间隙为 0.4～0.6mm，然后调整弹簧压紧螺母，弹簧的总压力控制转矩为 160～200N·m。

④ 进给变速箱经装配后，必须进行严格清洗，并检查柱塞润滑液压泵，保证油路畅通。

⑤ 将进给变速操纵机构装到进给箱上前，应先把菌形手柄向前拉到极限位置，以利于装上进给箱。装毕后，将菌形手柄推回原始位置，此时齿轮位置应同指针指示的数值相符。若发现错位，应根据进给变速箱展开图检查齿轮位置，如确认无误，则可通过调整其相应的齿杆与齿轮的位置予以解决。调整时，为使变速箱装配顺利，可采用以下两种方法：一是把各齿杆按图 7-14 所示位置装配，此时的进给量为 750mm/min；二是把转速盘转到进给量 750mm/min 的位置上，拆去堵塞，转动齿轮，使各齿杆顶紧孔盘，再装入传动齿轮和堵塞，然后检查 18 种进给量，位置应准确可靠，动作应灵活。

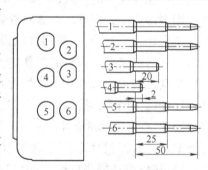

图 7-14　进给变速操纵机构齿杆装配位置示意图

⑥ 进给变速箱与升降台组装时，要保证电动机轴 Ⅰ 上的齿轮与轴 Ⅱ 上的齿轮啮合间隙，啮合间隙的大小可通过调整进给变速箱与升降台结合面间的垫片厚度来进行调节。

二、装配工艺过程的制定

1. 工艺准备

1）熟悉 X6132 型铣床进给变速箱及变速操纵机构结构和装配图。

2）熟悉 X6132 型铣床进给变速箱及变速操纵机构轴承的精度、型号和作用。

3）确定轴承间隙的调整方法。

4）熟悉 X6132 型铣床进给变速箱及变速操纵机构装配的精度要求（见产品技术说明书）及准备需要用到的工具、量具。

2. 装配阶段

1）进给变速箱的装配。

2）变速操纵机构的装配。

3. 装配精度的检验

1）检查和松开三个方向的锁紧手柄和螺钉。

2）用手动泵润滑纵向工作台内部。

3）用手动进给检查工作台间隙。

4）变换进给速度，检查进给变速机构是否达到操纵要求，各方向进给手柄应达到开启、停止动作准确无误。

5）检查进给限位挡铁及极限螺钉，使用挡铁自动停止进给。

6）检查起、停动作是否准确，工作台是否有拖行等故障。

任务实施

1）做好防护措施，穿好工作服，戴好工作帽。

2）指导教师下达任务，并对学生进行分组。

3）各小组成员接受任务，并进行分析，制订计划和分工。领取工、夹、量具，填写工具清单（见表7-7）。

表7-7　工具清单

序　号	名　　称	规　　格	数　　量
1			
2			
3			
4			
5			
6			

4）进给变速箱的装配见表7-8，进给变速操纵机构的装配见表7-9。

表7-8　进给变速箱的装配

步骤	操作内容及注意事项
1	清洁各轴及轴承、齿轮、离合器、平键、垫圈、调节螺母和紧定螺钉、盖板、两端罩盖和轴封
2	复核各零件配合部位的尺寸，如轴承内孔与主轴轴颈的配合间隙，平键与轴上键槽和齿轮、飞轮内孔键槽的配合间隙
3	检测机床床身上与轴承配合的内孔精度
4	按顺序装配轴Ⅱ～轴Ⅴ上的齿轮、轴承、凸轮等零部件
5	安装平键、轴承、齿轮锁紧螺母、中间盖板、中轴承、平行垫圈、调节螺母和紧定螺钉、飞轮和后轴承，最后安装前后封油装置
6	安装Ⅵ轴及轴上的安全离合器、片式摩擦离合器（摩擦片的平面度要求在0.1mm以内）及轴承等零部件
7	调整安全离合器螺母1，使其转矩控制在160～200N·m。调整后，拧紧紧定螺钉，防止螺母1松动
8	调整片式摩擦离合器摩擦片的间隙，一般以3mm为宜

表 7-9　进给变速操纵机构的装配

步骤	操作内容及注意事项
1	清洁各轴及轴承、齿轮、孔盘、速度盘、微动开关和手柄等零件
2	复核各零件配合部位的尺寸，如轴承内孔与主轴轴颈的配合间隙，平键与轴上键槽和齿轮内孔键槽的配合间隙等
3	检测机床床身上与轴承配合的内孔精度
4	按顺序装配轴、孔盘、拨叉、速度盘等零部件
5	拨叉要求安装位置准确
6	检查当手柄4（见图7-13）外拉或推回时与微动开关接触是否良好
7	检查齿杆上的拨叉有来回窜动或变速后齿轮有错位现象，检查与其相应的齿杆与齿轮的啮合位置是否正确

5）完成任务后填写表7-10。

表 7-10　X6132 型铣床进给变速箱及变速操纵机构各零件的名称及作用

序　号	名　　称	件　　数	作　　用

评价反馈

操作完毕，按照表 7-11 进行评分。

表 7-11　X6132 型铣床进给变速箱及变速操纵机构装配评分标准

班级：＿＿＿＿＿　　姓名：＿＿＿＿＿　　学号：＿＿＿＿＿　　成绩：＿＿＿＿＿

序号	要　　求	配分	评分标准	自评得分	教师评分
1	两表填写正确	10	每错一处扣3分		
2	工量具及设备的规范使用情况	10	每发现一个错误扣2分		
3	拆装工作的顺序是否正确	30	一处不合理扣5分		
4	装配质量能达到精度要求	30	一处不合理扣5分		
5	实习纪律	10	被批评一次扣5分		
6	安全文明生产	10	违者每次扣2分		

考证要点

1. 互换装配法对装配工艺技术水平要求（　　）。

A. 很高　　　　　　B. 高　　　　　　　　C. 一般　　　　　　D. 不高

2. 联轴器要求具有一定吸收振动和（　　）的能力。

A. 耐压　　　　　　B. 换向　　　　　　　C. 自动调速　　　　　D. 位置补偿

3. 圆柱齿轮的结构分为齿圈和轮体两部分，在（　　）上切出齿形。

A. 齿圈　　　　　B. 轮体　　　　　　　C. 齿轮　　　　　　D. 轮廓

4. 旋转机械振动标准有（　　）管理标准。

A. 运动　　　　　B. 运行　　　　　　　C. 运营　　　　　　D. 运用

5. （　　）主要由轴承座、轴瓦、紧定螺钉和润滑装置等组成。

A. 滑动轴承　　　B. 滚动轴承　　　　　C. 向心轴承　　　　D. 推力轴承

6. 旋转机械产生振动的原因之一有旋转体（　　）。

A. 不均匀　　　　B. 不一致　　　　　　C. 不同心　　　　　D. 不同圆

7. 铣床工作台下滑板塞铁调整（　　）会造成下滑板横向移动手感过重。

A. 过紧　　　　　B. 过松　　　　　　　C. 较紧　　　　　　D. 较松

8. 对于装配修理工作，提高（　　）链精度，主要依靠各传动件的安装准确性来解决。

A. 运动　　　　　B. 传动　　　　　　　C. 结合　　　　　　D. 连接

9. 装配单元系统图的主要作用之一是清楚地反映出产品的装配过程、零件名称和（　　）。

A. 零件数量　　　B. 零件编号　　　　　C. 部件名称　　　　D. 编号和数量

10. 装配工艺规程安排工序时要注意（　　）。

A. 生产过程　　　　　　　　　　　　B. 工艺过程

C. 加工过程　　　　　　　　　　　　D. 前面工序不得影响后面工序进行

11. 引起机床振动的振源有（　　）种。

A. 五　　　　　　B. 四　　　　　　　　C. 三　　　　　　　D. 二

12. 安全离合器是定转矩装置，用来防止工作进给超载时损坏传动零件。　　　　　　（　　）

13. X6132型铣床的进给变速箱在升降台内的左边，为了结构紧凑，变速箱内的传动轴呈直线排列。　　　　　　　　　　　　　　　　　　　　　　　　　　　　　　（　　）

14. 机床传动系统图能简明地表示出机床全部运动的传动路线，是分析机床内部传动规律和基本结构的重要资料。　　　　　　　　　　　　　　　　　　　　　　　　　（　　）

15. 选配装配法可分为：间隙选配法、过盈选配法、过渡选配法。　　　　　　（　　）

16. 动平衡机有弹性支梁、平衡机、摆动式平衡机、框架式平衡机、电子动平衡机、动平衡仪等。　　　　　　　　　　　　　　　　　　　　　　　　　　　　　　　　　　（　　）

参 考 文 献

[1] 张步松. 钳工职业技能鉴定指导［M］. 北京：高等教育出版社，2007.

[2] 童永华. 钳工技能实训［M］. 北京：北京理工大学出版社，2009.

[3] 麻艳. 钳工工艺与技能训练［M］. 北京：中国劳动社会保障出版社，2007.

[4] 陈刚. 钳工［M］. 北京：中国劳动出版社，1996.